OpenFOAM 从入门到精通

黄先北　郭嫱　编著

中国水利水电出版社
www.waterpub.com.cn
·北京·

内 容 提 要

OpenFOAM 是一款优秀的开源 CFD 软件,国内外的用户群体近年来快速发展壮大。本书从简单算例出发,使读者熟悉 OpenFOAM 的使用流程,再进一步阐述 OpenFOAM 的网格划分、数值算法、边界条件、湍流模型等,同时辅以编程实例,使用户在掌握相关原理的基础上,了解二次开发方法,推进相关研究进程,最后介绍 OpenFOAM 中的常见问题与使用技巧,从而全方位提升读者的掌握程度。

本书共 7 章:OpenFOAM 安装及简要介绍,初步认识 OpenFOAM,OpenFOAM 运算、离散及网格划分,OpenFOAM 边界条件及程序解读,OpenFOAM 湍流模型,OpenFOAM 中的 application,以及其他相关内容。

本书可作为高等院校动力工程及工程热物理、水利工程、航空航天等专业的教材或教学参考书,也可供从事 CFD 的技术人员自学参考。

本书中提及的资源,读者可以从中国水利水电出版社网站(www.waterpub.com.cn)或万水书苑网站(www.wsbookshow.com)免费下载。

图书在版编目(CIP)数据

OpenFOAM从入门到精通 / 黄先北,郭嬙编著. -- 北京 :中国水利水电出版社,2021.2(2024.12 重印)
ISBN 978-7-5170-9442-5

Ⅰ. ①O… Ⅱ. ①黄… ②郭… Ⅲ. ①计算流体力学—应用软件 Ⅳ. ①O35-39

中国版本图书馆CIP数据核字(2021)第033289号

策划编辑:陈红华　　责任编辑:张玉玲　　封面设计:李　佳

书　名	OpenFOAM 从入门到精通 OpenFOAM CONG RUMEN DAO JINGTONG	
作　者	黄先北　郭嬙　编著	
出版发行	中国水利水电出版社 (北京市海淀区玉渊潭南路 1 号 D 座　100038) 网址:www.waterpub.com.cn E-mail:mchannel@263.net(答疑) 　　　　sales@mwr.gov.cn 电话:(010)68545888(营销中心)、82562819(组稿)	
经　售	北京科水图书销售有限公司 电话:(010)68545874、63202643 全国各地新华书店和相关出版物销售网点	
排　版	北京万水电子信息有限公司	
印　刷	三河市鑫金马印装有限公司	
规　格	184mm×240mm　16 开本　18 印张　403 千字	
版　次	2021 年 2 月第 1 版　2024 年 12 月第 4 次印刷	
印　数	6001—8000 册	
定　价	68.00 元	

序

随着流体力学、数值方法和计算机技术的迅速发展，计算流体动力学（CFD）的基本理论、计算方法和应用软件均取得了令人瞩目的成就，在相关工程学科中发挥着越来越重要的作用。CFD 应用需求巨大，用户群体广泛。OpenFOAM 是一款优秀的开源 CFD 软件，其凭借完全开放的代码、不断完善的算法以及日益丰富的研究，在全球范围内吸引了越来越多的用户。然而，尽管不少用户已经具备了一定的 CFD 理论知识及应用经验，但由于 OpenFOAM 官方提供的资料极少，而非官方的资料参差不齐、不成体系，新用户的学习难度很大，因此迫切需要一本系统论述 OpenFOAM 相关理论，同时能指导新用户从入门到精通该软件的著作。

这本著作很好地填补了上述缺憾。该书囊括了 OpenFOAM 的安装、算法基本原理、二次开发等一系列内容，非常完整地对该软件进行了阐述，既有理论方面的详细分析，又有指导性极强的编程实例。读者一方面可以将此书作为 OpenFOAM 的百科全书，查阅算法的数学原理；另一方面可以将此书作为教程，学习 OpenFOAM 的使用方法。无论是对于初学者，还是对于具有一定 OpenFOAM 使用经验的读者，该书都有很高的参考价值。

黄先北博士与郭嫱博士是我熟知的年轻学者，他们长期从事流体机械与 CFD 相关研究工作，使用 OpenFOAM 开展了大量科研工作，目前均承担着 CFD 相关的国家自然科学基金项目，发表了许多有重要参考价值的科研论文，具有丰富的 CFD 二次开发经验。两位博士数理功底好、勤奋敬业、热情助人、富有活力，在 CFD 研究中取得的成绩让我欣喜。

我相信，这本著作的出版，将为我国 CFD 的发展写下浓墨重彩的一页。我非常乐意将《OpenFOAM 从入门到精通》推荐给从事流体力学、水力学和空气动力学研究的广大学者和同行。

教育部长江学者特聘教授
北京市供水管网系统安全与节能工程技术研究中心主任　王福军

2020 年 9 月于北京

前　　言

得益于计算机技术突飞猛进的发展，CFD 的应用已深入各领域，国内外不少企业与高校均开展了相关研究。以 ANSYS CFX、Fluent 以及 Star CCM+等为首的一批商用 CFD 软件被广泛使用，其优势在于功能模块的高度集成化以及新手入门的低难度化，友好的 GUI 也使此类软件易于掌握。

然而，出于保密的考虑，开发商无法将商业软件的所有代码公开，以至于用户仅能针对其中的部分功能进行自主开发、编译，二次开发功能大打折扣，常常无法满足 CFD 研究与开发人员的需求。因此，开源的 CFD 程序成为科研院所及相关企业的首选。OpenFOAM 作为一款优秀的开源 CFD 程序，由于其丰富的功能、良好的程序接口以及快速的版本更新，在全球范围内吸引了越来越多的用户，而基于 OpenFOAM 的研究与应用也日益增多。

OpenFOAM 基于 C++编写，面向对象的特点使其代码编写更为方便快捷。但由于其功能繁多，且目前关于该软件的资料极少，新手用户往往难以在浩如烟海的代码中获取有效的信息，从而导致学习使用过程困难重重。此外，OpenFOAM 的可调参数极多，若无相关经验，往往容易导致计算溢出或程序编译失败，更增加了学习的困难程度。

为此，作者基于多年的使用与开发经验，从简单算例出发，使读者熟悉 OpenFOAM 的使用流程，再进一步阐述 OpenFOAM 的网格划分、数值算法、边界条件、湍流模型等，同时辅以编程实例，使用户在掌握相关原理的基础上，了解二次开发方法，推进相关研究进程，最后介绍 OpenFOAM 中的常见问题与使用技巧，从而全方位提升读者的掌握程度。

本书分为 7 章：第 1 章介绍软件的安装及基本功能；第 2 章通过两个算例（搅拌器、子弹空化）介绍 OpenFOAM 的使用流程，包括前处理、计算与后处理；第 3 章介绍张量运算、离散的原理及相关数值格式与解法的使用方式，并实例介绍利用 blockMesh 进行网格划分的要点以及如何导入网格；第 4 章介绍边界与边界条件的类型，边界条件的程序解读以及各壁面函数的数学原理、使用方式，并实例分析如何自定义边界条件与壁面函数；第 5 章在分析湍流模型结构的基础上，基于源代码分析湍流模型（RANS 与 LES）的实现方式，并通过实例讲解如何自定义 RANS 与 LES 模型；第 6 章基于 simpleFoam 与 Lambda2 的程序，解读 OpenFOAM 中求解器与工具的实现方式，通过实例讲解如何自定义求解器与工具；第 7 章介绍查询代码的常用技巧，分析编程中常见的问题及解决方法，以及如何利用 Tecplot 进行后处理。

在本书的编写过程中，我们得到了国家自然科学基金（51909231、51806187）、扬州大学学科（流体动力与能源高效转化利用）建设经费、扬州大学科技创新培育基金以及中国水利水电出版社的支持，也得到了同事与朋友的帮助，在此对这些宝贵支持和帮助表示衷心的感谢。

本书得以出版，离不开父母的支持与默默奉献，在此致以最诚挚的感谢。

限于作者的能力和水平，书中错误和缺点在所难免，恳请读者批评指正。

作　者
2020 年 9 月

目　　录

第1章
OpenFOAM 安装及简要介绍

　　OpenFOAM 是一款完全由 C++编写的面向对象的 CFD 开源程序，全名为 Open Source Field Operation and Manipulation。该程序的前身 FOAM 由伦敦帝国学院（Imperial College London）的 Henry Weller 等人于 1989 年开始编写。2004 年 12 月，Henry Weller、Chris Creenshields、Mattijs Janssens 通过他们创立的 OpenCFD 公司将 FOAM 开源化并发行，同时将 FOAM 更名为 OpenFOAM。

　　OpenFOAM 采用基于非结构网格的有限体积法（Finite Volume Method，FVM）离散偏微分方程，能处理复杂的几何外形，可实现旋转机械、多相流、热、化学反应、多孔介质等各种流动的模拟。凭借开源的特点以及较快的更新速度，OpenFOAM 在全世界范围内拥有越来越多的用户，基于该软件的 CFD 研究也越来越多。

　　OpenFOAM 是基于 Linux 环境开发的一套 CFD 程序，尽管在 Windows 平台下通过虚拟机可以搭建 Linux 环境，但笔者仍推荐安装独立的 Linux 系统，因其稳定性更好。在系统选择上，笔者推荐 64 位的 Ubuntu（如 12.04 LTS、14.04 LTS、16.04 LTS 与 18.04 LTS，考虑到 Ubuntu 官方可能放弃低版本的更新支持，建议读者安装 14.04 LTS 及其以上的版本），其不少操作方式与 Windows 相近，易于上手，且 OpenFOAM 专门针对该系统开发了后缀名为 ".deb" 的安装包，安装更为便捷。

　　由于全球范围内用户的不断增加，OpenFOAM 更新的频率始终较快，基本上每年推出一个新版本，好处在于不断地加入新功能，并改进原有功能，不利之处则在于程序的部分结构发生改变，用户如果应用新版本，则不可避免地需要去适应新版本带来的变化，这对于已经有大量研究积累的课题组来说，是一件较为棘手的事情，尤其是用户自行编写的代码在新版本中需要作出相应调整才能编译成功，而且需重新调试。因此，长期使用功能较为齐全的版本是一个更好的选择。笔者从 2013 年接触 OpenFOAM，见证了其从 2.0 版本到 5.0 版本的更新，也基于 OpenFOAM 作了大量的两相流以及旋转机械的计算，其中 2.3.0 版本是笔者最终选择的版本，主要原因在于该版本已足够用于上述研究。因此，本书将以 OpenFOAM-2.3.0 为核心讲述其相关内容。

注：有读者可能会疑惑，目前 2.3.0 是否过于老旧？其实，读者不妨查一查 OpenFOAM 近年来的更新日志（详见 https://openfoam.org/download/history/），就会发现其更新方向主要在于引入辐射模型或化学反应模型等，而在 CFD 中最常见的单相流/两相流的模拟方面，并没有实质性的调整，因此该版本的功能可满足大部分用户的需求。

1.1　基于 ".deb" 文件的安装

对于 Ubuntu 12.04 LTS、12.10（代号 quantal）、13.04（代号 raring）以及 13.10（代号 saucy），OpenFOAM 团队专门开发了后缀名为 ".deb" 的安装包，使用户可以快速进行安装，具体步骤可见 https://openfoam.org/download/2-3-0-Ubuntu/。然而，Ubuntu 版本的更新导致低版本 Ubuntu 的不少软件更新源失效，进而使该方法目前已经失效，不建议读者再尝试使用该方法。

1.2　基于源文件的安装

对于更高版本的 Ubuntu，系统内置的 gcc、mpi 等软件版本不同，导致无法直接基于 ".deb" 文件安装，此时需要基于源文件进行安装。本书以 Ubuntu 14.04 LTS 为例介绍 OpenFOAM-2.3.0 的安装，步骤如下：

（1）在 Ubuntu 系统中打开终端（Ctrl+Alt+T），更新软件源。

在终端内输入如下命令并回车。

```
sudo apt-get update
```

注：终端（terminal）是 Linux 中用于执行各种命令的平台。熟悉 Windows 系统的读者可将其理解为 Linux 系统的 "命令提示符"（即 cmd 窗口）。输入终端的所有命令，用户需按回车键后执行。软件源是 Ubuntu 软件更新时使用的网址合集，此处是为确保软件源与更新源同步，防止部分软件无法获取。sudo 为 Linux 系统常用操作，其功能为暂时获取 root 权限（类似 Windows 的管理员权限），保证程序运行时的所有权限。当运行某一命令后，终端提示 permission denied 时，可在所运行的命令前加上 sudo，若系统登录时设置了用户密码，则还需输入密码，如图 1-1 所示。

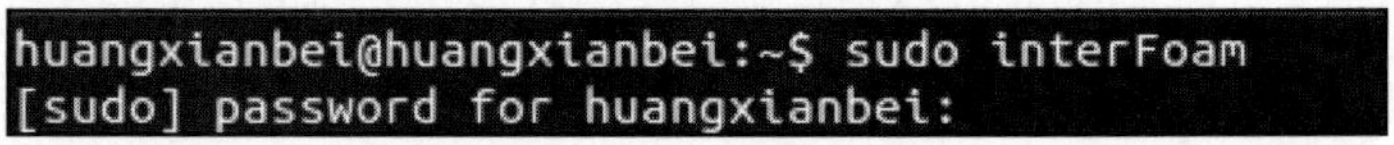

```
huangxianbei@huangxianbei:~$ sudo interFoam
[sudo] password for huangxianbei:
```

图 1-1　sudo 命令示意

注意：输入密码时屏幕上并不显示密码，用户输入完成后按回车键即可。

（2）安装必要的软件。

```
sudo apt-get install build-essential cmake flex bison zlib1g-dev \
qt4-dev-tools libqt4-dev libqtwebkit-dev gnuplot libreadline-dev \
libncurses dev libxt-dev libopenmpi-dev openmpi-bin \
libboost-system-dev libboost-thread-dev libgmp-dev libmpfr-dev
```

注：apt-get 主要用于自动从 Ubuntu 软件库中搜索、安装、升级、卸载软件或操作系统，上方代码中的 install 即表示安装，其余选项可输入如下代码以获取帮助：

```
apt-get help
```

install 后面每个空格分隔的均为软件名称，如 build-essential、cmake 与 flex。每行后面的"\"表示换行。Ubuntu 安装完成后，有时会缺少一些常用组件，此时需执行如下命令进行安装，确保可视化后处理软件 ParaView 正常使用。

```
apt-get install libglu1-mesa-dev libqt4-opengl-dev
```

（3）创建 OpenFOAM 目录并在该目录下载 OpenFOAM 源文件包。

```
cd ~
mkdir OpenFOAM
cd OpenFOAM
wget "http://downloads.sourceforge.net/foam/OpenFOAM-2.3.0.tgz?use_mirror=mesh" -O OpenFOAM-2.3.0.tgz
wget "http://downloads.sourceforge.net/foam/ThirdParty-2.3.0.tgz?use_mirror=mesh" -O ThirdParty-2.3.0.tgz
```

注：cd 是 Linux 中切换工作目录（change directory 的缩写）的命令，"cd ~"表示将终端的工作目录切换至 home 文件夹，等同于"cd /home/用户名"。mkdir 是 Linux 中创建文件夹（make directory 的缩写）的命令，mkdir OpenFOAM 表示创建名为 OpenFOAM 的文件夹。wget 是 Linux 系统的一个下载工具，若提示 No command 'wget' found，则执行如下命令进行安装。

```
sudo apt-get install wget
```

若下载速度过慢，则可登录网址 http://downloads.sourceforge.net/foam/OpenFOAM-2.3.0.tgz 以及 http://downloads.sourceforge.net/foam/ThirdParty-2.3.0.tgz 分别下载 OpenFOAM 主程序及第三方程序。若下载速度依然过慢，则可单击网页中的"Problems Downloading?"后，选择不同的镜像网站进行下载，如图 1-2 所示。读者可从中国水利水电出版社网站（www.waterpub.com.cn）或万水书苑网站（www.wsbookshow.com）免费下载 OpenFOAM 的安装包。

（4）解压缩。

```
tar -xzf OpenFOAM-2.3.0.tgz
tar -xzf ThirdParty-2.3.0.tgz
```

注：tar 是 Linux 系统中常用的处理压缩文件的命令，有如下必需指令。

-c：建立压缩档案。

-x：解压。

-t：查看内容。

1
Chapter

图 1-2　切换镜像网站

-r：向压缩归档文件末尾追加文件。

-u：更新原压缩包中的文件。

以上 5 个指令在应用中必须且仅能选择其中一个，且可以与下方的指令连用。

其余常用指令为：

-z：gzip 属性。

-j：bz2 属性。

-Z：compress 属性（与 gzip、bz2 一样，都是数据压缩的一种算法形式）。

-v：显示压缩包的所有文件名。

最后，必需指令为-f，后面为待处理的文件名称。因此，tar -xzf OpenFOAM-2.3.0.tgz 表示对 gzip 属性的 OpenFOAM-2.3.0.tgz 压缩包进行解压缩。其余指令可在终端内输入 tar --help 后查看。

（5）创建符号链接，保证编译时可用系统内置的 openmpi 软件作并行处理。

```
ln -s /usr/bin/mpicc.openmpi OpenFOAM-2.3.0/bin/mpicc
ln -s /usr/bin/mpirun.openmpi OpenFOAM-2.3.0/bin/mpirun
```

注：openmpi 是一款开源的并行处理软件，是包括 OpenFOAM 在内的大部分 Linux 软件并行处理的首选。

（6）设置并行编译。对于 32 位系统，运行如下命令。

```
source $HOME/OpenFOAM/OpenFOAM-2.3.0/etc/bashrc WM_NCOMPPROCS=4\
WM_MPLIB=SYSTEMOPENMPI WM_ARCH_OPTION=32
```

对于 64 位系统，运行如下命令。

```
source $HOME/OpenFOAM/OpenFOAM-2.3.0/etc/bashrc WM_NCOMPPROCS=4 WM_MPLIB=
SYSTEMOPENMPI
```

注：source $HOME/OpenFOAM/OpenFOAM-2.3.0/etc/bashrc 表示加载 OpenFOAM 的环境变量，WM_NCOMPPROCS=4 为编译采用的线程数，"4" 表示设置为 4 线程，读者可根据电

脑性能自行调整线程数量，尽可能以更多线程并行编译。WM_MPLIB=SYSTEMOPENMPI 表示采用系统内置的 openmpi 作并行处理。

（7）给待安装的 OpenFOAM 创建一个别名。

```
echo "alias of230='source \$HOME/OpenFOAM/OpenFOAM-2.3.0/etc/bashrc $FOAM_ SETTINGS'" >>
$HOME/.bashrc
```

注：echo 为 Linux 指令，常用于在屏幕上打印字符串或向文件写入字符串，此处是将"alias of230='source \$HOME/OpenFOAM/OpenFOAM-2.3.0/etc/bashrc $FOAM_SETTINGS"字符串写入 Home 下的 ".bashrc" 文件，">>"后面为目标文件所在目录。创建别名之后，若打开新的终端，输入 of230 并回车后即可载入 OpenFOAM 环境变量。需要注意的是，".bashrc"属于隐藏文件（Linux 系统中，文件名前面有 "." 的均为隐藏文件）。用鼠标打开任意文件夹，随后将鼠标放置于页面顶部，此时将显示工具栏，单击 View→Show Hidden Files，如图 1-3 所示，可将隐藏文件显示出来。

图 1-3　显示隐藏文件

若无法找到 ".bashrc" 文件，可在 Home 文件夹中手动创建该文件。

方法一：在终端中执行如下命令。

```
cd ~
touch .bashrc
```

方法二：右击，单击新建文档（New Document）→空白文档（Empty Document），并将其命名为 ".bashrc"，如图 1-4 所示。

（8）编译第三方程序。

```
cd $WM_THIRD_PARTY_DIR
export QT_SELECT=qt4
./Allwmake > log.make 2>&1
wmSET $FOAM_SETTINGS
```

```
export QT_SELECT=qt4
./makeParaView4 > log.makePV 2>&1
wmSET $FOAM_SETTINGS
```

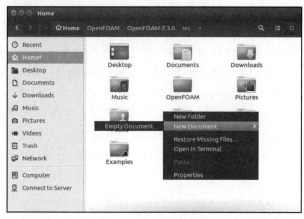

图 1-4　手动创建文件

注：cd $WM_THIRD_PARTY_DIR 为打开 ThirdParty-2.3.0 所在路径，其中$WM_THIRD_PARTY_DIR 为 OpenFOAM 中的环境变量。export QT_SELECT=qt4 为选择 qt4 框架。"./Allwmake"以及"./makeParaView4"为编译命令。">"表示输出，log.make 与 log.makePV 是输出的文件名，表示将编译过程保存于 log.make 与 log.makePV 文件，便于在出现错误时核查。"2>&1"是为了将编译中报错的信息输出至文件，若不加该语句，则仅输出不报错的部分。wmSET $FOAM_SETTINGS 为更新环境变量。

（9）编译 OpenFOAM 主程序。

```
cd $WM_PROJECT_DIR
export QT_SELECT=qt4
./Allwmake > log.make 2>&1
```

（10）安装完成后，为检查是否安装成功，执行 icoFoam -help，终端显示的信息如图 1-5 所示。

```
huangxianbei@ubuntu:~$ icoFoam -help

Usage: icoFoam [OPTIONS]
options:
  -case <dir>      specify alternate case directory, default is the cwd
  -noFunctionObjects
                   do not execute functionObjects
  -parallel        run in parallel
  -roots <(dir1 .. dirN)>
                   slave root directories for distributed running
  -srcDoc          display source code in browser
  -doc             display application documentation in browser
  -help            print the usage

Using: OpenFOAM-2.3.0 (see www.OpenFOAM.org)
Build: 2.3.0-f5222ca19ce6
```

图 1-5　OpenFOAM 安装完成后，终端执行 icoFoam -help 时显示的信息

此时说明已成功安装，Build 后面的"2.3.0-f5222ca19ce6"代表 OpenFOAM 的版本号。

1.3　OpenFOAM 简介

与其余大部分 CFD 软件一样，OpenFOAM 主要包含 3 部分：前处理、求解器以及后处理。图 1-6 所示即为 OpenFOAM 的结构。

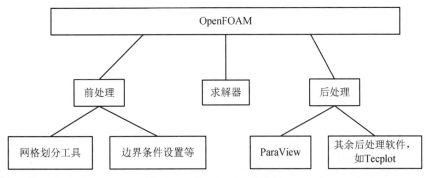

图 1-6　OpenFOAM 的结构

前处理以及求解过程中用到的程序均为 application，位于安装主文件夹下的 applications 文件夹中，如图 1-7 所示，包含 3 个文件夹，其中 solvers 文件夹中为 OpenFOAM 的求解器，OpenFOAM 针对特定的流动，需采用不同的求解器，如燃烧、电磁、多相流等类别，如图 1-8 所示。

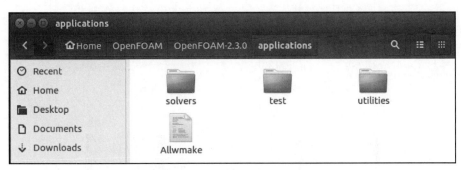

图 1-7　applications 文件夹包含的内容

注：图示是按照 1.2 节所述方法安装后的 applications 文件夹路径。若读者按照 1.1 节所述方法安装成功，则 applications 文件夹位于/opt/openfoam230。

如图 1-8 所示，OpenFOAM 按照功能将求解器分为各种类型，如适用于可压缩流体的 compressible、适用于不可压流体的 incompressible、适用于多相流的 multiphase 等，各类别下包含数种不同求解器，其命名均以 Foam 结尾，如 icoFoam。

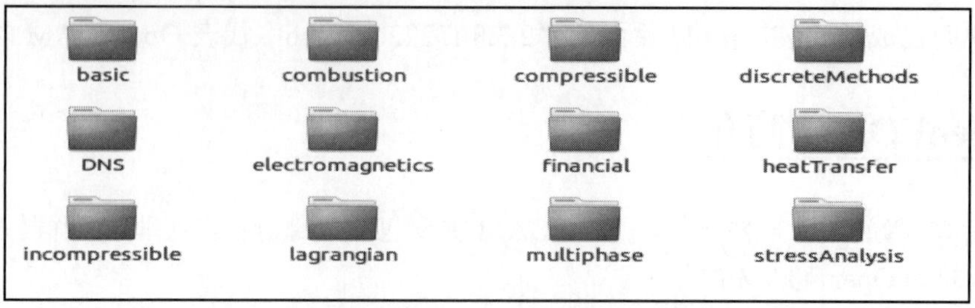

图 1-8　solvers 文件夹包含的内容

图 1-7 中的 test 文件夹中均为测试用的应用，当程序发生错误进行检查或调试时，可使用相关应用，本书不作详细介绍。

图 1-7 中的 utilities 文件夹中主要包含网格工具（mesh）、前处理工具（preProcessing）、后处理工具（postProcessing），其中网格工具用于网格划分、格式转换及操作（移动、镜像、合并等），前处理工具主要用于边界条件或初始条件的设置，后处理工具则主要用于计算应力、噪声、涡量等，以便用户详细分析流场计算结果。

由 1.2 节可知，除 OpenFOAM 本体程序以外，还安装了各种第三方程序，如 ParaView，可对二维和三维数据进行分析和可视化，本书将通过第 2 章向读者介绍该软件的使用。

初步认识 OpenFOAM

OpenFOAM 作为一款开源 CFD 程序,并不像商业软件一样拥有用户界面,这对于刚接触 Linux 系统以及 OpenFOAM 的初学者来说,学习难度更大。为此,本书拟从两个简单算例出发,让读者对 OpenFOAM 的使用流程有一个整体的认知,而其中的细节之处将在后续章节中详细介绍。

考虑到 OpenFOAM 的用户手册中讲述了几个算例,本书不再进行介绍,有兴趣的读者可以直接阅读位于/doc/Guides-a4/的 UserGuide.pdf,即 OpenFOAM 官方编写的用户手册。

本书约定:

(1)从此处开始,如无特别声明,本书中涉及的文件路径默认位于 OpenFOAM-2.3.0 文件夹内,如/doc/Guides-a4/即表示" home/用户名/OpenFOAM/OpenFOAM-2.3.0/doc/Guides-a4/"(图 2-1 中,huangxianbei 即为本人设定的用户名,读者安装系统时可自行设置合适的用户名,此处不作介绍)。若要文件的详细路径,可在文件处右击选择 Properties,打开如图 2-1(a)所示的对话框,Location 即为文件的完整路径,图中由于路径较长,未显示部分以"..."表示。若要获取,可复制"Location:"之后的所有文字,用"Ctrl+Alt+T"打开终端,输入代码 cd 后空格,并右击选择 Paste[图 2-1(b)],回车后终端即切换至所选的文件夹[图 2-1(c)]。

(2)从此处开始,如无特别声明,本书中涉及的命令均在终端(Ctrl+Alt+T)输入,且在执行之前均应先执行 of230 命令以加载 OpenFOAM 环境变量(本书默认读者按照 1.2 节所述方法安装,若读者自行安装了更高版本的 OpenFOAM,请按照官方介绍的方式加载环境变量)。所输入命令均需回车后执行。

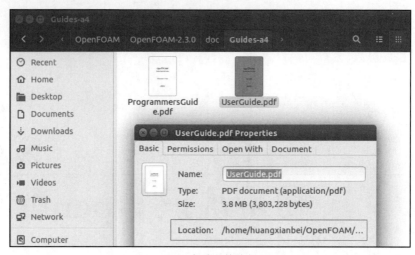

（a）查看文件路径

（b）粘贴文件路径

（c）切换至文件所在路径

图 2-1　文件完整路径查看与切换

　　考虑到旋转流动以及两相流是 CFD 应用中常见的问题，本书将介绍两个相关的算例，包括搅拌器内流场以及子弹周围空化流场计算。为运行算例文件，创建一个专门的文件夹，并将 OpenFOAM 算例复制到相应位置，代码如下：

```
mkdir -p $FOAM_RUN
cp -r $FOAM_TUTORIALS $FOAM_RUN
```

　　以上命令将 OpenFOAM 的 tutorials 文件夹内容全部复制到"/home/用户名/OpenFOAM/用户名-2.3.0/run"。当然，读者也可以手动创建该文件夹并将/tutorials 路径下的文件复制到该文件夹内。

注：mkdir 为 Linux 系统中创建文件夹的命令，-p 表示创建位置，$FOAM_RUN 为 OpenFOAM 环境变量中的 RUN 文件夹。cp 为 Linux 系统中复制文件的命令，-r 表示递归处理，将指定目录下的所有文件与子目录一并处理，形式为：

cp -r 所复制的文件位置 目标位置

$FOAM_TUTORIALS 为 OpenFOAM 环境变量中的 tutorials 文件夹。

2.1 搅拌器内流场模拟

本算例主要介绍 OpenFOAM 计算的主要流程，以及一些常用技巧，包括并行计算，残差曲线可视化、边界条件设定等。

2.1.1 算例描述及前处理

图 2-2 所示为搅拌器的示意图，搅拌器分为两部分，即定子与转子，其中转子以角速度 104.72rad/s 进行旋转。

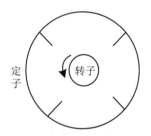

图 2-2 搅拌器算例示意图

打开前文创建的 run 文件夹，找到/tutorials/incompressible/simpleFoam/mixerVessel2D，可见 3 个文件夹，即 0、constant 和 system，如图 2-3 所示。

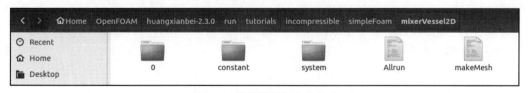

图 2-3 搅拌器算例文件构成

其中：0 包含了本算例的初始条件以及边界条件；constant 包含网格文件夹 polyMesh、流体相关参数的设置文件 transportProperties 和湍流模型的设置文件 RASProperties；system 包含求解控制 controlDict、数值格式 fvSchemes、离散方程求解设置 fvSolution，以及动量源项控制文件 fvOptions（本例用于设置计算域旋转）。

注：本算例采用的求解器为 simpleFoam，只能采用雷诺时均（Reynolds-Averaged Navier-Stokes，RANS）模拟，此处 RASProperties 设置 RANS 模型的相关参数。对于其余求解器，如 pisoFOAM，则另需一个文件 turbulenceProperties 以设置计算中使用 RANS 或大涡模拟（Large Eddy Simulation，LES）模型，进一步来说，当 turbulenceProperties 设置使用 LES 模型时，则需额外设置 LESProperties 文件，该文件与 RASProperties 类似，包含了 LES 模型的相关参数。

除了 3 个文件夹以外，算例中还有 Allrun 与 makeMesh 两个文件。OpenFOAM 官方提供的算例大部分在算例所在文件夹内含有 Allrun 文件，该文件为 Linux 系统的可执行文件（script）。makeMesh 同样为可执行文件，用于生成算例所需的网格。为执行文件中的命令，在终端内执行如下格式的代码即可。

```
./可执行文件全名
```

如执行 Allrun 则为

```
./Allrun
```

若提示 permission denied，则说明可执行文件的权限不够，此时可以用如下命令赋予其权限。

```
sudo chmod +x 可执行文件全名
```

为使读者更好地掌握 OpenFOAM 的一般用法，本书将按步骤逐一介绍算例。可执行文件的其他用法请读者自行查阅相关资料。

1. 网格生成

OpenFOAM 可采用两种方式生成网格：一种为基于自带的 blockMesh 功能生成；另一种为基于网格划分软件（如 ICEM CFD、Gambit 等）生成后导入。网格生成的具体内容将在本书第 3 章介绍，本算例采用 blockMesh 生成网格。执行如下命令切换至本算例的主目录。

```
cd $FOAM_RUN/tutorials/incompressible/simpleFoam/mixerVessel2D/
```

blockMesh 功能需读取/constant/blockMeshDict 文件，但此时算例文件路径下的 constant 文件夹中只有 blockMeshDict.m4 文件，该文件为宏处理器 M4 的输入文件，需执行如下命令生成 blockMeshDict。

```
m4 < constant/polyMesh/blockMeshDict.m4 > constant/polyMesh/blockMeshDict
```

随后执行 blockMesh 命令生成网格。为观察网格状态，执行 paraFoam 打开后处理工具 ParaView，如图 2-4 所示。

（1）采用 Surface With Edges 进行图像显示。

（2）在 Properties→Mesh Parts 中，仅选 rotor-patch 和 stator-patch 两项，单击 Apply 按钮。如图 2-4 所示，计算域沿 z 轴方向只有一层网格，这是因为此算例采用二维计算，z 方向的面为 empty，求解过程中不作计算。

（3）在 Properties→Mesh Parts 中，仅选 internalMesh 一项，单击 Apply 按钮。如图 2-5 所示，显示计算域的内部网格。

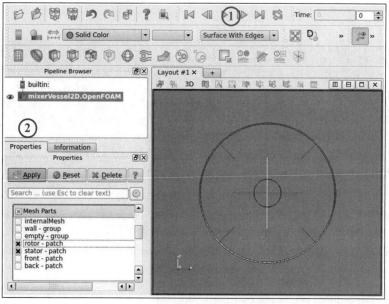

图 2-4   转子与定子的网格

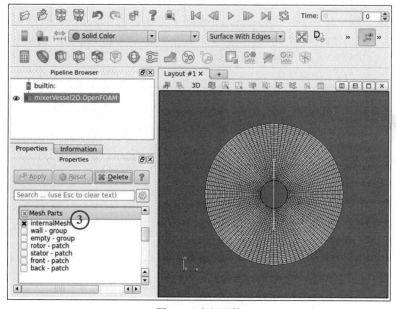

图 2-5   内部网格

注：ParaView 中，Mesh Parts 识别的是算例文件所在路径下的/constant/polyMesh 中的信息，包含内部网格（internalMesh）以及命名的边界。边界的相关设置见下文，相同的边界类别会以 group 的形式出现，如图 2-5 中的 wall-group 以及 empty-group。

为检查网格质量，执行 checkMesh 命令，部分输出信息如图 2-6 所示。

```
Checking geometry...
    Overall domain bounding box (-0.1 -0.1 0) (0.1 0.1 0.01)
    Mesh (non-empty, non-wedge) directions (1 1 0)
    Mesh (non-empty) directions (1 1 0)
    All edges aligned with or perpendicular to non-empty directions.
    Boundary openness (-3.59278e-18 -2.93955e-18 -7.80193e-16) OK.
    Max cell openness = 2.422e-16 OK.
    Max aspect ratio = 2.41451 OK.
    Minimum face area = 3.47454e-06. Maximum face area = 6.54382e-05.  Face area
 magnitudes OK.
    Min volume = 3.47454e-08. Max volume = 1.61464e-07.  Total volume = 0.000301
378.  Cell volumes OK.
    Mesh non-orthogonality Max: 1.47878e-06 average: 0
    Non-orthogonality check OK.
    Face pyramids OK.
    Max skewness = 0.0777586 OK.
    Coupled point location match (average 0) OK.

Mesh OK.

End
```

图 2-6　checkMesh 输出的部分信息

其中"Overall domain bounding box (-0.1 -0.1 0) (0.1 0.1 0.01)"表示网格域的范围，"(-0.1 -0.1 0)"表示网格的最小坐标，"(0.1 0.1 0.01)"表示网格的最大坐标。因此，上述代码表示网格域的范围为：x 方向-0.1~0.1，y 方向-0.1~0.1，z 方向 0~0.01。Mesh OK 表示网格满足 OpenFOAM 要求。网格生成后，/constant/polyMesh 文件夹包含 cellZones 文件（其余文件此处不多作介绍，详见本书第 3 章），该文件定义了网格域，用于设定旋转。cellZones 部分内容如图 2-7 所示。

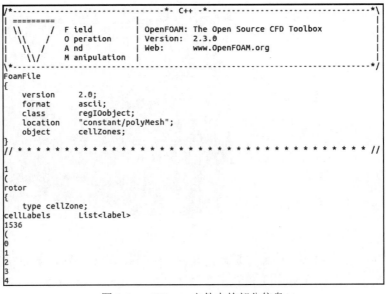

```
/*--------------------------------*- C++ -*----------------------------------*\
| =========                 |                                                 |
| \\      /  F ield         | OpenFOAM: The Open Source CFD Toolbox           |
|  \\    /   O peration     | Version:  2.3.0                                 |
|   \\  /    A nd           | Web:      www.OpenFOAM.org                      |
|    \\/     M anipulation  |                                                 |
\*---------------------------------------------------------------------------*/
FoamFile
{
    version     2.0;
    format      ascii;
    class       regIOobject;
    location    "constant/polyMesh";
    object      cellZones;
}
// * * * * * * * * * * * * * * * * * * * * * * * * * * * * * * * * * * * * * //

1
(
rotor
{
    type cellZone;
cellLabels      List<label>
1536
(
0
1
2
3
4
```

图 2-7　cellZones 文件内的部分信息

图 2-7 中 rotor 为网格域的名称，其上方的数字"1"表示此算例设置了一个网格域。cellLabels 为网格单元编号，"1536"表示该网格域包含 1536 个网格单元，下方括号内的 0～4 表示该网格域包含的网格单元编号。OpenFOAM 对于网格的处理有一套特定的规则，详见本书第 3 章。

2. 湍流模型及流动参数设置

前文已提及，湍流模型及流动参数分别通过 constant 文件夹下的 RASProperties 与 transportProperties 文件设置。RASProperties 文件内的信息如图 2-8 所示。

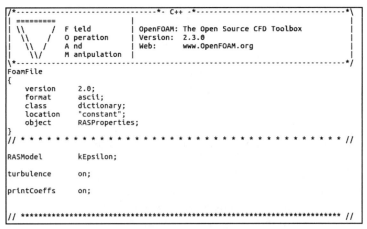

图 2-8　RASProperties 文件内的信息

由图 2-8 可见，RASProperties 文件内的信息包括以下 3 部分内容。

● 第 1 部分：

```
/*--------------------------------*- C++ -*----------------------------------*\
//此处对应 OpenFOAM 的标识（logo）
\*---------------------------------------------------------------------------*/
```

● 第 2 部分：

FoamFile　以下{}中的内容表示文件状态
{
    version //表示文件版本信息（注意非 OpenFOAM 版本）
    format//表示编码格式，ascii
    class//表示类别，此处为字典（dictionary）类，这是 OpenFOAM 中常用的一种类别，大量用于算例的设置，如文件的第 3 部分中的 RASModel、turbulence 与 printCoeffs
    location //表示位置，位于 constant 文件夹
    object //为对象名称，即文件名 RASProperties
}
// * //

● 第 3 部分：

RASModel　//表示采用的 RANS 模型，本算例采用 kEpsilon 模型（即标准 k-ε 模型）

```
turbulence    //表示是否为湍流计算，on 表示采用湍流模型，off 则表示采用层流计算
printCoeffs   //表示在计算开始时终端是否输出湍流模型的相关系数，on 表示输出，off 表示不输出
// ********************************************************* //
```

在以上 3 部分内容中，第 1、2 部分的 OpenFOAM 标识及文件状态信息基本一致，且通过上文的分析易于理解，因此，为节省篇幅，后文中的相关介绍将只显示第 3 部分的信息。

transportProperties 文件内的信息如图 2-9 所示。

```
// * * * * * * * * * * * * * * * * * * * * * * * * * * * * * * * //

transportModel  Newtonian;

nu              nu [ 0 2 -1 0 0 0 0 ] 1e-05;

CrossPowerLawCoeffs
{
    nu0         nu0 [ 0 2 -1 0 0 0 0 ] 1e-06;
    nuInf       nuInf [ 0 2 -1 0 0 0 0 ] 1e-06;
    m           m [ 0 0 1 0 0 0 0 ] 1;
    n           n [ 0 0 0 0 0 0 0 ] 1;
}

BirdCarreauCoeffs
{
    nu0         nu0 [ 0 2 -1 0 0 0 0 ] 1e-06;
    nuInf       nuInf [ 0 2 -1 0 0 0 0 ] 1e-06;
    k           k [ 0 0 1 0 0 0 0 ] 0;
    n           n [ 0 0 0 0 0 0 0 ] 1;
}

// ***************************************************************** //
```

图 2-9   transportProperties 文件内的信息

由图 2-9 可见如下信息。

```
transportModel    Newtonian;
nu                nu [ 0 2 -1 0 0 0 0 ] 1e-05;
```

其中：

- transportModel 表示设置运输模型，牛顿流体为 Newtonian，非牛顿流体需选用 CrossPowerLaw、BirdCarreau、HerschelBulkley 或 powerLaw 模型。
- nu 表示流体的运动黏度系数，此处"[0 2 -1 0 0 0 0]"为运动黏度系数的量纲，在 OpenFOAM 中，从左至右单位分别为质量 kg、长度 m、时间 s、温度 K、千克摩尔 kgmol、电流强度 A、发光强度 cd，数字代表单位的幂指数，因此动力黏度单位为 m^2/s，"1e-05"为黏度的数值。

非牛顿流体黏性模型为 CrossPowerLaw 时，设置模型系数如下：

```
CrossPowerLawCoeffs
{
    …
}
```

非牛顿流体黏性模型为 BirdCarreau 时，设置模型系数如下：

```
BirdCarreauCoeffs
{
```

```
     …
}
```

注：尽管该文件中包含了 CrossPowerLaw 与 BirdCarreau 的设置，但由于黏性模型选择为 Newtonian，这些设置在计算中并不生效。

3．边界、边界条件与初始值

网格生成后，/constant/polyMesh 文件夹内的文件如图 2-10 所示。

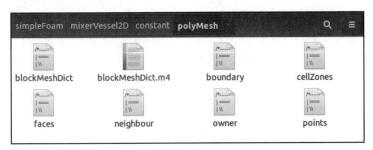

图 2-10　polyMesh 包含的文件

其中 boundary 文件包含了网格的边界信息。双击打开该文件，信息如图 2-11 所示。

```
// * * * * * * * * * * * * * * * * * * * * * * * * * * * * * * * * * * * * //
4
(
    rotor
    {
        type            wall;
        inGroups        1(wall);
        nFaces          192;
        startFace       5952;
    }
    stator
    {
        type            wall;
        inGroups        1(wall);
        nFaces          192;
        startFace       6144;
    }
    front
    {
        type            empty;
        inGroups        1(empty);
        nFaces          3072;
        startFace       6336;
    }
    back
    {
        type            empty;
        inGroups        1(empty);
        nFaces          3072;
        startFace       9408;
    }
)
// ************************************************************************* //
```

图 2-11　boundary 文件内的信息

其中，数字"4"表示边界的数量，此算例包括 rotor、stator、front 与 back 共计 4 个边界，针对每一个边界中的内容（"{}"内），注解如下。

- type 表示边界类型，详见本书第 4 章。
- inGroups 表示分组信息，其中 rotor 与 stator 类型为 wall（即壁面），front 与 back 类型为 empty（空边界），表示该算例为二维。分组信息在 ParaView 中可被识别（图 2-5）。

Chapter 2

- nFaces 表示边界上的网格数。
- startFace 表示边界上网格的起始编号。

所有边界条件的设置均位于"0"文件夹，由于采用标准 *k-ε* 模型，需设置 epsilon、k、nut、p 以及 U 文件，分别表示 ε、k、ν_t、p 以及 U，即湍动能耗散率、湍动能、涡黏系数、压力以及速度。由于 epsilon、k、nut 文件中的相关设置类似，读者可自行查看文件内容，此处仅对 epsilon、p 和 U 文件中的部分信息进行说明。

查看 epsilon 文件，信息如图 2-12 所示。

```
// * * * * * * * * * * * * * * * * * * * * * * * * * * * * *
dimensions      [ 0 2 -3 0 0 0 0 ];
internalField   uniform 20;
boundaryField
{
    rotor
    {
        type            epsilonWallFunction;
        value           $internalField;
    }
    stator
    {
        type            epsilonWallFunction;
        value           $internalField;
    }
    front
    {
        type            empty;
    }
    back
    {
        type            empty;
    }
}
// * * * * * * * * * * * * * * * * * * * * * * * * * * * * *
```

图 2-12 epsilon 文件内的信息

其中：

- dimensions 表示量纲，此处 epsilon 的量纲为 m^2/s^3，关于 OpenFOAM 中的量纲，见上文"湍流模型及流动参数设置"。
- internalField 为除边界之外的流场初始值。
- boundaryField 表示边界条件，此处对 boundary 文件中定义的 rotor、stator、front 与 back 进行设定，各部分的类型与 boundary 文件中保持一致，如 rotor 和 stator 的类型是 wall，front 和 back 的类型是 empty。
- type 表示壁面类型，此处 epsilonWallFunction 是一种适于 ε 的壁面函数，当计算中采用壁面函数时，nut 以及 k 或 omega（采用 ω 类模型时）均应使用相应的壁面条件，具体见本书第 4 章。
- value 表示边界上的初始值，$internalField 表示与上方设置的流场初始值一致，在本例中等同于"value uniform 20;"，用户也可自行设置相应数值，如"value uniform 10;"，

uniform 表示该边界上所有点的初值相同。

查看 p 文件，信息如图 2-13 所示。

```
dimensions       [0 2 -2 0 0 0 0];

internalField    uniform 0;

boundaryField
{
    rotor
    {
        type            zeroGradient;
    }

    stator
    {
        type            zeroGradient;
    }

    front
    {
        type            empty;
    }

    back
    {
        type            empty;
    }
}
```

图 2-13　p 文件内的信息

对比图 2-12 与图 2-13 可见，压力边界条件设置得不同，p 文件内 rotor 和 stator 的边界条件为 zeroGradient，表示压力在壁面的梯度为 0，此为第二类边界条件（也称 Neumann 边界）。一般而言，壁面处的压力均采用该边界条件。此外，"internalField uniform 0;"表示本算例中压力的初始值为 0。

查看 U 文件，信息如图 2-14 所示。

```
dimensions       [0 1 -1 0 0 0 0];

internalField    uniform (0 0 0);

boundaryField
{
    rotor
    {
        type            fixedValue;
        value           uniform (0 0 0);
    }

    stator
    {
        type            fixedValue;
        value           uniform (0 0 0);
    }

    front
    {
        type            empty;
    }

    back
    {
        type            empty;
    }
}
```

图 2-14　U 文件内的信息

2
Chapter

对比图 2-12 与图 2-14 可见，速度边界条件设置得不同，U 文件内 rotor 和 stator 为 fixedValue，表示在该边界上速度为定值，此为第一类边界条件（也称 Dirichlet 边界）。对于固壁，将速度设置为 0，即"valueuniform (0 0 0);"，与前两个变量不同的是，由于速度为矢量，需设 3 个方向的分量，"(0 0 0)"表示依次设置 x、y、z 共 3 个方向的速度分量均为 0。此外，"internalField uniform (0 0 0);"表示本算例中速度初始值为 0。

4．求解设置

完成以上设置后，需进行求解设置（位于 system 文件夹）。其中 fvSchemes 设置离散格式，包括时间格式（ddtSchemes）、梯度格式（gradSchemes）、散度格式（divSchemes）等。fvSolution 设置每个变量矩阵的求解器、收敛精度（详见本书第 3 章）以及压力-速度耦合解法（SIMPLE、PISO 或 PIMPLE，详见本书第 3 章），此处重点介绍旋转域的设置。前文已述，本算例 /constant/polyMesh 中的 cellZones 设定了网格域并命名为 rotor。为将该网格域设为旋转域，需用到 fvOptions 文件，信息如图 2-15 所示。

```
// * * * * * * * * * * * * * * * * * * * * * * * * * * * * * * * * * * * * //
MRF1
{
    type            MRFSource;
    active          true;
    selectionMode   cellZone;
    cellZone        rotor;

    MRFSourceCoeffs
    {
        origin      (0 0 0);
        axis        (0 0 1);
        omega       104.72;
    }
}

// ************************************************************************* //
```

图 2-15　fvOptions 文件内的信息

fvOptions 是 OpenFOAM 2.2.0 版本引入的一个新功能，其实质是在控制方程中添加源项以实现不同的功能，如多参考系源项（MRFSource）即表示将柯氏力（Coriolis force）添加至控制方程以体现坐标系的旋转。了解 fvOptions 的功能后，再具体分析图 2-15 的设置，其中：

● MRF1 表示添加的源项名称。

● type 表示源项的类型，本例为 MRFSource。

● active 表示激活状态，true 为激活，false 为不激活。

● selectionMode 表示选择网格的模式，fvOptions 是在计算过程中针对特定区域内的网格添加源项。此处选择特定的 cellZone。cellZone 是 OpenFOAM 中包含部分或全部网格单元信息的"集合"，称为"网格单元域"，详见本书第 4 章。

● cellZone 表示选择的网格单元域名称，此处为 rotor（见/constant/polyMesh/cellZone）。

● MRFSourceCoeffs 及"{}"中的内容，是对旋转参数进行设置。

➤ origin 表示旋转轴原点，此处坐标为"(0 0 0)"。

➤ axis 表示旋转轴的方向，此处"(0 0 1)"表示 z 轴正方向，与原点合起来可确定旋转轴位置，即通过点"(0 0 0)"且沿 z 轴正方向。

➤ omega 表示转速，单位为 rad/s，本例设为 104.72 rad/s。

最后，在 controlDict 文件中设置时间步长、输出间隔、输出格式等参数。controlDict 文件内的信息如图 2-16 所示。

```
// * * * * * * * * * * * * * * * * * * * * * * * * * * * * * * * * * * //
application     simpleFoam;
startFrom       startTime;
startTime       0;
stopAt          endTime;
endTime         500;
deltaT          1;
writeControl    timeStep;
writeInterval   50;
purgeWrite      0;
writeFormat     ascii;
writePrecision  6;
writeCompression off;
timeFormat      general;
timePrecision   6;
runTimeModifiable true;
// ********************************************************************* //
```

图 2-16   controlDict 文件内的信息

其中：

● application 表示求解器名称，此处采用 simpleFoam。该条目在求解过程不读取，一般作用户备注用。如果用可执行文件（如本例文件夹下的"./Allrun"文件）进行计算，则需读取该条目以使用正确的求解器。

● startFrom 表示控制当前计算的开始时间，分为以下 3 种设置：

➤ firstTime：从算例主目录中最早的时间开始，如文件夹内包含"0.01""0.02""0.03"三个文件夹，对应时刻分别为 0.01 s、0.02 s 与 0.03 s，计算将从 0.01 s 开始。

➤ startTime：从 startTime 指定的时间开始计算。

➤ latestTime：从算例主目录中最晚的时刻开始计算。

● startTime，当且仅当 startFrom 设定为 startTime 时，此条目生效。

● stopAt 表示控制当前计算的停止时间。分为以下 4 种设置：

➤ endTime：当时间到达 endTime 指定的时间时停止计算。

➤ writeNow：计算一步且输出结果，然后停止计算，一般用于计算过程中实时中止计算并输出结果。

➤ noWriteNow：计算一步且不输出结果，然后停止计算，一般用于计算过程中实时中止计算。

➤ nextWrite：达到指定的下一个输出时间（由 writeControl 控制），输出结果并停止计算。

● endTime，当且仅当 stopAt 设置为 endTime 时，此条目生效。

● deltaT 表示时间步长，由于本例采用稳态计算（fvSchemes 中的 ddtSchemes 设置为 steadyState），时间步长的设置并不影响计算结果，因此设时间步长为 1，可直观反映求解迭代的步数。

● writeControl 表示计算结果输出控制，有如下 5 个选项：

➤ timeStep：每 writeInterval 个时间步输出结果，其中 writeInterval 表示输出结果的间隔。

➤ runTime：每 writeInterval 秒物理时间输出结果，此"物理时间"表示算例在时间域上推进的时间。

➤ adjustableRunTime：每 writeInterval 秒物理时间输出结果，用于计算过程中自动调整时间步长的情况（本书 2.2 节介绍的算例即采用该方法），此时会自动调节输出前一步的时间步长，以便按照设定的时间间隔输出结果。

➤ cpuTime：每 writeInteral 秒 CPU 时间输出结果。

➤ clockTime：每 writeInterval 秒时钟时间输出结果，如设置为 3600，则表示 1 小时输出一次计算结果。

● writeInterval 与上一选项 writeControl 对应。

● purgeWrite 表示覆盖写入，设置的数值表示覆盖的物理时间间隔。例如，本算例开始时间为 0s，当设置为 3 时，计算开始后首先将 1s、2s、3s 的结果写入，当继续计算时，4s 的结果将覆盖 1s 的，5s 的结果覆盖 2s 的，以此类推。因此，该数值实际上设置了输出结果的个数。

● writeFormat 表示文件的编码格式，有 2 种格式：

➤ ascii：按照 ASCII 格式输出，默认格式。

➤ binary：按照二进制格式输出，可节省空间。

● writePrecision 表示输出数据的精度，默认为 6，即保留 6 位有效数字。

● writeCompression 表示是否对输出文件进行压缩（压缩为 gzip 格式），off 为不压缩，on 为压缩。

● timeFormat 设置时间文件夹的命名方式，包括以下 3 种类型：

➤ fixed：固定型，命名为 m.dddddd，m 表示整数，d 表示小数，其个数由 timePrecision 控制。

➤ scientific：科学计数型，命名为 m.ddddde±xx，m 与 d 的含义同上，e 表示以 10 为底，xx 为指数，小数的个数同样由 timePrecision 控制。

> ➢ general：通用型，如果指数小于-4 或者大于等于 timePrecision 指定的值，则采用 scientific 型，其他情况下采用常规的科学计数法命名，如 0.00005 即命名为 5e-05，而 0.0001 则仍以此命名。因此，通用型比前两种方式更加灵活，且不易导致输出的文件夹名称过长。

- timePrecision 与 timeFormat 相对应，默认为 6。
- runTimeModifiable 表示在运行的时候是否允许改变参数，一般为 yes，便于用户在计算过程中随时调整参数。

5．计算过程监控

执行如下代码切换至算例主目录。

```
cd $FOAM_RUN/tutorials/incompressible/simpleFoam/mixerVessel2D/
```

执行如下代码进行计算。

```
simpleFoam > log &
```

注：simpleFoam 表示算例采用的求解器名称。"> log"表示将求解过程的信息保存至名称为 log 的文件中，用户可自行定义文件名，"&"表示后台运行，终端可执行其余命令，但需注意的是终端不可关闭，否则计算停止。

打开 log 文件，其中的信息如图 2-17 所示。

```
\*---------------------------------------------------------------------------*\
Build   : 2.3.0-f5222ca19ce6
Exec    : simpleFoam
Date    : Mar 19 2020
Time    : 19:35:11
Host    : "ubuntu"
PID     : 2567
Case    : /home/huangxianbei/OpenFOAM/huangxianbei-2.3.0/run/tutorials/
incompressible/simpleFoam/mixerVessel2D
nProcs  : 1
sigFpe : Enabling floating point exception trapping (FOAM_SIGFPE).
fileModificationChecking : Monitoring run-time modified files using
timeStampMaster
allowSystemOperations : Disallowing user-supplied system call operations
// * * * * * * * * * * * * * * * * * * * * * * * * * * * * * * * * * * * * * //
```

（a）信息片段 1

```
// * * * * * * * * * * * * * * * * * * * * * * * * * * * * * * * * * * * //
Create time

Create mesh for time = 0

Reading field p

Reading field U

Reading/calculating face flux field phi

Selecting incompressible transport model Newtonian
Selecting RAS turbulence model kEpsilon
kEpsilonCoeffs
{
    Cmu         0.09;
    C1          1.44;
    C2          1.92;
    sigmaEps    1.3;
}
Creating finite volume options from fvOptions

Selecting finite volume options model type MRFSource
    Source: MRF1
    - applying source for all time
    - selecting cells using cellZone rotor
    - selected 1536 cell(s) with volume 0.000100459

SIMPLE: no convergence criteria found. Calculations will run for 500 steps.
```

（b）信息片段 2

图 2-17　log 文件内的信息

```
Starting time loop

Time = 1

smoothSolver:  Solving for Ux, Initial residual = 1, Final residual = 0.0404126,
No Iterations 2
smoothSolver:  Solving for Uy, Initial residual = 1, Final residual = 0.0403726,
No Iterations 2
GAMG:  Solving for p, Initial residual = 1, Final residual = 0.0269482, No
Iterations 5
time step continuity errors : sum local = 0.879375, global = 7.99949e-16,
cumulative = 7.99949e-16
smoothSolver:  Solving for epsilon, Initial residual = 0.050785, Final residual
= 0.00290931, No Iterations 2
smoothSolver:  Solving for k, Initial residual = 1, Final residual = 0.0850552,
No Iterations 2
ExecutionTime = 0.03 s  ClockTime = 0 s
```

（c）信息片段 3

图 2-17 "log"文件内的信息（续图）

图 2-17（a）中：

- Build 表示 OpenFOAM 版本号，此处为 2.3.0-f5222ca19ce6。
- Exec 表示使用的求解器名称。
- Date 表示计算开始日期。
- Time 表示计算开始的时间。
- Host 表示计算机用户名。
- PID 表示程序的 ID（为系统随机分配的整数），通过调取该 ID，可实现监控其 CPU 使用情况或关闭程序等功能。
- Case 表示算例的完整路径。
- nProcs 表示计算使用的核心数。
- sigFpe 表示浮点数溢出控制，此处为"Enabling floating point exception trapping (FOAM_SIGFPE)"，即开启浮点数溢出时终止计算（默认）。
- fileModificationChecking 表示实时检查设置文件的修改，默认开启，此时 controlDict 等设置文件的修改将在迭代过程中实时读取并更新，例如，用户可随时调整求解的时间步长。
- allowSystemOperations 表示系统调用操作的设置，此处为不允许（disallowing），用于防止软件异常工作（默认）。

图 2-17（b）中：

- kEpsilonCoeffs 表示 kEpsilon 模型中的系数，由于在 RASProperties 中设置 printCoeff 为 on，终端将显示其系数。
- "Creating finite volume options from fvOptions"表示读取 fvOptions 文件中的设置。
- "SIMPLE: no convergence criteria found. Calculations will run for 500 steps."表示未设置收敛残差指标，按 controlDict 中设置的 endTime 计算 500 步。

图 2-17（c）中：

- smoothSolver、GAMG 为 fvSolution 中设置的速度、压力、湍动能、湍动能耗散率的矩阵求解器名称。
- Initial residual 表示迭代前的残差。
- Final residual 表示迭代后的残差。
- No Iterations 代表迭代次数。
- ExecutionTime 表示从计算开始到该步结束之后消耗的总时间。
- ClockTime 表示从计算开始到该步结束之后消耗的 CPU 时间，仅显示整数。

在 CFD 计算中用户通常希望实时监测不同变量的残差变化，为此，可以借助开源的绘图软件 Gnuplot。执行如下命令进行安装。

```
sudo apt-get install gnuplot-x11
```

在算例主目录中创建新文档，命名为 Residuals，并将如下语句分行写入（为便于解释代码含义，此处将注释置于代码后方，即"//"符号之后的文字，读者无须输入此部分）。

```
set logscale y//将 y 轴设置为对数律，不设置则默认为常规坐标
set title "Residuals"//图题命名为 Residuals
set ylabel 'Residual'//y 轴名称为 Residual
set xlabel 'Iteration'// x 轴名称为 Iteration，即迭代步
plot "< cat log | grep 'Solving for Ux' | cut -d' ' -f9 | tr -d ','" title 'Ux' with lines,\
"< cat log | grep 'Solving for Uy' | cut -d' ' -f9 | tr -d ','" title 'Uy' with lines,\
"< cat log | grep 'Solving for epsilon' | cut -d' ' -f9 | tr -d ','" title 'epsilon' with lines,\
"< cat log | grep 'Solving for k' | cut -d' ' -f9 | tr -d ','" title 'k' with lines,\
"< cat log | grep 'Solving for p' | cut -d' ' -f9 | tr -d ','" title 'p' with lines
pause 1//暂停 1s，防止不间断读取，降低 CPU 负担。用户可自定义间隔时间
reread//重复读取，若不重复，则绘制的收敛曲线不会实时更新
```

注：本例计算时已将相关信息保存至 log 文件，此处 log 表示读取计算时生成的 log 文件。注意，计算过程中求解的变量按如下格式添加即可。

```
"< cat log | grep 'Solving for epsilon' | cut -d' ' -f9 | tr -d ','" title 'epsilon' with lines,\
```

其中"\"表示换行继续，若为命令的最后一行，如上文"Solving for p"一行，则该行不用加"\"。

保存文件，在算例主目录下执行如下命令。

```
gnuplot Residuals -
```

各量残差曲线如图 2-18 所示，可见残差在迭代 500 次后低于 0.001。由于 Residuals 文件中设置了 reread，关闭 Gnuplot 产生的图形窗口后仍将继续弹出残差图，这是因为上述命令仍在执行。为彻底关闭检测功能，需将该终端关闭。

注：为避免误操作而将计算关闭，建议打开新的终端后监测残差。

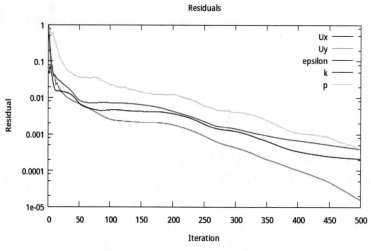

图 2-18　计算过程中残差的变化

2.1.2　后处理

1. 读取流场数据

计算完成后，执行 paraFoam 打开 ParaView 软件，在左侧 Properties→Volume Fields 中将所有变量选中，单击 Apply 将所有变量数据读入，如图 2-19 所示。

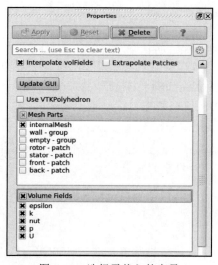

图 2-19　选择需载入的变量

注：算例文件夹内不能包含名为 UntitledFolder 的文件夹，否则无法打开 ParaView，如图 2-20 所示。

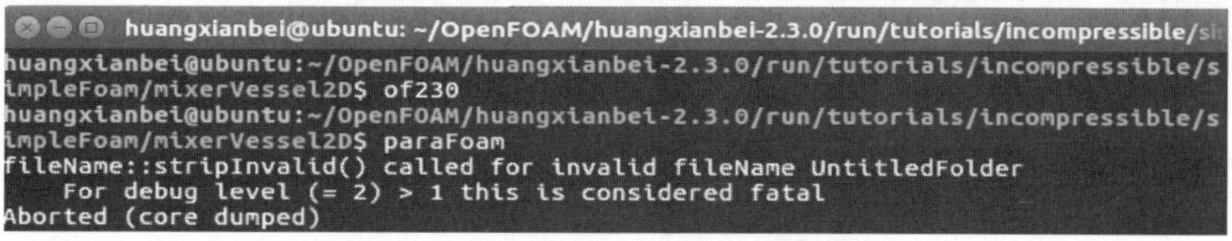

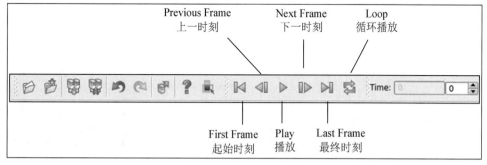

图 2-20　ParaView 无法打开时的提示

ParaView 界面上方的 Time 窗口控制对应时间步的数据，各按钮功能如图 2-21 所示。单击 Last Frame 按钮，将时间步切换至 500。

图 2-21　时间控制功能

2. 作压力分布云图

由于本算例为二维，作中间截面观察流场形态即可。单击图 2-22 所示 slice 命令，在 Properties 中单击 Z normal，并将 show Plane 复选框取消选中。

图 2-22　用 slice 作二维切面

单击图 2-23 所示视图角度设置中带有"-Z"文字的按钮，使视图变为沿 z 轴负向观察，即 *x-y* 平面视图。由于不少按钮对应的英文较长，图 2-23 仅用中文说明各按钮的功能。单击 Solid Color 右侧的下三角按钮，将其选为 p，并单击左侧"显示图例"按钮（Toggle Color Legend Visibility），即显示图 2-24 所示的压力分布情况。

若需调整图例的颜色分布或取值范围，则单击图 2-23 中的"设置图例"按钮（Edit Color Map），相关设置如图 2-25 所示。

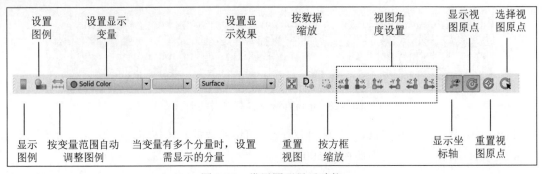

图 2-23　常用图形显示功能

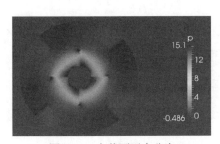

图 2-24　中截面压力分布

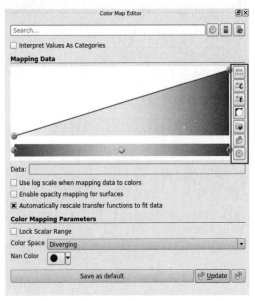

图 2-25　编辑图例颜色

图 2-25 中右侧按钮功能依次为：

- Rescale to data range：按当前时刻（步）变量的范围自动调整。
- Rescale to custom range：按用户定义范围进行调整，单击后需输入最大值与最小值，如图 2-26 所示。

图 2-26　用户自定义图例范围

- Rescale to data range over all timesteps：按所有时刻（步）变量的范围自动调整。

- Invert the transfer functions：将颜色顺序反向，如本算例中从小到大为蓝色至红色的过渡，单击此按钮后变为图 2-27 所示的效果。对比图 2-24 与图 2-27 可知，当颜色反向后，压力值从小到大为红色至蓝色的过渡。

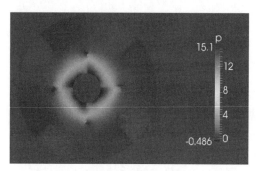

图 2-27　图例颜色反向后的压力分布

- Choose preset：导入用户预设好的标尺属性。
- Save to preset：将当前属性保持为预设属性。

注：Choose preset 与 Save to preset 用于对同一类型算例进行统一分析，可节省调整时间，如采用不同湍流模型对该算例进行计算，则可以保存调整好的属性，在其余模型结果分析时导入预设的属性即可。

- Manually edit transfer functions：手动调节图例颜色，单击后如图 2-28 所示，其中 Color transfer function values 中的 Value 代表变量值，后方的 R、G、B 表示 RGB 颜色模式中的色彩数值。Opacity transfer function values 中，Opacity 0 对应的 Value 值为图例中的最小值，而 Opacity 1 对应的 Value 值为图例中的最大值。

Color transfer function values

	Value	R	G	B
1	-0.486399	0.706	0.016	0.15
2	7.32178	0.865	0.865	0.865
3	15.1299	0.23	0.299	0.754

Opacity transfer function values

	Value	Opacity
1	-0.486399	0
2	15.1299	1

图 2-28　手动调节图例颜色

在图 2-25 所示的 Color Mapping Parameters 下方，还有一个常用设置为 Color Space，可以设定不同的颜色模式，默认为 Diverging。

3. 作速度矢量图

单击左侧 Pipeline Browser 中的 Slice1，如图 2-29 所示。随后单击图中方框标注的 Glyph，在 Slice1 上绘制流线。

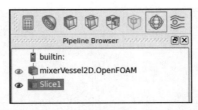

图 2-29　在已有的切面上进行分析

注：ParaView 采用层级来控制不同的后处理面，单击 Slice1 后选择 Glyph 表示在 Slice1 上作流线；若单击 mixerVessel2D.OpenFOAM 后选择 Glyph，则表示在整个计算域作流线。另外，左侧的眼睛图标控制可视化，灰色表示当前不可见。

对 Glyph 的 Properties 作如图 2-30 的设置，绘制的二维流线如图 2-31 所示。由图 2-31 可见该流动为环形流动，但由于图中显示了压力的分布，导致流线不够清晰。为此，单击图 2-29 中的 Slice1，在上方工具栏中将其设置为 Solid Color，如图 2-32 所示。随后单击 Glyph，在 Properties 中 Coloring 一栏单击 Edit，将颜色设置为黑色，最终效果如图 2-33 所示。

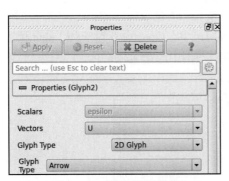

图 2-30　二维流线图设置

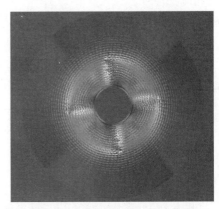

图 2-31　中截面上的二维流线图

图 2-32　设置 Slice1 的显示为 Solid Color

若在 Coloring 设置中将 Solid Color 改为其余变量（如 U），则可以体现速度的分布。此外，Glyph 的 Properties 中，Maximum Number of Points 可以控制流线数量。请读者自行尝试这些功能。

图 2-33　调整后的流线图

2.2　子弹周围空化流场模拟

通过上一算例的学习，相信读者已经基本了解了 OpenFOAM 计算旋转流动的基本设置步骤，同时也对其中残差的监测以及基于 ParaView 的后处理有了更清晰的认识。本算例将通过子弹外流场的空化计算，让读者了解 OpenFOAM 中两相流的基本设置流程，同时介绍一些新的常用操作，例如并行计算；在计算过程中设置监测点以实时监控流场信息；后处理中采用 sample 功能截取流场中一条线上的数据，以进行进一步分析。

2.2.1　算例描述及前处理

本算例的计算域如图 2-34 所示，来流速度为 20m/s，出口通大气。首先，在/tutorials/multiphase/interPhaseChangeFoam 中找到 cavitatingBullet 算例。打开后发现文件结构与前一算例类似，此处不再赘述。

图 2-34　子弹周围空化流场算例示意图

1. 生成网格

在终端执行如下命令，切换至该算例所在目录。

```
cd $FOAM_RUN/tutorials/multiphase/interPhaseChangeFoam/cavitatingBullet
```

执行如下命令将子弹的几何模型文件复制至/constant/triSurface/文件夹。

```
cp $FOAM_TUTORIALS/resources/geometry/bullet.stl.gz constant/triSurface/
```
执行 blockMesh 命令生成外流场网格，随后生成子弹表面网格。

```
snappyHexMesh -overwrite
```
注：snappyHexMesh 是自动六面体网格划分工具，可生成贴体网格并在所设定的表面附近局部加密。

执行 checkMesh 命令，终端内显示 Mesh OK 表明网格已满足 OpenFOAM 要求。打开算例中的/constant/polyMesh/boundary 文件，信息如图 2-35 所示。

```
// * * * * * * * * * * * * * * * * * * * * * * * * * * * * * * * * * * * * * //
4
(
    inlet
    {
        type            patch;
        nFaces          225;
        startFace       1129981;
    }
    outlet
    {
        type            patch;
        nFaces          225;
        startFace       1130206;
    }
    walls
    {
        type            symmetry;
        inGroups        1(symmetry);
        nFaces          3000;
        startFace       1130431;
    }
    bullet
    {
        type            wall;
        inGroups        1(wall);
        nFaces          37743;
        startFace       1133431;
    }
)
// ************************************************************************* //
```

图 2-35　boundary 文件内的信息

可见本算例设置了 4 个边界，分别为 inlet、outlet、walls 以及 bullet，分别表示进口、出口、壁面以及子弹表面，边界条件的设置将在第 3 步介绍。

2.　流动参数设置

打开 constant 文件夹进行湍流模型及流动参数的设置，显然与前一算例相比多出了 g 以及 turbulenceProperties，且少了 RASProperties，现逐一说明。

（1）g 文件。空化计算通常需考虑重力的影响，此处 g 文件即用于设置重力的方向与大小。g 文件内的信息如图 2-36 所示。

```
// * * * * * * * * * * * * * * * * * * * * * * * * * * * * * * * * * * * * * //
dimensions      [0 1 -2 0 0 0 0];
value           (0 -9.81 0);

// ************************************************************************* //
```

图 2-36　g 文件内的信息

其中：
- dimensions 表示重力加速度的单位，m/s^2。

● value 表示重力加速度的大小和方向，此处表示沿 y 轴负方向，大小为 9.81。

（2）turbulenceProperties 文件。该文件用于设定计算中采用的流动模拟类型。turbulenceProperties 文件内的信息如图 2-37 所示。

```
// * * * * * * * * * * * * * * * * * * * * * * * * * * * * * * * * * * * * * //

simulationType laminar;

// ************************************************************************* //
```

图 2-37　turbulenceProperties 文件内的信息

其中，simulationType 即表示流动模拟类型，OpenFOAM 中共有 3 类，即 laminar、RASModel 与 LESModel，分别为层流、雷诺时均（RANS）与大涡模拟（LES），当采用 RASModel 或 LESModel 时，需在/constant 内设置对应的 RASProperties 或 LESProperties 文件。图 2-37 表示本算例采用层流计算而不使用湍流模型。2.1 节介绍的搅拌器算例采用的是 simpleFoam 求解器，该求解器只能使用 RASModel，因此无须设置 turbulenceProperties 文件。

（3）transportProperties 文件。该文件主要用于设置流体的属性。transportProperties 文件内的信息如图 2-38 所示。

```
phases (water vapour);

phaseChangeTwoPhaseMixture SchnerrSauer;

pSat            pSat        [1 -1 -2 0 0]    2300;    // saturation pressure

sigma           sigma [1 0 -2 0 0 0 0] 0.07;

water
{
    transportModel Newtonian;
    nu              nu [0 2 -1 0 0 0 0] 9e-07;
    rho             rho [1 -3 0 0 0 0 0] 1000;
}

vapour
{
    transportModel Newtonian;
    nu              nu [0 2 -1 0 0 0 0] 4.273e-04;
    rho             rho [1 -3 0 0 0 0 0] 0.02308;
}

KunzCoeffs
{
    UInf            UInf    [0 1 -1 0 0 0]    20.0;
    tInf            tInf    [0 0 1 0 0 0]    0.005; // L = 0.1 m
    Cc              Cc      [0 0 0 0 0 0]    1000;
    Cv              Cv      [0 0 0 0 0 0]    1000;
}

MerkleCoeffs
{
    UInf            UInf    [0 1 -1 0 0 0]    20.0;
    tInf            tInf    [0 0 1 0 0 0]    0.005;  // L = 0.1 m
    Cc              Cc      [0 0 0 0 0 0]    80;
    Cv              Cv      [0 0 0 0 0 0]    1e-03;
}

SchnerrSauerCoeffs
{
    n               n       [0 -3 0 0 0 0]    1.6e+13;
    dNuc            dNuc    [0 1 0 0 0 0]    2.0e-06;
    Cc              Cc      [0 0 0 0 0 0]    1;
    Cv              Cv      [0 0 0 0 0 0]    1;
}
```

图 2-38　transportProperties 文件内的信息

Chapter 2

其中：

- 第一行 phases (water vapour)表示设置各相的名称，此处设置为 water 与 vapour，分别代表水与水蒸气。
- 第二行 phaseChangeTwoPhaseMixture 表示设置空化模型，此处选用 SchnerrSauer 模型。
- 第三行 pSat 表示汽化压力，"[1 -1 -2 0 0]"表示量纲为 kg/(m·s^2)，即 Pa，此处数值为 2300。
- 第四行 sigma 表示两相（本例为水与水蒸气）之间的表面张力系数，此处量纲为 kg/s^2，即 N/m，数值为 0.07。
- 第五行开始，water 及随后"{}"内的内容是关于水的属性参数，此处应与 phases 中的命名保持一致。nu 表示运动黏度，rho 表示密度，可参照单相流中的参数含义，此处不再赘述。vapour 及随后"{}"内的内容是关于水蒸气的属性参数。

由于 OpenFOAM 有 Kunz、Merkle 和 SchnerrSauer 三种空化模型，KunzCoeffs、MerkleCoeffs 和 SchnerrSauerCoeffs 分别对应上述三种模型的模型系数。选择对应的空化模型时，相应的模型系数设置生效。本算例中即为 SchnerrSauer 模型，因此调整 SchnerrSauerCoeffs 的参数即可对该空化模型进行调控，其余空化模型的系数不起作用。

3. 边界条件与初始条件

打开算例主目录下的"0"文件夹可见 3 个文件，分别为 alpha.water、p_rgh 和 U。alpha.water 表示水的体积分数，OpenFOAM 中空化采用 mixture 模式，即两相共用速度与压力场，并通过体积分数表征两相的含量，更详细的原理请读者自行查阅空化数值计算的相关资料；p_rgh 表示实际压力减去重力作用下对应水深时的压力：

$$p_{rgh} = p - \rho gh \qquad (2\text{-}1)$$

式中：ρ 表示水的密度，g 表示重力加速度，h 表示水深。这一处理的好处在于可以更方便地设定边界条件（对于考虑重力的流动，在设定边界压力分布或初始压力分布时往往需将压力设置为 $p_{rgh} + \rho gh$，加重了用户负担）。

与上一算例相比，本算例采用层流计算，无须设置湍流模型相关的 nu、k、epsilon 以及 omega。

（1）alpha.water 文件。设定水的体积分数边界条件与初始条件，如图 2-39 所示，其中：
- dimensions 表示量纲，此处为无量纲。
- internalField 表示初始场，此处表示均匀场，水的体积分数为 1。
- boundaryField 表示边界条件，"{}"中：
  - "typefixedValue;"表示定值边界。
  - "value $internalField;"表示采用上方设定的 internalField 值，表明入口流入的流体均为水，也可以写为"value uniform 1;"。
  - "type inletOutlet;"表示复合出口边界，当流动指向计算域外时为 zeroGradient 边界；当流动指向计算域内时，则等于下方设定的 inletValue 值，详见本书第 4 章。

➢ type symmetry 表示对称边界。

```
// * * * * * * * * * * * * * * * * * * * * * * * * * * * * * * * * * //
dimensions      [0 0 0 0 0];
internalField   uniform 1;
boundaryField
{
    inlet
    {
        type            fixedValue;
        value           $internalField;
    }

    outlet
    {
        type            inletOutlet;
        inletValue      $internalField;
    }

    walls
    {
        type            symmetry;|
    }

    bullet
    {
        type            zeroGradient;
    }
}
// ******************************************************************* //
```

图 2-39   alpha.water 文件内的信息

（2）p_rgh 文件。设定压力的边界条件与初始条件，如图 2-40 所示。

```
// * * * * * * * * * * * * * * * * * * * * * * * * * * * * * * * * * //
dimensions      [1 -1 -2 0 0];
internalField   uniform 100000;
boundaryField
{
    inlet
    {
        type            zeroGradient;
    }

    outlet
    {
        type            fixedValue;
        value           $internalField;
    }

    walls
    {
        type            symmetry;
    }

    bullet
    {
        type            fixedFluxPressure;
    }
}
// ******************************************************************* //
```

图 2-40   p_rgh 文件内的信息

其中：

● dimensions 表示量纲，此处为 $kg/(m \cdot s^2)$，即 Pa。前一算例中 p 的量纲为 m^2/s^2，这是

因为单相流中密度不影响计算结果，此时 p 为压力除以密度之后的值：

$$p_{sp} = \frac{p}{\rho} \qquad\qquad (2\text{-}2)$$

而本算例中需考虑密度的影响，故压力量纲为常用量纲 $kg/(m \cdot s^2)$，即 Pa。

- internalField 表示内部初始场，为 100000 Pa。
- outlet 边界的 "{}" 中 "value $internalField;" 表示使用 internalField 设定的值，如上文所述此压力为式（2-1）所示压力，无须考虑重力对出口压力分布的影响，简化了边界条件的设置。
- bullet 边界的 "{}" 中 "value fixedFluxPressure;" 表示采用 fixedFluxPressure 边界，边界上的压力梯度是根据速度边界上的通量计算得到的。这一边界通常用于多相流中壁面条件的设置，以获得更好的收敛性。

4. 求解设置

完成以上设置后，进行求解设置。/system 下的 fvSchemes 与 fvSolution 中的数值格式与离散方程求解方式将在后续章节介绍，此处仅涉及并行计算及监测点设置。

OpenFOAM 并行计算基于 Open MPI，在开始并行计算之前需将计算域（网格与物理场）按并行计算所需核心数（线程数）切割为对应数量（采用 decomposePar 命令）。为此，需设置 /system 下的 decomposeParDict 文件，该文件内的信息如图 2-41 所示。

```
// * * * * * * * * * * * * * * * * * * * * * * * * * * * * * * * * * * * //

numberOfSubdomains 4;

method          simple;

simpleCoeffs
{
    n               ( 2 2 1 );
    delta           0.001;
}

hierarchicalCoeffs
{
    n               ( 1 1 1 );
    delta           0.001;
    order           xyz;
}

manualCoeffs
{
    dataFile        "";
}

distributed     no;

roots           ( );

// ************************************************************************* //
```

图 2-41　decomposeParDict 文件内的信息

其中：

- numberOfSubdomains 表示计算域切割数量，与拟采用并行的核心数相等，此处为 4.
- method 表示切割方式，此处为 simple 方式。

- "simpleCoeffs {}" 中包含 simple 方式的控制参数，该方式是按方向切分的，n 表示切分数量，"(2 2 1)" 表示在 x 方向切 2 次，在 y 方向切 2 次，因此共分为 $2\times2 = 4$ 块；delta 表示网格倾斜因子，此处 0.001 即为默认值。
- "hierarchicalCoeffs {}" 表示 hierarchical 方式的控制参数，当 method 设置为 hierarchical 时生效。其中 n 与 delta 的含义与 simple 方式的一样，此外还需设置 order 参数，可设置切分顺序。xyz 表示先切分 x 方向，后切分 y 方向，最后切分 z 方向，用户可以自行调整顺序，如 xzy、zyx、yxz 等。
- "manualCoeffs {}" 表示 manul 方式的控制参数，当 method 设置为 manul 时生效。可由用户分配具体的网格点到相应的 processor 文件夹中，此时需读取 dataFile 中指定的文件，该文件包含了各网格的分配信息。
- distributed 表示是否采用分布式计算机群，此处 no 表示否。
- roots 表示切分的每块网格所在的路径，当采用分布式计算机群时设置。

注：除上述 3 种方式外，还有一种常用的方式为 scotch，为自动切割方式，一般可以保证处理器交界面上的网格面较少，提高数据交换效率。在使用时可设置不同处理器的权重，从而可以对不同的处理器分配不同的网格数与物理场，一般用于对处理器性能不同的情况进行设置，例如，用 4 个处理器并行计算可用如下设置：

```
scotchCoeffs
{
    processorWeights
    (
        1
        0.8
        1
        0.5
    );
}
```

processorWeights 即为权重，默认值为 1。对于处理器性能相同或相近的情况，可以直接设置为

```
scotchCoeffs
{
    …
}
```

设置好并行计算后，在算例主目录下执行 decomposePar 命令，可发现文件夹中多了 4 个文件夹 processor 0、processor 1、processor 2 与 processor 3，各文件夹包含了切割后的网格信息与流场信息。

接下来设置 controlDict，其中大部分的用途在上一算例已介绍，此处仅介绍自动调整时间步长功能，如图 2-42 所示。

```
adjustTimeStep          on;
maxCo                   5;

// ************************************************************* //
```

图 2-42　controlDict 中自动调整时间步长的设置

其中：

- adjustTimeStep 表示是否开启自动调整时间步长，on 表示开启，off 表示关闭。
- maxCo 表示最大 Courant 数，计算中如果 Courant 数超过最大值，则时间步长将自动调整，使 Courant 数小于设定值。

为设置监测点以监控计算过程中相关物理量的变化情况，在 controlDict 文件最后添加如图 2-43 所示的代码后单击"保存"按钮。

```
functions
{
probes
    {
        functionObjectLibs ( "libsampling.so" );
        type            probes;
        name            probes;
        writeControl    timeStep;
        writetInterval  1;
        fields
        (
            U alpha.water p_rgh
        );
        probeLocations
        (
            (0 0 -0.005)  (0 0 0.015)
        );
    }
}
```

图 2-43　controlDict 中添加监测点信息

其中：

- probes 为该监测的名称。
- functionObjectLibs 为加载的动态库，此处从流场采样，加载 libsampling.so。
- type 表示功能类型，OpenFOAM 提供了多种功能，此处用 probes 进行采样。
- name 表示监测点输出数据所在的文件夹名称，该文件夹位于/postProcessing 中（计算开始后，该文件夹自动生成），此处命名为 probes。
- writeControl 表示输出控制，与 controlDict 中的 writeControl 一样，不再赘述。
- fields 表示监测的物理量，U alpha.water p_rgh 表示物理量名称，多个物理量用空格隔开。
- probeLocations 表示监测点位置，本算例设置两个监测点，分别位于子弹的头部和尾部，以头部监测点为例，(0 0 -0.005) 表示其坐标 $x = 0$ m，$y = 0$ m，$z = -0.005$ m（OpenFOAM 长度单位为 m）。

5. 计算与监测

上一步已做好并行计算准备工作，此时输入如下命令即可进行并行计算。

```
mpirun -np 4 interPhaseChangeFoam -parallel > log&
```

注：mpirun 为固定格式，表示采用 Open MPI 作并行计算；"-np"为并行计算选项，表示参与并行计算的核心数（线程数），"4"即为本算例设置的数量；interPhaseChangeFoam 为本算例采用的求解器；"-parallel"表示并行计算，注意此处务必添加该选项，">log"为输出计算日志，"&"表示后台运行该计算，若要实时显示计算日志，可在算例主目录中执行如下命令。

```
tail -f log
```

为监测计算过程中残差的变化，仍用 2.2.1 节第五步介绍的功能。将上一算例的 Residuals 文件复制至本算例主目录下并修改为如下形式。

```
set logscale y
set title "Residuals"
set ylabel 'Residual'
set xlabel 'Iterations'
plot "< cat log | grep 'Solving for alpha.water' | cut -d' ' -f9 | tr -d ','" title 'alpha.water' with lines,\
"< cat log | grep 'Solving for p_rgh' | cut -d' ' -f9 | sed -n 'p;N;N' | tr -d ','" title 'p_rgh' with lines
pause 1
reread
```

保存文件后打开一个新的终端，并执行 gnuplot Residuals 命令，结果如图 2-44 所示。

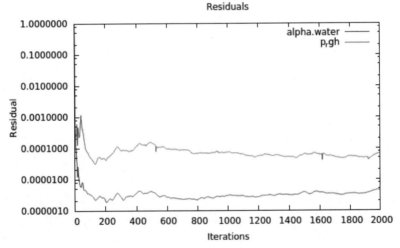

图 2-44　计算过程中残差的变化（Iterations 为"迭代步"，Residual 为"残差"）

为观察监测点的变化情况，执行如下命令切换至监测结果所在路径。

```
cd $FOAM_RUN/tutorials/multiphase/interPhaseChangeFoam/cavitatingBullet/postProcessing/probes/0
```

执行 gnuplot 命令后，终端内出现的信息如图 2-45 所示。

在 gnuplot>后方输入如下代码显示测点(0, 0, -0.005)的 x 方向速度分量 u_x 在求解过程中的变化。

```
plot "< tr '(' ' ' < U" using 1:2 with lines
```

结果如图 2-46 所示。

```
G N U P L O T
Version 4.6 patchlevel 4    last modified 2013-10-02
Build System: Linux x86_64

Copyright (C) 1986-1993, 1998, 2004, 2007-2013
Thomas Williams, Colin Kelley and many others

gnuplot home:       http://www.gnuplot.info
faq, bugs, etc:     type "help FAQ"
immediate help:     type "help"  (plot window: hit 'h')

Terminal type set to 'wxt'
gnuplot>
```

图 2-45　运行 gnuplot

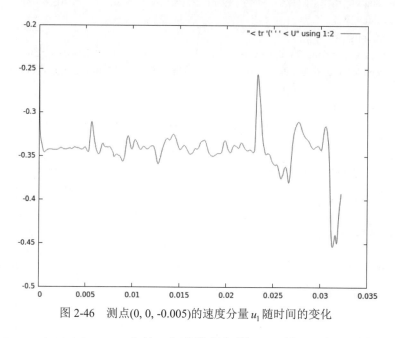

图 2-46　测点(0, 0, -0.005)的速度分量 u_1 随时间的变化

打开/postProcessing/probes/0/U 文件，部分数据如图 2-47 所示。由于速度为矢量，因此每个测点的速度占 3 列且格式为(u_1, u_2, u_3)。若要观察监测点 2 的 u_3，则在"gnuplot>"后方输入如下代码。

plot "< tr '(' ' ' < U" using 1:7 with lines

其中"< tr '(' ' ' <"用于将速度括号去掉。

在"gnuplot>"后方输入如下代码观察监测点 2 的 u_1 变化。

plot "< tr '(' ' ' < U" using 1:5 with lines

如图 2-48 所示，u_1 的值均为 -1×10^{300}，这是因为该测点正好位于子弹尾部的无网格域（即子弹内部），从而无监测值，此处该数值为 OpenFOAM 自动给出的一个极值，无实际意义。

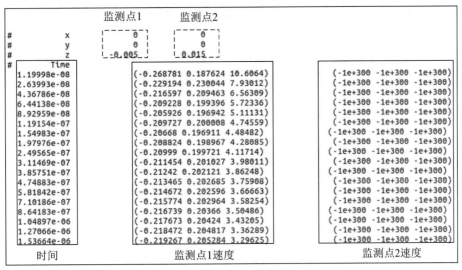

图 2-47　/postProcessing/probes/0/U 文件内的信息

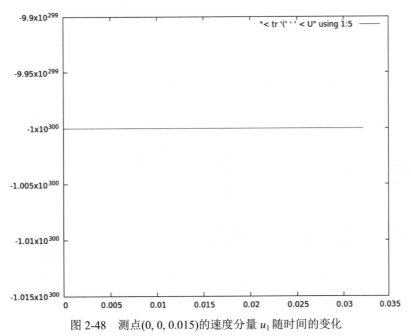

图 2-48　测点$(0, 0, 0.015)$的速度分量 u_1 随时间的变化

为观察压力随时间的变化，类似地在"gnuplot>"后方输入如下命令。

plot "p_rgh" using 1:2 with lines

如图 2-49 所示，压力随时间的变化为位于坐标轴最下方的直线，压力的变化并未显示。

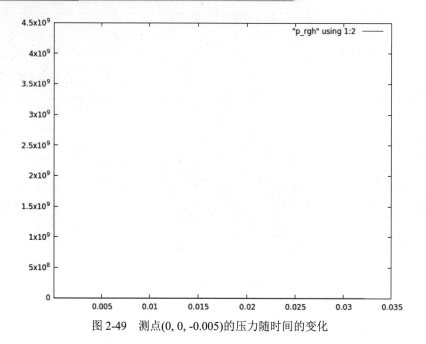

图 2-49   测点(0, 0, -0.005)的压力随时间的变化

打开/postProcessing/probes/0/p_rgh 文件，部分数据如下：

#	x	0	0
#	y	0	0
#	z	-0.005	0.015
#	Time		
	1.19998e-08	4.15358e+09	-1e+300
	2.63993e-08	3.85356e+08	-1e+300
	4.36786e-08	1.98837e+08	-1e+300
	6.44138e-08	1.57796e+08	-1e+300
	...		
	6.79616e-06	1.23132e+06	-1e+300
	8.16421e-06	1.12937e+06	-1e+300
	9.80361e-06	1.03778e+06	-1e+300
	1.17683e-05	957408	-1e+300
	1.41212e-05	886649	-1e+300
	1.6938e-05	830533	-1e+300
	2.03162e-05	780507	-1e+300

可见对于测点(0,0,-0.005)，在计算初始压力波动较大且数值亦较大，而在计算至
$t = 1.17683 \times 10^{-5}$ s 时压力较为稳定且远小于之前的数值，从而导致图 2-49 中未能显示其变化。
为观察之后的分布，可调整 x 轴的范围。在"gnuplot>"后方输入如下命令。

```
set xrange [0.0001:0.01]
replot
```

注：第一行 set xrange 表示设置 x 轴范围，为 0.0001～0.01，replot 表示用上一条 plot 命令（等同于 plot "p_rgh" using 1:2 with lines）。

如图 2-50 所示，此时可显示出压力随时间的变化情况。

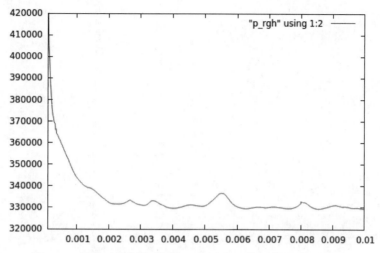

图 2-50   调整 x 轴范围后测点(0, 0, -0.005)的压力随时间的变化

2.2.2 后处理

1. 重组并行后的计算结果

执行 reconstructPar 命令，将分布在各个 processor 文件夹中的流场信息重组。若需要重组某个时刻的流场，则运行

```
reconstructPar -time  时刻
```

或

```
reconstructPar -time  时刻 1:时刻 2
```

上述第二条命令用于重组时刻 1 到时刻 2 时间段内的所有流场。reconstructPar 命令的其余选项可通过执行 reconstructPar -help 命令来查看，如图 2-51 所示。

注：OpenFOAM 中几乎所有运行命令均可通过"命令 -help"的形式查看其相关选项。读者在学习过程中应熟悉这一操作，以便更好地掌握各命令的用途。reconstructPar 各选项的含义较为简单，读者可自行尝试。

2. 制作动画

在算例主目录下执行 paraFoam 命令打开 ParaView 进行后处理。单击 Pipeline Browser 中的 cavitatingBullet.OpenFOAM，在下方 Properties 中将 alpha.water 选中后单击 Apply 按钮，将水的体积分数信息读入。由于常规的一些后处理在上一算例中已讲解，此处不再重复介绍，请读者自行尝试绘制流线图等。本算例重点介绍在非定常计算的后处理中如何生成动画。

利用 Slice 作子弹纵切面，相关 Properties 设置如图 2-52 所示，其中 Origin 与 Normal 无

须设置，单击 X Normal 项后单击 Apply 按钮即可。

```
Usage: reconstructPar [OPTIONS]
options:
  -allRegions        operate on all regions in regionProperties
  -case <dir>        specify alternate case directory, default is the cwd
  -constant          include the 'constant/' dir in the times list
  -fields <list>     specify a list of fields to be reconstructed. Eg, '(U T p)'
                     - regular expressions not currently supported
  -lagrangianFields <list>
                     specify a list of lagrangian fields to be reconstructed. Eg
,
                     '(U d)' -regular expressions not currently supported,
                     positions always included.
  -latestTime        select the latest time
  -newTimes          only reconstruct new times (i.e. that do not exist already)
  -noFunctionObjects
                     do not execute functionObjects
  -noLagrangian      skip reconstructing lagrangian positions and fields
  -noSets            skip reconstructing cellSets, faceSets, pointSets
  -noZero            exclude the '0/' dir from the times list, has precedence
                     over the -zeroTime option
  -region <name>     specify alternative mesh region
  -time <ranges>     comma-separated time ranges - eg, ':10,20,40:70,1000:'
  -zeroTime          include the '0/' dir in the times list
  -srcDoc            display source code in browser
  -doc               display application documentation in browser
  -help              print the usage

Reconstruct fields of a parallel case

Using: OpenFOAM-2.3.0 (see www.OpenFOAM.org)
Build: 2.3.0-f5222ca19ce6
```

图 2-51　终端运行 reconstructPar -help 后显示的内容

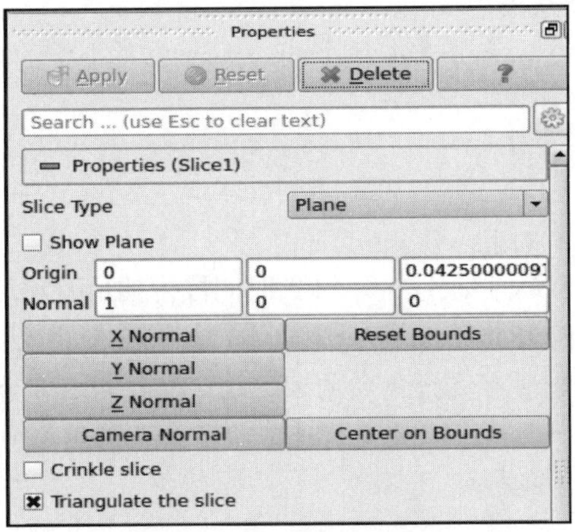

图 2-52　切面属性设置

　　将鼠标指针移动至 ParaView 窗口的顶部，将显示顶部工具栏，随后移动至 File，显示如图 2-53 所示菜单。

　　单击 Save Animation，弹出如图 2-54 所示的设置。其中 Frame Rate 表示帧率，控制动画速度；Resolution 为分辨率；Timestep range 可自行设置开始时间，注意此处为时间步，有几个时刻的结果即表示有几个时间步；Stereo Mode 为声音设置，一般没有声音；Compression 表示压缩文件，以免文件过大。设置好之后单击 Save Animation，弹出如图 2-55 所示的窗口。文件类型选择默认的".ogv"，File name 设置为 alphawater_annimation，单击 OK 按钮等待生成动画。生成动画后，双击该文件即可观察子弹空化随时间的演变过程。

图 2-53　File 菜单　　　　　　　　　　　　图 2-54　动画设置

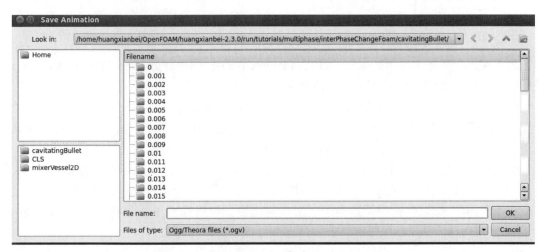

图 2-55　动画保存界面

3. 观察变量沿曲线的分布

为定量分析其中某一线段上的速度或压力的分布，可使用 ParaView 的 plotOverLine 功能，如图 2-56 所示。将时间调整至 0.05 s（在 ParaView 工具栏中单击 Last Frame，具体如图 2-21 所示），创建一个 plotOverLine，其中线段位于子弹前缘且为 y 方向，设置如图 2-57 所示。在 Properties 中的 Line Series 中将 alpha.water 以及 U(Magnitude)复选框取消勾选，单击 Apply 按钮，视窗右侧自动绘制出压力的分布曲线，如图 2-58 所示。

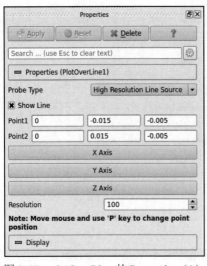

图 2-56　plotOverLine 功能

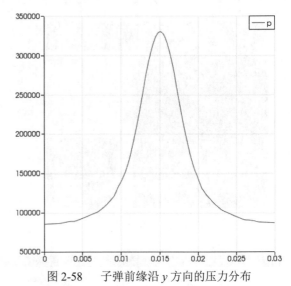

图 2-57　plotOverLine 的 Properties（1）　　　图 2-58　子弹前缘沿 y 方向的压力分布

　　为了设置坐标图中显示的数据，可单击 Pipeline Browser 中的 PlotOverLine1，对其 Properties 进行调整，如图 2-59 所示。相关选项的含义如下：

- Attribute Mode：数据分布类型。Point Data 表示数据位于节点，一般采用该类型；Cell Data 表示数据位于网格中心；Edge Data 表示数据位于网格边上；Row Data 表示数据位于数据列（一般为文本中排列的数据）。

- X Axis Data：两个选项。Use Array Index From Y Axis Data 表示以点的编号作为 x 轴数据；Use Data Array 表示坐标图中 x 轴采用的数据，默认为 arc_length（即线段长度）。若需将其改为 y 坐标以便于了解点的位置，则设置为 Points(1)，其中 Points(0)、Points(1)、Points(2)分别表示 x、y 以及 z 坐标。

- Line Series：设置作图的数据，如本例中仅观察压力分布，则将 alpha.water、U(Magnitude)（表示速度大小，速度各分量为 U(0)、U(1)、U(2)）前的复选框取消勾选。

- Line Color：从此选项开始，需要如图 2-59 所示单击对应的变量之后才可进行设置。该选项表示设置曲线的颜色。

- Line Thickness：设置曲线宽度。

- Line Style：设置曲线的线型，包括无（None）、实线（Solid）、虚线（Dash）、点线（Dot）、点划线（Dash Dot）以及双点划线（Dash Dot Dot）。

- Marker Style：设置曲线上点的标记类型，包括无（None）、交叉十字（Cross）、加号

（Plus）、实方形（Square）、实圆形（Circle）以及钻石形（Diamond）。

- Chart Axes：设置坐标轴的位置，包括底部与左侧（Bottom-Left）、底部、左侧与右侧（Bottom-Right）、全包围（Top-Right）与底部、左侧与顶部（Top-Left）。

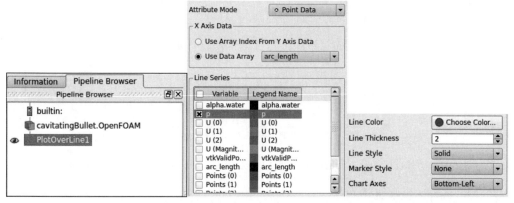

图 2-59　plotOverLine 的 Properties（2）

通常而言，坐标图需添加坐标轴的名称以便于读图。为此，单击已显示的坐标图窗口上方的 Edit View Settings，设置该图左侧与下方的坐标轴名称（Axis Title），同时可设置字体大小等属性（图 2-60），示例效果如图 2-61 所示。读者可自行尝试不同的属性设置，调整出较为美观的曲线图并观察不同时刻分布的差异。事实上，ParaView 中作曲线图效果较差，一般上述方法是在初步分析时使用。若需在科技论文中展示分布规律，则应将数据导出后用专门的作图软件进行处理以获得更好的效果。为此，本算例将进一步介绍 OpenFOAM 中的 sample（取样）功能。

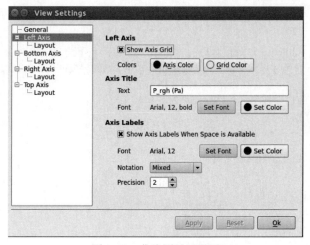

图 2-60　曲线图显示设置

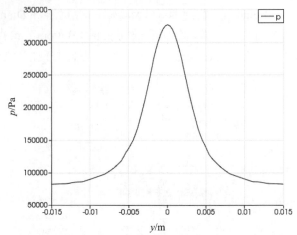

图 2-61　子弹前缘沿 y 方向的压力分布（Properties 中 Use Data Array 选为 Points (1)）

4. 利用 sample 提取流场数据

打开 /applications/utilities/postProcessing/sampling/sample 目录，将其中的 sampleDict 文件复制到算例的 /system 路径下。打开 sampleDict 文件，部分内容如下（释义见其中的注释）：

```
setFormat raw;          //sample 功能可对两种几何进行取样——线段或者面。Sample 功能对线段进行取样时
                        //需设置 setFormat，raw 格式按列排布数据，一般为"坐标变量值"的形式，非常适于
                        //其余作图软件使用。其余格式请读者阅读文件中"//"后面的注释
surfaceFormat vtk;      //格式与 setFormat 支持的格式一样，不再赘述
formatOptions           //可选的数据格式控制，用于设置编码格式，不用时该段可删除
{
    ensight
    {
        format    ascii;
    }
}
interpolationScheme cellPoint;   //插值格式，因为用户设置的点不一定位于网格节点或中心点，此时需
                                 //根据流场信息进行插值，默认为 cellPoint 格式，表示根据网格中心与
                                 //网格节点的数据插值
fields        //拟取样的物理量名称，此处设置为 p_rgh、U
(
    p_rgh U
);
sets          //采样线段设置
(…)
surfaces      //采样面设置
(…)
```

删除 sets 中的其余信息，仅保留 lineX1 并改为如下形式：

```
sets
(
```

```
    lineX1
    {
        type    uniform;       //类型，均匀
        axis    distance;      //按距离均分线段
        start   (0 -0.015 -0.005);     //线段起点
        end     (0 0.015 -0.005);      //线段终点，此处与上文在 ParaView 中 plotOverLine 的位置保持一致
        nPoints  100;          //线段上点的数量
    }
);
```

将 surfaces 中的信息删除后变为如下形式，即表示不对面进行采样。有兴趣的读者可参考其中的注释，对 surfaces 进行采样，此处不再介绍相关方法。

```
surfaces
(
);
```

保存文件，在算例主目录下执行 sample -latestTime 命令，对最终时刻（$t = 0.05$ s）进行采样。随后打开/postProcessing/sets/0.05 可找到 lineX1_p.xy 与 lineX1_U.xy 两个文件，其中 lineX1_U.xy 的数据格式如下：

0	0.0154022	0	20.8153
0.00030303	0.0123618	-0.0884436	20.8068
0.000606061	0.00932129	-0.176887	20.7984
…			
0.0293939	0.0152028	0.176104	20.8065
0.029697	0.0180993	0.0880521	20.8147
0.03	0.0209958	0	20.8229

其中第一列表示采样点至起始点（Line X1 中设置的线段起点）的距离，第二列为 u_1，第三列为 u_2，第四列为 u_3。用 MATLAB 基于以上数据绘制的曲线如图 2-62 所示。

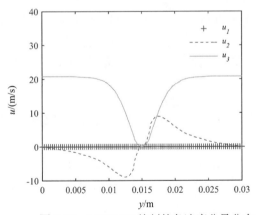

图 2-62　MATLAB 绘制的各速度分量分布

2 Chapter

第**3**章

OpenFOAM 运算、离散及网格划分

通过上一章的算例，读者应对 OpenFOAM 的使用流程有了初步认识。为掌握 OpenFOAM 的原理，本章将从以下几个方面进行介绍。

（1）张量运算，便于读者理解与分析代码中涉及的数学表达式。

（2）计算域的离散、离散格式以及离散方程的求解，使读者明确各种格式与求解方法的原理。

（3）网格划分，便于读者理解算例中 blockMesh 的使用方法，以及如何将外部网格导入 OpenFOAM。

3.1　OpenFOAM 中的张量运算

与多数 CFD 软件不同，OpenFOAM 可以直接进行张量运算，极大地方便了偏微分方程的表达。本节将介绍 OpenFOAM 中张量的表达以及一些注意事项。

广义而言，张量包含 0～N 阶。因此，标量是零阶张量，矢量是一阶张量。以矢量 $a = (1,1,1)$ 为例，在 OpenFOAM 中写为

$$\text{vector a} = (1\ 1\ 1)$$

其中 vector 为标量的类，分量之间只用空格分隔。若需调用其分量，则可以采用 a.x()，a.y() 或 a.z() 的形式分别调用其 x、y、z 分量。

二阶张量是流体力学中应用最为广泛的张量（如无特殊说明，本书后文中张量特指二阶张量），包括速度梯度张量、应变率张量、旋转率张量等。在 OpenFOAM 中，张量定义如下：

$$T_{ij} = \begin{pmatrix} T_{11} & T_{12} & T_{13} \\ T_{21} & T_{22} & T_{23} \\ T_{31} & T_{32} & T_{33} \end{pmatrix} \tag{3-1}$$

其中 $i=1,2,3$，$j=1,2,3$。若调用其分量，则可以采用诸如 T.xx()，T.yx()或 T.yz()的形式分别调用其 T_{11}、T_{21}、T_{23} 分量，即 x、y 与 z 分别对应式（3-1）中分量下标的 1、2 与 3，读者可根据该规律自行写出其余分量。张量的转置与矩阵的转置类似，表示为：

$$T_{ij}{}^{\mathrm{T}} = T_{ji} = \begin{pmatrix} T_{11} & T_{21} & T_{31} \\ T_{12} & T_{22} & T_{32} \\ T_{13} & T_{23} & T_{33} \end{pmatrix} \tag{3-2}$$

（1）内积：内积也称点积，一般用"$\cdot$"表示，OpenFOAM 代码中以"&"表示变量之间的内积运算。在 CFD 中，内积一般有如下 3 种形式。

1）矢量之间的内积。假设两矢量 $\boldsymbol{a}=(a_1,a_2,a_3)$ 与 $\boldsymbol{b}=(b_1,b_2,b_3)$，则内积为

$$s = \boldsymbol{a} \cdot \boldsymbol{b} = a_1 b_1 + a_2 b_2 + a_3 b_3 \tag{3-3}$$

上式在 OpenFOAM 中表示为

$$s = a \,\&\, b$$

2）矢量与张量之间的内积。沿用上文的定义，张量 T_{ij} 与矢量 $\boldsymbol{a}$ 的内积为矢量，可写为

$$c_i = \boldsymbol{T} \cdot \boldsymbol{a} = T_{ij}a_j = \begin{pmatrix} T_{11}a_1 + T_{12}a_2 + T_{13}a_3 \\ T_{21}a_1 + T_{22}a_2 + T_{23}a_3 \\ T_{31}a_1 + T_{32}a_2 + T_{33}a_3 \end{pmatrix} \tag{3-4}$$

上式在 OpenFOAM 中表示为

$$c = T \,\&\, a$$

值得注意的是，矢量与张量的内积不满足交换律，矢量 $\boldsymbol{a}$ 与张量 T_{ij} 的内积不等于上式，而应为

$$c_i = a_j T_{ji} = \begin{pmatrix} T_{11}a_1 + T_{21}a_2 + T_{31}a_3 \\ T_{12}a_1 + T_{22}a_2 + T_{32}a_3 \\ T_{13}a_1 + T_{23}a_2 + T_{33}a_3 \end{pmatrix} \tag{3-5}$$

上式在 OpenFOAM 中表示为

$$c = a \,\&\, T$$

仅当 $T_{ij} = T_{ji}$，即 T_{ij} 为对称张量时满足交换律。因此，在代码中写内积运算时，应尤其注意其顺序。

3）张量与张量之间的内积。张量之间的内积同样应注意一般不满足交换律，张量 T_{ij} 与 Q_{ij} 的内积应为 $N_{ij} = T_{ik}Q_{kj}$，即内积仍为二阶张量。张量内积在 OpenFOAM 中表示为

$$N = T \,\&\, Q$$

（2）双点积：一般用"："表示，OpenFOAM 代码中"&&"表示变量之间的双点积运算。两个二阶张量的双点积为标量。

$$s = \boldsymbol{T} : \boldsymbol{Q} = T_{ij}Q_{ij} = T_{11}Q_{11} + T_{12}Q_{12} + T_{13}Q_{13} +$$
$$T_{21}Q_{21} + T_{22}Q_{22} + T_{23}Q_{23} + \quad (3\text{-}6)$$
$$T_{31}Q_{31} + T_{32}Q_{32} + T_{33}Q_{33}$$

上式在 OpenFOAM 中表示为

$$s = T \&\& Q$$

（3）外积：由于 OpenFOAM 中不涉及三阶张量，外积一般指两个向量的外积（注意：不同于下文介绍的叉积），运算符号为 "$\otimes$"，OpenFOAM 代码中以 "*" 表示。矢量之间的外积将构成一个二阶张量。

$$N_{ij} = \boldsymbol{a} \otimes \boldsymbol{b} = a_i b_j = \begin{pmatrix} a_1 b_1 & a_1 b_2 & a_1 b_3 \\ a_2 b_1 & a_2 b_2 & a_2 b_3 \\ a_3 b_1 & a_3 b_2 & a_3 b_3 \end{pmatrix} \quad (3\text{-}7)$$

上式在 OpenFOAM 中表示为

$$N = a * b$$

（4）叉积：叉积特指向量之间的向量积，运算符号为 "$\times$"，OpenFOAM 代码中以 "^" 表示。矢量之间的叉积仍为矢量。

$$c_i = \boldsymbol{a} \times \boldsymbol{b} = \xi_{ijk} a_j b_k = \left(a_2 b_3 - a_3 b_2, a_3 b_1 - a_1 b_3, a_1 b_2 - a_2 b_1 \right) \quad (3\text{-}8)$$

其中 ξ_{ijk} 为置换算子，满足：

$$\xi_{ijk} = \begin{cases} 1 & ijk\text{顺序排列} \\ -1 & ijk\text{逆序排列} \\ 0 & ijk\text{乱序排列} \end{cases} \quad (3\text{-}9)$$

$i = 1, 2, 3$，$j = 1, 2, 3$，$k = 1, 2, 3$，顺序排列为 123、231、312；逆序排列为 321、231、132。

叉积在 OpenFOAM 中表示为

$$c = a \wedge b$$

（5）幂次方：定义为外积，如上文所述一般为矢量运算，$\boldsymbol{a} \otimes \boldsymbol{a} \otimes \boldsymbol{a} \cdots$，在 OpenFOAM 中表示为

$$pow\ (a, n)$$

当 $n = 2$ 时，也可写为

$$sqr\ (a)$$

（6）模：定义为双点积。

$$s = \sqrt{\boldsymbol{T} : \boldsymbol{T}} \quad (3\text{-}10)$$

此处 $\boldsymbol{T}$ 为矢量或张量。模在 OpenFOAM 中表示为

$$s = mag\ (T)$$

3.1.1 常用张量与运算

（1）对称（symmetric）与反对称（skew）张量：任何张量均可分解为对称张量与反对称

张量，如下所示。

$$T = \underbrace{\frac{1}{2}\left(T + T^{\mathrm{T}}\right)}_{\text{对称张量}} + \underbrace{\frac{1}{2}\left(T - T^{\mathrm{T}}\right)}_{\text{反对称张量}} \tag{3-11}$$

（2）偏张量（deviatoric tensor）：任何张量均可分解为偏张量与球张量。

$$T = \underbrace{T - \frac{1}{3}\operatorname{trace}(T)I}_{\text{偏张量}} + \underbrace{\frac{1}{3}\operatorname{trace}(T)I}_{\text{球张量}} \tag{3-12}$$

其中 trace 表示求张量的迹，满足 $\operatorname{trace}(T) = T_{11} + T_{22} + T_{33}$，即对角线分量之和；$I$ 表示 Kronecker 算子（从矩阵角度来看，张量是三阶方阵，I 也称单位矩阵）。

$$I = \delta_{ij} = \begin{pmatrix} 1 & 0 & 0 \\ 0 & 1 & 0 \\ 0 & 0 & 1 \end{pmatrix} \tag{3-13}$$

OpenFOAM 中的常用张量运算表示形式见表 3-1。

表 3-1　OpenFOAM 中张量运算表示形式（表中 a 与 b 代表矢量或张量）

名称	数学表达	程序表达
外积	$a \otimes b$	a*b
内积	$a \cdot b$	a&b
双点积	$a : b$	a&&b
叉积	$a \times b$	a^b
幂次方	a^n	pow(a,n)，n 为大于 0 的整数，当 $n = 2$ 时，也可表示为 sqr(a)
模	$\lvert a \rvert$	mag(a)
模的平方	$\lvert a \rvert^2$	magSqr(a)
最大分量	$\max(a)$	max(a)
转置	a^{T}	a.T()
张量的对角矢量	$\operatorname{diag}(a)$	diag(a)，即对角线 3 个分量构成的矢量 (a_{11}, a_{22}, a_{33})
张量迹	$\operatorname{trace}(a)$	tr(a)
对称张量	$\operatorname{symm}(a)$	symm(a)
反对称张量	$\operatorname{skew}(a)$	skew(a)
偏张量	$\operatorname{dev}(a)$	dev(a)

Chapter 3

尽管本节重点介绍张量运算，但 OpenFOAM 中仍需使用大量的标量运算，具体可见表 3-2。

表 3-2　OpenFOAM 中常用的标量运算（s 表中代表标量）

名称	数学表达	程序表达
符号函数	sgn(s)	sign(s)，获取标量的符号，正或负
正值判断函数	$\begin{cases} 1, & s \geq 0 \\ 0, & s < 0 \end{cases}$	pos(s)
负值判断函数	$\begin{cases} 1, & s < 0 \\ 0, & s \geq 0 \end{cases}$	neg(s)
限制函数	lim(s,l)	limit(s,l)，当 $|s| < |l|$ 时，返回 s；否则返回 0
平方根	$\sqrt{s}$	sqrt(s)
指数函数（e 为底）	e^s	exp(s)，以自然常数 e 为底
对数函数（e 为底）	ln(s)	log(s)，以自然常数 e 为底
对数函数（10 为底）	$\log_{10}(s)$	log10(s)
正弦函数	sin(s)	sin(s)
余弦函数	cos(s)	cos(s)
正切函数	tan(s)	tan(s)
反正弦函数	arcsin(s)	asin(s)
反余弦函数	arccos(s)	acos(s)
反正切函数	arctan(s)	atan(s)
双曲正弦函数	sinh(s)	sinh(s)
双曲余弦函数	cosh(s)	cosh(s)
双曲正切函数	tanh(s)	tanh(s)
反双曲正弦函数	arcsinh(s)	asinh(s)
反双曲余弦函数	arccosh(s)	acosh(s)
反双曲正切函数	arctanh(s)	atanh(s)

3.1.2　速度梯度张量的问题

速度梯度张量是 CFD 中最常用的张量之一，其对称张量即为应变率张量，反对称张量为旋转率张量，常用于湍流模型中。

然而，根据 OpenFOAM 中梯度运算的定义，速度矢量的梯度为

$$\nabla U = \begin{pmatrix} \partial u_1/\partial x_1 & \partial u_2/\partial x_1 & \partial u_3/\partial x_1 \\ \partial u_1/\partial x_2 & \partial u_2/\partial x_2 & \partial u_3/\partial x_2 \\ \partial u_1/\partial x_3 & \partial u_2/\partial x_3 & \partial u_3/\partial x_3 \end{pmatrix} = \frac{\partial u_j}{\partial x_i} = \left(\frac{\partial u_i}{\partial x_j} \right)^{\mathrm{T}} \qquad (3\text{-}14)$$

显然，式（3-14）所示的定义为速度梯度张量的转置。根据上式，反对称张量为

$$\mathrm{skew}(\nabla U) = \frac{1}{2}\left[\nabla U - (\nabla U)^{\mathrm{T}} \right] = \frac{1}{2}\left(\frac{\partial u_j}{\partial x_i} - \frac{\partial u_i}{\partial x_j} \right) = -\Omega_{ij} \qquad (3\text{-}15)$$

综合以上分析，OpenFOAM 中速度矢量的梯度为速度梯度张量的转置，从而导致其反对称张量不等于旋转率张量，而是相差一个负号。

3.2　OpenFOAM 中的离散

3.2.1　计算域的离散

计算域的离散包含空间离散及时间离散，其中空间离散是对计算域进行网格划分，如图 3-1（a）所示；计算域的时间离散较为简单，即将其分成一系列时间步，如图 3-1（b）所示。

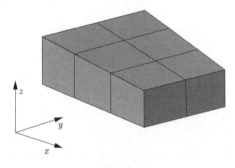

　　　（a）空间离散　　　　　　　　　　　　　　（b）时间离散

图 3-1　计算域的离散

空间离散之后的网格信息存储于算例的/constant/polyMesh 中，可以从以下几个层次进行描述。

（1）points：点，是包含点的坐标向量信息的列表（List）。

注：List 是 OpenFOAM 中的一个 template class（模板类），常用于程序的输入/输出（I/O）以及创建数据的列表，如向量列表即为 List<vector>。列表的一般格式为

```
列表名称
数量
(
    …信息
);
```

请读者回顾 2.1 节的搅拌器算例，打开算例中的/constant/polyMesh/points 文件，内容如图 3-2 所示。由图可见，文件中并未给定列表的名称，这是因为 points 文件的名称代指了列表的名称。"6528"表示网格点的数量，括号内每一行代表一个网格点的三维坐标信息，如"(0.02 0 0)"。需要注意的是，网格点列表中不能包含两个在同一坐标位置的点，或者不属于任何一个网格面的点。

```
/*--------------------------------*- C++ -*----------------------------------*\
| =========                 |                                                 |
| \\      /  F ield          | OpenFOAM: The Open Source CFD Toolbox           |
|  \\    /   O peration      | Version:   2.3.0                                |
|   \\  /    A nd            | Web:       www.OpenFOAM.org                     |
|    \\/     M anipulation   |                                                 |
\*---------------------------------------------------------------------------*/
FoamFile
{
    version     2.0;
    format      ascii;
    class       vectorField;
    location    "constant/polyMesh";
    object      points;
}
// * * * * * * * * * * * * * * * * * * * * * * * * * * * * * * * * * * * * * //


6528
(
(0.02 0 0)
(0.01995717846 -0.001308062583 0)
(0.01982889723 -0.002610523841 0)
(0.01961570561 -0.003901806436 0)
(0.01931851653 -0.005176380896 0)
(0.01893860259 -0.006428789299 0)
(0.01847759065 -0.007653668639 0)
(0.01793745484 -0.008845773795 0)
```

图 3-2 points 文件内的信息

（2）faces：面，是包含面信息的列表，由点的编号进行定义，即每个面由哪几个点组成。查看搅拌器算例中的/constant/polyMesh/faces 文件，如图 3-3 所示。"12480"表示网格面总数，括号内每一行代表一个网格面的构成，如"4 (1 14 183 170)"，表示该网格面由 4 个点构成，点的编号分别为 1、14、183 与 170，而点的编号与图 3-2 中点的顺序一致。需要注意的是，列表的编号是以 0 开始的，而本例中网格点共有 6528 个，因此网格点编号为 0~6527。

```
/*--------------------------------*- C++ -*----------------------------------*\
| =========                 |                                                 |
| \\      /  F ield          | OpenFOAM: The Open Source CFD Toolbox           |
|  \\    /   O peration      | Version:   2.3.0                                |
|   \\  /    A nd            | Web:       www.OpenFOAM.org                     |
|    \\/     M anipulation   |                                                 |
\*---------------------------------------------------------------------------*/
FoamFile
{
    version     2.0;
    format      ascii;
    class       faceList;
    location    "constant/polyMesh";
    object      faces;
}
// * * * * * * * * * * * * * * * * * * * * * * * * * * * * * * * * * * * * * //


12480
(
4(1 14 183 170)
4(13 182 183 14)
4(2 15 184 171)
4(14 183 184 15)
4(3 16 185 172)
```

图 3-3 faces 文件内的信息

网格面分为两类：①boundary faces（边界面），位于计算域边界上的网格面；②internal faces（内部面），除了 boundary faces 以外的网格面。

（3）cells：网格单元，是包含网格单元信息的列表。由于 1 个网格面可能同时作为 2 个网格的组成面，为便于数值算法的实现，OpenFOAM 中将网格单元按网格面从属关系区分为 owner 与 neighbour，例如，网格面 a 划归至网格单元 1，则网格单元 1 是 owner 而共享网格面 a 的网格单元 2 则是 neighbour，从而便于定义网格面的法向（详见图 3-7 及相关叙述）。查看搅拌器算例中的/constant/polyMesh/owner 与/constant/polyMesh/neighbour 文件，如图 3-4 与图 3-5 所示。从 owner 文件可见，数值"12480"与图 3-3 的 faces 文件内的网格面数量一致，说明 owner 括号内每一行代表了一个网格面的归属信息，如 1～6 行的"0 0 1 1 2 2"表示网格面 1～6 分别归属于网格单元 0、0、1、1、2、2。

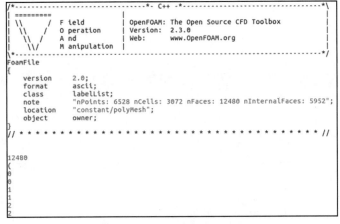

图 3-4　owner 文件内的信息

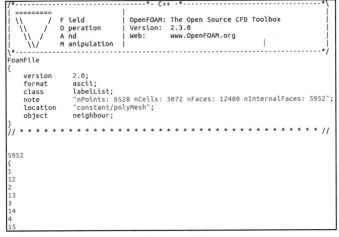

图 3-5　neighbour 文件内的信息

从neighbour文件可见数值“5952”，读者查看图3-4与图3-5中的“note "nPoints: 6528 nCells: 3072 nFaces: 12480 nInternalFaces: 5952";” 即可发现，5952代表了 internal faces 的数量。读者此时可能疑惑，为什么 internal faces 才会存在 neighbour？这是因为边界上的网格面只属于某一个网格单元，而不可能与其余网格单元共享，否则该网格面不可能成为边界。因此，边界上网格面的总数应为$12480-5952=6528$。neighbour 文件括号内每一行的含义与 owner 文件类似的，表示每一个内部面对应的neighbour 网格单元编号。如文件内 1～6 行的“1 12 2 13 3 14”表示网格面 1～6 的 neighbour 分别为网格单元 1、12、2、13、3、14。

（4）boundary：包含边界信息的列表。图 3-6 所示为搅拌器算例中/constant/polyMesh/owner/boundary 文件中的内容，其中数字“4”表示一共有 4 个边界，对于每一个边界，其基本信息格式如下：

```
边界名
{
    边界类型类型名;
    组别组名;
    网格面数量数值;
    起始网格编号编号值;
}
```

由此即可理解其中的信息，其中边界类型将在本书第 4 章进行详细介绍。OpenFOAM 会自动将同一类型的边界归结到一个组内，如本例中一共分为两类，wall 与 empty。

```
\*---------------------------------------------------------------------------*/
FoamFile
{
    version     2.0;
    format      ascii;
    class       polyBoundaryMesh;
    location    "constant/polyMesh";
    object      boundary;
}
// * * * * * * * * * * * * * * * * * * * * * * * * * * * * * * * * * * * * * //

4
(
    rotor
    {
        type            wall;
        inGroups        1(wall);
        nFaces          192;
        startFace       5952;
    }
    stator
    {
        type            wall;
        inGroups        1(wall);
        nFaces          192;
        startFace       6144;
    }
    front
    {
        type            empty;
        inGroups        1(empty);
        nFaces          3072;
        startFace       6336;
    }
    back
    {
        type            empty;
        inGroups        1(empty);
        nFaces          3072;
        startFace       9408;
    }
)
```

图 3-6 boundary 文件内的信息

此外，我们重点分析一下边界上的网格面编号，以 rotor 边界为例，起始网格面编号为 5952，网格面总数为 192，二者相加为 6144，即下一个边界 stator 的起始网格面编号，以此类推，直至 back 边界。由此说明，边界上的网格面编号为 5952～12479（注意编号是从 0 开始的，网格面共 12 个）。而在图 3-5 所示的信息中，内部面共有 5952 个，按编号则为 0～5951，再次说明 neighbour 文件中对应的为网格面 0～5951 的 neighbour 网格编号。

由以上分析可见，polyMesh 包含了网格的基本信息，而对于有限体积法，通常需要用到网格面的法向、网格单元的体积等信息以实现离散格式。事实上，无论是何种信息，有限体积法均将这些信息存储于网格。为了存储与使用网格上存储的不同类型数据，OpenFOAM 提供了 Field 类，其中常用的为 scalarField、vectorField、tensorField 与 symmTensorField 四类，分别用于标量、矢量、张量与对称张量。以 polyMesh 中的 points 为例，存储的信息为网格点的三维坐标，而一个点的三维坐标是一个矢量，因此，所有网格点的三维坐标构成一个矢量场，即为 vectorField（为更好地进行区分，OpenFOAM 将存储网格点信息的 vectorField 重定义为 pointField，但实质仍为 vectorField）。

计算域的离散需用到网格的法向、面积与体积等信息，这些都是从 polyMesh 中演化出来的。为便于区分，OpenFOAM 在 polyMesh 的基础上建立了 fvMesh 类，使之可以存储有限体积离散所需的数据。fvMesh 基于网格面和网格单元演化数据，产生了两类——surface<Field 类>与 vol<Field 类>，具体见表 3-3，各符号的含义如图 3-7 所示。值得注意的是，对于两个网格的共享面，其法向是由 owner 网格指向 neighbour 的，如图 3-7 所示。

表 3-3　fvMesh 所存储的数据

数据名	类	符号	调用函数
网格单元体积	volScalarField	V	V()
网格面矢量	surfaceVectorField	$\boldsymbol{S}_f$	Sf()
网格面矢量的模	surfaceScalarField	$\left\|\boldsymbol{S}_f\right\|$	magSf()
网格单元中心	volVectorField	C	C()
网格面中心位置矢量	surfaceVectorField	C_f	Cf()
网格面通量	surfaceScalarField	F	phi()

当然，polyMesh 与 fvMesh 归根结底，仅仅包含了网格本身的信息，未体现流场信息。为了将流场数据存储至网格，OpenFOAM 提供了 geometricField 类模板。geometricField 类模板可存储内部场（计算域内部信息，如计算域内部压力场）、边界场（边界信息，如边界上的速度）、网格信息、量纲（dimensionSet）、旧值（用于时间导数的求解）以及上一步迭代所得变量等数据。有限体积法可以将数据存储于不同位置——网格点、网格单元中心与网格面，因此，根据数据存储位置的不同，geometricField 类模板又可分为以下几种。

1）vol<Field 类>：存储于网格单元中心，目前在求解器中应用较多，如 volTensorField。

2）surface<Field 类>：存储于网格面，在边界条件中应用较为广泛，如 surfaceVectorField。

3）point<Field 类>：存储于网格节点，如 pointScalarField。

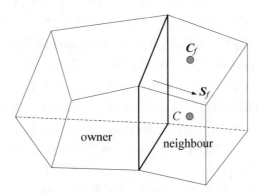

图 3-7　fvMesh 存储的部分数据示意图

3.2.2　方程的空间离散

在上一节中已经讨论了离散的第一步——计算域的离散，包括时间离散与空间离散，明确了计算域离散的内涵，揭示了离散数据的存储问题。本节我们将对离散的第二步——CFD 中方程的离散进行解析。在 CFD 中，控制方程的通用形式可写为

$$\frac{\partial \rho \phi}{\partial t} + \nabla \cdot (\rho U \phi) - \nabla \cdot (\rho \Gamma_\phi \nabla \phi) = Y_\phi(\phi) \tag{3-16}$$

式中：ϕ 为通用变量；Γ_ϕ 为广义扩散系数；Y_ϕ 为广义源项。需要指出的是，Navier-Stokes 方程的通常处理方法是将压力梯度项置于广义源项，以便于讨论方程的离散。因此，本书 3.2.2 节至 3.2.4 节的讨论均未单独分析压力项。

在离散时，通常将偏微分方程组离散为如下代数方程组。

$$Ax = b \tag{3-17}$$

式中：A 为存储代数方程的系数，采用 fvMatrix 类模板；x 为变量组成的列向量，b 为源向量，均采用 geometricField 类模板。

偏微分方程的每一项均有 finiteVolumeMethod（以 fvm 表示）以及 finiteVolumeCalculus（以 fvc 表示）两种离散方式，其中 fvm 隐式计算并返回系数矩阵 fvMatrix 类，而 fvc 显式计算并返回 geometricField 类。因此，fvm 是将该项离散为代数方程从而生成系数矩阵，而 fvc 则是显式计算（如乘法运算）。偏微分方程中的各项均可采用 fvm 或 fvc 形式进行离散，其格式为"fvm::项"或"fvc::项"。

表 3-4 所列为不同项在 OpenFOAM 中的表示方法。

表 3-4　不同项在 OpenFOAM 中的表示方法

名称	符号	代码表示
拉普拉斯项（Laplacian）	$\nabla^2\phi$	laplacian(phi)
	$\nabla\cdot\Gamma\nabla\phi$	laplacian(Gamma, phi)
一阶时间导数项	$\dfrac{\partial\phi}{\partial t}$	ddt(phi)
	$\dfrac{\partial\rho\phi}{\partial t}$	ddt(rho,phi)
二阶时间导数项	$\dfrac{\partial}{\partial t}\left(\rho\dfrac{\partial\phi}{\partial t}\right)$	d2dt2(rho, phi)
对流项（Convection）	$\nabla\cdot(\psi)$	div(psi,scheme)
	$\nabla\cdot(\psi\phi)$	div(psi, phi, word)
		div(psi, phi)
散度项（Divergence）	$\nabla\cdot(\chi)$	div(chi)
梯度项（Gradient）	$\nabla\chi$	grad(chi)
	$\nabla\phi$	gGrad(phi)
		lsGrad(phi)
		snGrad(phi)
		snGradCorrection(phi)
梯度-梯度平方项（Grad-grad squared）	$\|\nabla\nabla\phi\|^2$	sqrGradGrad(phi)
旋度项（Curl）	$\nabla\times\phi$	curl(phi)
源项（Source）	$\rho\phi$	Sp(rho,phi)
		SuSp(rho,phi)

注：表中代码表示变量分别属于不同的类。

phi: vol<Field 类>。

Gamma: scalar、volScalarField、surfaceScalarField、volTensorField、surfaceTensorField。

rho: scalar、volScalarField。

psi: surfaceScalarField。

chi: surface<Field 类>、vol<Field 类>。

div(psi,scheme) 中 scheme 表示数值格式，采用此定义方式时，用户无须在算例的 /system/fvSchemes 中设置该项的数值格式，因为代码中已经给定该项的数值格式。当然，在定义该项时，也可以直接写为 div(psi) 的形式，此时需设置对应格式。

div(psi, phi, word)中 word 表示该项的名称，/system/fvSchemes 中可以直接用给定的名字设定该项数值格式，如定义为 div(phi, U, "S")，则 fvSchemes 中该项可以设置为 S　Gauss linear，此时等同于 div(phi, U)　Gauss linear（Gauss linear 格式见下文）。同样地，前文的书写也可为 div(psi, phi)。

SuSp 根据 rho 的符号采用显式或隐式离散：rho>0，隐式离散；rho<0，显式离散。Sp 为隐式离散，而显式的源项可直接根据变量表达式写出，如 rho*phi。

根据上文以及表 3-4，式（3-16）中等式左边第二项可以用代码表示为

fvm::div(phi, U)

此处 phi 表示 $\rho\phi$。

有限体积法将计算域划分为网格单元，即控制体。在单个控制体内，要求式（3-16）满足如下的积分形式（等式两边同时对控制体积和时间进行积分）。

$$\int_t^{t+\Delta t}\left[\frac{\partial}{\partial t}\int_V \rho\phi\mathrm{d}V + \int_V \nabla\cdot(\rho U\phi)\mathrm{d}V - \int_V \nabla\cdot(\rho\Gamma_\phi\nabla\phi)\mathrm{d}V\right]\mathrm{d}t = \int_t^{t+\Delta t}\left(\int_V Y_\phi(\phi)\mathrm{d}V\right)\mathrm{d}t \tag{3-18}$$

其中，V 表示网格单元的体积。对于数值计算而言，体积分往往是很难处理的，一般运用高斯定理将其转换为面积分，常用公式如下：

$$\int_V \nabla\cdot\mathbf{a}\ \mathrm{d}V = \oint_{S_V}\mathrm{d}\mathbf{S}_f\cdot\mathbf{a} \tag{3-19}$$

$$\int_V \nabla\phi\ \mathrm{d}V = \oint_{S_V}\mathrm{d}\mathbf{S}_f\ \phi \tag{3-20}$$

$$\int_V \nabla\mathbf{a}\ \mathrm{d}V = \oint_{S_V}\mathrm{d}\mathbf{S}_f\ \mathbf{a} \tag{3-21}$$

其中，S_V 表示包围网格单元的封闭面，$\mathbf{a}$ 表示矢量，ϕ 表示标量。

在正式介绍离散之前，先明确相邻两个网格的相关参数，如图 3-8 所示，其中 P 与 N 为相邻的两个控制体的中心，f 为网格面，且该网格面属于网格单元 1（回顾上节，网格单元 1 为 f 面的 owner），$\mathbf{d}$ 为由 P 指向 N 的距离矢量。

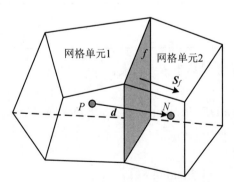

图 3-8　控制体积中的参数

在明确这些定义之后，我们具体分析不同项的离散。

3.2.2.1 对流项与散度项

由表 3-4 可知，对流项与散度项的数学形式及其在 OpenFOAM 中的表达相近，因此其可选择的数值格式一致，差异只在于二者的离散形式略有不同。

（1）对流项。以对流项 $\nabla \cdot (\psi\phi)$ 为例，将对流项在控制体积内积分，采用高斯定理将体积分转换为面积分，得

$$\int_V \nabla \cdot (\rho\psi\phi)\mathrm{d}V = \oint_{S_V} \mathrm{d}\boldsymbol{S}_f \cdot (\rho\psi\phi) \tag{3-22}$$

在一个网格单元的同一个网格面上，变量值相等，因此上述积分可以写为各个网格面矢量 $\boldsymbol{S}_f$ 与 $(\rho\psi\phi)$ 的点积之和，即

$$\int_V \nabla \cdot (\rho\psi\phi)\mathrm{d}V = \oint_{S_V} \mathrm{d}\boldsymbol{S}_f \cdot (\rho\psi\phi) = \sum_f \boldsymbol{S}_f \cdot (\rho\phi)_f \phi_f = \sum_f F\phi_f \tag{3-23}$$

其中，下标 f 表示网格面上的量，可以由网格中心点的量插值获得，$F = (\rho\varphi)_f$ 为通量。

（2）散度项。将散度项在控制体积内积分，类似地采用高斯定理：

$$\int_V \nabla \cdot \chi \mathrm{d}V = \oint_{S_V} \mathrm{d}\boldsymbol{S}_f \cdot \chi = \sum_f \boldsymbol{S}_f \cdot \chi_f \tag{3-24}$$

回顾第 2 章的搅拌器算例，打开该算例的/system/fvSchemes 文件，其中部分内容如图 3-9 所示。ddtSchemes 表示时间离散格式，gradSchemes 表示梯度项离散格式，laplacianSchemes 表示拉普拉斯项离散格式。以上 3 种将在后文介绍。interpolationSchemes 表示插值格式，如式（3-23）、式（3-24）中网格面上的量，由网格中心点按照所选格式进行插值。divSchemes 即本节介绍的对流项与散度项的离散格式。由式（3-23）与式（3-24）可知，对流/散度项的计算只需将网格中心的量插值到网格面上即可，因此 divSchemes 实际上选用的是 interpolationSchemes，见表 3-5。

```
ddtSchemes
{
    default         steadyState;
}

gradSchemes
{
    default         Gauss linear;
}

divSchemes
{
    default         none;
    div(phi,U)      bounded Gauss limitedLinearV 1;
    div(phi,k)      bounded Gauss limitedLinear 1;
    div(phi,epsilon) bounded Gauss limitedLinear 1;
    div((nuEff*dev(T(grad(U))))) Gauss linear;
}

laplacianSchemes
{
    default         Gauss linear corrected;
}

interpolationSchemes
{
    default         linear;
}
```

图 3-9 搅拌器算例 fvSchemes 文件内的信息

表 3-5　divSchemes 的几种常用格式及其特点

格式名称	特点
Gauss linear	二阶精度，无界
Gauss upwind	一阶精度，有界
Gauss linearUpwind	二阶精度，无界
Gauss QUICK	一阶或二阶精度，有界
Gauss TVD/NVD	一阶或二阶精度，有界

注　有界与无界是数学上的定义，表征函数或变量是否有最大及最小值限制，若没有，则是无界的，反之为有界。一般而言，无界格式易出现数值振荡。本书从应用的角度介绍各数值格式，不对其有界或无界作具体证明，有兴趣的读者可自行查阅相关资料。

表 3-4 中，为区分不同类型的量采用了不同的符号表征变量。在下文中，为方便描述，统一用 ϕ 表示待离散的变量。假设两个相邻的网格中心点 P、N 及二者之间的交界面 f 如图 3-8 所示，f 的 owner 为网格单元 1，neighbour 为网格单元 2，ϕ_P、ϕ_N 分别为网格中心点的变量值，为获得网格面上的 ϕ_f，需基于 ϕ_P、ϕ_N 进行插值。常用格式如下所述。

1. Gauss linear

OpenFOAM 中，Gauss linear 为 CFD 中常用的中心差分格式。

$$\phi_f = f_x\phi_P + (1 - f_x)\phi_N \qquad (3\text{-}25)$$

其中，f_x 表示距离系数，满足 $f_x = \overline{fN}/\overline{PN}$，$\overline{fN}$ 表示 f 与 N 之间的距离，$\overline{PN}$ 表示 P 与 N 之间的距离。尽管该格式为二阶精度，Patankar 与 Hitsch 的研究均表明该格式在处理强对流的流动时会出现明显的数值振荡，即该格式是无界的。使用示例如下：

```
div(phi,U)        Gauss linear;
```

2. Gauss upwind

Gauss upwind 为一阶迎风格式：

$$\phi_f = \begin{cases} \phi_P, & F \geqslant 0 \\ \phi_N, & F < 0 \end{cases} \qquad (3\text{-}26)$$

其中，F 见式（3-23），表示通过网格面的通量，大于 0 则流动方向为 P 指向 N，小于 0 则为 N 指向 P。为便于编写程序，我们往往倾向于将此公式写成与式（3-25）一致的形式，其中 f_x 满足：

$$f_x = \begin{cases} 1, & F \geqslant 0 \\ 0, & F < 0 \end{cases} \qquad (3\text{-}27)$$

显然，将式（3-27）代入式（3-25）后，得到式（3-26）。因此，f_x 实际上起到一个权重的作用，不同的插值格式仅需定义不同的权重即可，而插值后的变量表达式形式均为式（3-25），从而简化了程序。

一阶迎风格式的优点在于有界，可避免数值振荡，但缺点是只有一阶精度。使用示例如下：

div(phi,U)   Gauss upwind;

3. Gauss linearUpwind

Gauss linearUpwind 是在 Gauss upwind 与 Gauss linear 格式基础上发展出来的一种二阶格式。假定流动为一维，则利用 Gauss linear 格式中 f_x 的定义，将其写为坐标形式。

$$f_x = \frac{\overline{fN}}{\overline{PN}} = \frac{x_N - x_f}{x_N - x_P} \tag{3-28}$$

其中，x 为对应位置的坐标，将上式代入式（3-25）则有以下两种形式。

$$\phi_f = \frac{x_N - x_f}{x_N - x_P}\phi_P + \left(1 - \frac{x_N - x_f}{x_N - x_P}\right)\phi_N = \frac{x_N - x_P + x_P - x_f}{x_N - x_P}\phi_P + \frac{x_f - x_P}{x_N - x_P}\phi_N = \phi_P + \frac{\phi_N - \phi_P}{x_N - x_P}(x_f - x_P) \tag{3-29}$$

$$\phi_f = \frac{x_N - x_f}{x_N - x_P}\phi_P + \left(1 - \frac{x_N - x_f}{x_N - x_P}\right)\phi_N = \phi_N + \left(\frac{\phi_P - \phi_N}{x_N - x_P}\right)(x_N - x_f) = \phi_N + \left(\frac{\phi_N - \phi_P}{x_N - x_P}\right)(x_f - x_N) \tag{3-30}$$

根据 Gauss upwind 格式，若通量为正，则采用 P 点的值，此时式（3-29）中的 $(\phi_N - \phi_P)/(x_N - x_P)$ 表示网格 1 与网格 2 交界面上的梯度值（流动方向由 P 至 N），式（3-29）写为

$$\phi_f = \phi_P + (\nabla\phi_P)_f(x_f - x_P) \tag{3-31}$$

反之，采用 N 点的值，此时式（3-29）中的 $(\phi_N - \phi_P)/(x_N - x_P)$ 表示网格 2 与网格 1 交界面上的梯度值（流动方向由 N 至 P），式（3-30）写为

$$\phi_f = \phi_N + (\nabla\phi_N)_f(x_f - x_N) \tag{3-32}$$

以上两式即为 Gauss linearUpwind 格式的数学表达。显然，式（3-31）与（3-32）中等式右边第一项与 Gauss upwind 格式的形式一致，而后一项基于 Gauss linear 导出，可视为对 Gauss upwind 格式的 Gauss linear 修正。两式可写为如下的统一形式。

$$\phi_f = \underbrace{f_x\phi_P + (1-f_x)\phi_N}_{\text{Gauss upwind}} + \underbrace{C}_{\text{Gauss linear修正}} \tag{3-33}$$

其中，f_x 满足式（3-27），C 满足

$$C = \begin{cases} (\nabla\phi_P)_f(x_f - x_P), & F > 0 \\ (\nabla\phi_N)_f(x_f - x_N), & F \leqslant 0 \end{cases} \tag{3-34}$$

上式表示的是一维的情况，对于二维与三维网格，点的位置为矢量形式，此时上式应写为

$$C = \begin{cases} (\nabla\phi_P)_f \cdot (\boldsymbol{x}_f - \boldsymbol{x}_P), & F > 0 \\ (\nabla\phi_N)_f \cdot (\boldsymbol{x}_f - \boldsymbol{x}_N), & F \leqslant 0 \end{cases} \tag{3-35}$$

其中，$\boldsymbol{x}$ 表示位置矢量。

由于 Gauss linearUpwind 格式中需要差分计算网格面上变量的梯度，在设置时须加以明确，

示例如下：

```
div(phi,U)        Gauss linearUpwind grad(U);
```

4. TVD 格式

上文介绍的几种格式无法同时满足精度与有界两个条件，如 Gauss upwind 格式尽管有界，但是只有一阶精度；Gauss linear 格式为二阶精度，但是无界。为此，可以建立总变差递减（Total Variation Diminishing，TVD）格式，以同时满足精度与有界两个条件。数值解的总变差表示为：

$$T_{VD}(\phi^n) = \sum_f \left| \phi_N^n - \phi_P^n \right| \tag{3-36}$$

其中，上标 n 表示时间步标号（对于定常计算为迭代步）。对于总变差递减格式，满足如下条件：

$$T_{VD}(\phi^{n+1}) \leqslant T_{VD}(\phi^n) \tag{3-37}$$

Sweby 指出，为使格式满足 TVD，可以将其写为一阶格式与高阶格式之和，同时引入一个通量限制器（flux limiter）$\psi(r)$：

$$\phi_f = \phi_1 + \psi(r)(\phi_{HO} - \phi_1) \tag{3-38}$$

其中，ϕ_1 表示用一阶格式获得的插值，ϕ_{HO} 表示用高阶格式获得的插值。OpenFOAM 中，ϕ_1 表示用 Gauss upwind 格式（一阶）获得的插值，ϕ_{HO} 表示用 Gauss linear 格式（二阶）获得的插值。r 表示两个连续梯度的比值。对于图 3-10 所示的流动方向，定义为

$$r = (\phi_P - \phi_Q)/(\phi_N - \phi_P) \tag{3-39}$$

TVD 格式相关变量示意图如图 3-10 所示。

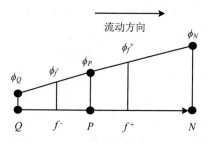

图 3-10 TVD 格式相关变量示意图

式（3-38）中的 $\psi(r)$ 应满足如下条件：

$$0 \leqslant \left[\frac{\psi(r)}{r}, \psi(r) \right] \leqslant 2 \tag{3-40}$$

由于 r 需要用到上游第二个节点的数据，而对于非结构化网格而言，索引该点非常困难。为此，Jasak 提出采用网格交界面上的数据替代除 P 点之外的网格点上的数据。在图 3-10 中取包围 P 点的两个交界面，分别定义为 f^- 与 f^+，式（3-39）改写为如下形式：

$$r = \frac{\phi_P - \phi_f^-}{\phi_f^+ - \phi_P} = \frac{\phi_P - \phi_f^- - \phi_f^+ + \phi_f^+}{\phi_f^+ - \phi_P} = \frac{\phi_f^+ - \phi_f^-}{\phi_f^+ - \phi_P} - 1 \tag{3-41}$$

上式分母中，ϕ_f^+ 可由中心差分格式写为

$$\phi_f^+ = (1 - f_x)\phi_P + f_x\phi_N \tag{3-42}$$

其中，$f_x = (x_f^+ - x_P)/(x_N - x_P)$，注意此处 f_x 的定义不同于式（3-25）。因此

$$\phi_f^+ - \phi_P = \frac{\phi_N - \phi_P}{x_N - x_P}(x_f^+ - x_P) \tag{3-43}$$

此外，式（3-41）中的分子写为

$$\phi_f^+ - \phi_f^- = \frac{\phi_f^+ - \phi_f^-}{x_f^+ - x_f^-}(x_f^+ - x_f^-) = (\nabla\phi)_P(x_f^+ - x_f^-) \tag{3-44}$$

由于 P 点为网格中心，满足

$$x_f^+ - x_P = x_P - x_f^- \tag{3-45}$$

代入（3-44）可得

$$\phi_f^+ - \phi_f^- = (\nabla\phi)_P(x_f^+ - x_f^-) = (\nabla\phi)_P(x_f^+ - x_P + x_P - x_f^-) = 2(\nabla\phi)_P(x_f^+ - x_P) \tag{3-46}$$

将式（3-43）与（3-46）代入式（3-41）：

$$r = \frac{\phi_f^+ - \phi_f^-}{\phi_f^+ - \phi_P} - 1 = \frac{2(\nabla\phi)_P(x_f^+ - x_P)}{\dfrac{\phi_N - \phi_P}{x_N - x_P}(x_f^+ - x_P)} - 1 = \frac{2(\nabla\phi)_P}{\phi_N - \phi_P}(x_N - x_P) - 1 \tag{3-47}$$

式（3-47）是基于一维流动，且流动方向为 P 至 N 的假设获得的，而在实际使用中，需根据通量的方向确定 r，通用形式如下：

$$r = \begin{cases} \dfrac{2(\nabla\phi)_P}{\phi_N - \phi_P} \cdot (\boldsymbol{x}_N - \boldsymbol{x}_P) - 1, & F > 0 \\[3mm] \dfrac{2(\nabla\phi)_N}{\phi_N - \phi_P} \cdot (\boldsymbol{x}_N - \boldsymbol{x}_P) - 1, & F \leq 0 \end{cases} \tag{3-48}$$

基于 r 定义不同的通量限制函数，得到不同的 TVD 格式。常用格式如下所述。

（1）limitedLinear。

$$\psi(r) = \max\left[\min\left(\frac{2}{\gamma}r, 1\right), 0\right] \tag{3-49}$$

其中，γ 表示通量限制系数，满足 $0 \leq \gamma \leq 1$，需用户进行设置。注意，当 $\gamma = 0$ 时，为防止除以 0，将用一个极小值代替 0。显然，当 $\gamma = 0$ 时，$\psi(r) = 1$，此时

$$\phi_f = \phi_1 + (\phi_{HO} - \phi_1) = \phi_{HO} \tag{3-50}$$

即该格式变为 Gauss linear 格式。当 $0 < \gamma \leq 1$ 时

Chapter 3

$$\psi(r) = \begin{cases} \dfrac{2r}{\gamma}, & \dfrac{r}{\gamma} < 0.5 \\ 1, & \dfrac{r}{\gamma} \geqslant 0.5 \end{cases} \tag{3-51}$$

此时为 Gauss linear 与 Gauss upwind 耦合成的混合格式。使用示例如下：

```
div(phi,U)    Gauss limitedLinear 1;
```

其中数字"1"即为所设定的通量限制系数 γ。

（2）vanLeer。

$$\psi(r) = \frac{r + |r|}{1 + |r|} \tag{3-52}$$

使用示例如下：

```
div(phi,U)    Gauss vanLeer;
```

（3）MUSCL。

$$\psi(r) = \max\left\{\min\left[\min(2r, 0.5r + 0.5), 2\right], 0\right\} \tag{3-53}$$

使用示例如下：

```
div(phi,U)    Gauss MUSCL;
```

注：TVD 格式以及下文介绍的 NVD 与 QUICK 格式，尽管在计算中用到了梯度值，但值得注意的是该梯度值是网格中心点的梯度值，而非对网格面进行差分，因此无须像 Gauss linearUpwind 格式一样指定梯度。

5. NVD 格式

Jasak 综合前人研究后指出：TVD 格式可能会过于耗散或引入过多的数值耗散。此时，可以采用限制更为宽松的方法——标准化变量图（Normalised Variable Diagram，NVD），同样是表征一类格式。定义标准化变量：

$$\tilde{\phi} = \frac{\phi - \phi_Q}{\phi_N - \phi_Q} \tag{3-54}$$

以点 P 为例（图 3-10），其标准化量即为

$$\tilde{\phi}_P = \frac{\phi_P - \phi_Q}{\phi_N - \phi_Q} \tag{3-55}$$

为保证数值格式的有界性，需满足如下条件：

$$0 \leqslant \tilde{\phi}_P \leqslant 1 \tag{3-56}$$

类似 TVD 引入通量限制器 $\psi(\tilde{\phi}_P)$，由于 $\tilde{\phi}_P$ 为标准化量，$f(\tilde{\phi}_P)$ 称为标准化通量限制器。参考 TVD 格式中 r 的推导，标准化量可以写为

$$\tilde{\phi}_P = \frac{\phi_P - \phi_f^-}{\phi_f^+ - \phi_f^-} = 1 - \frac{\phi_f^+ - \phi_P}{\phi_f^+ - \phi_f^-} = 1 - \frac{(\phi_N - \phi_P)}{2(\nabla\phi)_P \cdot (\boldsymbol{x}_N - \boldsymbol{x}_P)} \tag{3-57}$$

类似 TVD 格式，上式的通用形式写为

$$
\tilde{\phi}_P = \begin{cases} 1 - \dfrac{(\phi_N - \phi_P)}{2(\nabla\phi)_P \cdot (\boldsymbol{x}_N - \boldsymbol{x}_P)}, & F > 0 \\[3mm] 1 - \dfrac{(\phi_N - \phi_P)}{2(\nabla\phi)_N \cdot (\boldsymbol{x}_N - \boldsymbol{x}_P)}, & F \leqslant 0 \end{cases}
\tag{3-58}
$$

OpenFOAM 中，NVD 格式同样采用式（3-38），且 ϕ_l 表示用 Gauss upwind 格式获得的插值，ϕ_{HO} 表示用 Gauss linear 格式获得的插值。基于 $\tilde{\phi}_P$ 定义不同的通量限制函数，得到不同的 NVD 格式。常用格式如下所述。

（1）SFCD（Self-Filterd Central Differencing，自滤波中心差分）。

$$
\psi(\tilde{\phi}_P) = \frac{\min\left[\max(\tilde{\phi}_P, 0), 0.5\right]}{1 - \min\left[\max(\tilde{\phi}_P, 0), 0.5\right]}
\tag{3-59}
$$

使用示例如下：

```
div(phi,U)    Gauss SFCD;
```
（2）Gamma。

$$
\psi(\tilde{\phi}_P) = \min\left[\max\left(\frac{2\tilde{\phi}_P}{\gamma}, 0\right), 1\right]
\tag{3-60}
$$

与 limitedLinear 格式一样，上式中 $0 \leqslant \gamma \leqslant 1$，需用户进行设置。当 $\gamma = 0$ 时，为防止除以 0，将用一个极小值代替 0。此时 $\psi(\tilde{\phi}_P) = 1$，Gamma 格式等同于 Gauss linear 格式。当 $0 < \gamma \leqslant 1$ 时，为 Gauss linear 与 Gauss upwind 的耦合格式。使用示例如下：

```
div(phi,U)    Gauss Gamma 1;
```
其中数字"1"即为所设定的通量限制系数 γ。

6. QUICK

QUICK 全名为 Quadratic Upstream Interpolation for Convective Kinematics，即对流运动的二次迎风插值。在 OpenFOAM 中，QUICK 格式是利用上文提及的通量限制器实现的，但由于其限制器的定义并未用到 TVD 中的 r 或者 NVD 中的 $\tilde{\phi}_P$，此处将其单独分为一类。

QUICK 的通量限制器定义为

$$
\psi(Q_{\lim}) = \max\left[\min(Q_{\lim}, 2), 0\right]
\tag{3-61}
$$

其中：

$$
Q_{\lim} = \begin{cases} (\phi_f - \phi_P)/(\phi_{HO} - \phi_P), & F > 0 \\ (\phi_f - \phi_N)/(\phi_{HO} - \phi_N), & F \leqslant 0 \end{cases}
\tag{3-62}
$$

$$
\phi_{HO} = f_x\phi_P + (1 - f_x)\phi_N
\tag{3-63}
$$

Chapter
3

69

$$\phi_f = \begin{cases} \dfrac{1}{2}\left\{\phi_{HO} + \phi_P + (1-f_x)\left[(\boldsymbol{x}_N - \boldsymbol{x}_P)\cdot(\nabla\phi)_P\right]\right\}, & F > 0 \\ \dfrac{1}{2}\left\{\phi_{HO} + \phi_N + f_x\left[(\boldsymbol{x}_N - \boldsymbol{x}_P)\cdot(\nabla\phi)_N\right]\right\}, & F \leqslant 0 \end{cases} \tag{3-64}$$

当 $Q_{\lim} = 0$ 时，$\psi(Q_{\lim}) = 0$，此时为一阶迎风格式，当限制变量 $Q_{\lim}$ 为其余值时，该格式是 Gauss linear 与 Gauss upwind 的耦合格式。使用示例如下：

```
div(phi,U)        Gauss QUICK;
```

7. 特殊格式——V 类格式

V 类格式是在有界格式（表 3-5）的基础上发展出来的一类专用于矢量场的特殊格式（不可对标量场使用）。与常规格式不同的是，V 类格式在使用限制器时考虑了流动方向。以 TVD 格式为例，式（3-48）改写为

$$r = \begin{cases} 2\dfrac{(\phi_N - \phi_P)\cdot(\boldsymbol{x}_N - \boldsymbol{x}_P)\cdot(\nabla\phi)_P}{(\phi_N - \phi_P)\cdot(\phi_N - \phi_P)} - 1, & F > 0 \\ 2\dfrac{(\phi_N - \phi_P)\cdot(\boldsymbol{x}_N - \boldsymbol{x}_P)\cdot(\nabla\phi)_N}{(\phi_N - \phi_P)\cdot(\phi_N - \phi_P)} - 1, & F \leqslant 0 \end{cases} \tag{3-65}$$

从上式可见，对于不同的方向，r 的值有差异，即通量限制器在不同流动方向起到的作用是不一样的。V 类格式是在常规格式后面加 V，如 V 类 vanLeer 格式在使用时采用如下形式：

```
div(phi,U)        Gauss vanLeerV;
```

8. 对流项专属格式——bounded 类格式

不可压流体的随体导数可表示为

$$\frac{D\phi}{Dt} = \frac{\partial\phi}{\partial t} + \boldsymbol{U}\cdot\nabla\phi = \frac{\partial\phi}{\partial t} + \nabla\cdot(\boldsymbol{U}\phi) - (\nabla\cdot\boldsymbol{U})\phi \tag{3-66}$$

从理论上而言，不可压流体满足连续性条件 $\nabla\cdot\boldsymbol{U} = 0$，上式右侧第三项为 0，因此在 CFD 中通常将其省略。然而在数值迭代过程中，达到收敛之前 $\nabla\cdot\boldsymbol{U}$ 并不严格为 0，为提高计算过程的数值稳定性（尤其是定常计算），有必要引入这一项。OpenFOAM 中，bounded 类格式在处理对流项时将引入式（3-66）中的最后一项。bounded 类格式在使用时采用如下形式：

```
bounded 常规格式;
```

其中，常规格式即为上文所述的所有格式。对于矢量对流项，如动量方程中的对流项，还可以使用上文所述的 V 类格式，示例如下：

```
div(phi,U)        bounded Gauss linearUpwindV grad(U);
```

对于标量对流项，如内能 e 的对流，使用格式如下：

```
div(phi,e)        bounded Gauss upwind;
```

注：通常而言，定常计算中对流项需要采用 bounded 格式以其收敛性，如果未采用，OpenFOAM 计算中将出现如图 3-11 所示的提示。

```
Unbounded 'Gauss' div scheme used in steady-state solver, use 'bounded Gauss
' to ensure boundedness.
```

图 3-11　定常计算中未使用 bounded 格式时的提示

另一个需要指出的问题是，由于对流项包含了通量[式（3-23）]，在插值的时候如果需要判断通量的方向，直接根据对流项中的通量判定即可。然而，散度项不包含通量，此时如果采用 upwind 这类需要判断通量方向的格式，则需指定采用哪个通量，一般指定 phi，即体积通量。例如：

```
div((muEff*dev(T(grad(U))))) Gauss upwind phi;
```

若不设置通量名，则求解时将出现如图 3-12 所示的错误。

```
--> FOAM FATAL IO ERROR:
wrong token type - expected word, found on line 35 the label 1

file: /home/huangxianbei/OpenFOAM/OpenFOAM-2.3.0/tutorials/multiphase/interFoam/
ras/damBreak/system/fvSchemes.divSchemes.div((muEff*dev(T(grad(U))))) at line 35
```

图 3-12　计算中散度项使用 Gauss upwind 格式，未指定通量名时的错误提示

3.2.2.2　拉普拉斯项

根据式（3-19），拉普拉斯项的体积分同样可以转换成面积分：

$$\int_V \nabla \cdot (\Gamma_\phi \nabla \phi) \mathrm{d}V = \int_{S_V} \mathrm{d}\boldsymbol{S}_f \cdot (\Gamma_\phi \nabla \phi) = \sum_f \Gamma_f \boldsymbol{S}_f \cdot (\nabla \phi)_f \tag{3-67}$$

交界面 f 上的 Γ_f 与 $\boldsymbol{S}_f \cdot (\nabla \phi)_f$ 需用到不同类型的格式，其中 Γ_f 采用 3.2.2.1 节介绍的格式，而 $\boldsymbol{S}_f \cdot (\nabla \phi)_f$ 需进行网格面法向插值，包括表 3-6 所列的几种类型。

表 3-6　网格面法向插值的常用格式及其特点

格式名称	特点
corrected	显式的非正交网格修正
uncorrected	无显式的非正交网格修正
limited ψ	corrected 与 uncorrected 的混合格式，ψ 为混合系数
orthogonal	忽略网格的非正交性

如图 3-13 所示为网格法向插值示意图。当网格正交时（$\boldsymbol{S}_f$ 与 $\boldsymbol{d}$ 平行），则矢量的点积写为

$$\boldsymbol{S}_f \cdot (\nabla \phi)_f = \left| \boldsymbol{S}_f \right| \left| (\nabla \phi)_f \right| \cos \theta = \left| \boldsymbol{S}_f \right| \frac{\phi_N - \phi_P}{|\boldsymbol{d}|} \tag{3-68}$$

其中，$\phi_N - \phi_P$ 用于判断梯度方向与网格面法向的角度（$\boldsymbol{S}_f$ 与 $\boldsymbol{d}$ 所成的角度 θ），若大于 0，则说明二者方向一致（$\cos \theta = 1$），小于 0 则二者所成角度为 180°（$\cos \theta = -1$）。

当网格非正交时，需要在正交形式的基础上进行一定的修正。将式（3-68）改写为如下形式：

$$\boldsymbol{S}_f \cdot (\nabla \phi)_f = \boldsymbol{a} \cdot (\nabla \phi)_f + \boldsymbol{b} \cdot (\nabla \phi)_f \tag{3-69}$$

其中 $\boldsymbol{a}$ 与 $\boldsymbol{b}$ 为矢量，满足

$$S_f = a + b \tag{3-70}$$

且 a 平行于 d。由式（3-68）可得

$$S_f \cdot (\nabla\phi)_f = |a|\frac{\phi_N - \phi_P}{|d|} + b \cdot (\nabla\phi)_f \tag{3-71}$$

上式右侧第一项可直接根据网格中心点数据计算，而第二项仍需采用相应的格式以计算面上的梯度 $(\nabla\phi)_f$。式（3-71）可进一步写为

$$
\begin{aligned}
S_f \cdot (\nabla\phi)_f &= |S_f|\left[\frac{S_f}{|S_f|} \cdot (\nabla\phi)_f\right] = |S_f|\left(\frac{S_f}{|S_f|} - \left|\frac{S_f}{|S_f|}\right|\cos\theta \cdot d + \left|\frac{S_f}{|S_f|}\right|\cos\theta \cdot d\right) \cdot (\nabla\phi)_f \\
&= |S_f|\left(\frac{S_f}{|S_f|} - \cos\theta \cdot d + \cos\theta \cdot d\right) \cdot (\nabla\phi)_f \\
&= |S_f|\left[\left(\frac{S_f}{|S_f|} - \cos\theta \cdot d\right) \cdot (\nabla\phi)_f + \cos\theta \cdot d \cdot (\nabla\phi)_f\right] \\
&= |S_f|\left[\left(\frac{S_f}{|S_f|} - \cos\theta \cdot d\right) \cdot (\nabla\phi)_f + \cos\theta(\phi_N - \phi_P)\right]
\end{aligned}
\tag{3-72}
$$

其中 θ 满足

$$\cos\theta = \frac{S_f \cdot d}{|S_f||d|} \tag{3-73}$$

为方便程序编写，可以定义一个非正交修正系数 Δ_{nc}，如下：

$$\Delta_{nc} = \cos\theta \tag{3-74}$$

从而将式（3-72）改写为

$$S_f \cdot (\nabla\phi)_f = |S_f|\left[\underbrace{\left(\frac{S_f}{|S_f|} - \Delta_{nc} \cdot d\right) \cdot (\nabla\phi)_f}_{\text{网格非正交修正项}} + \Delta_{nc}(\phi_N - \phi_P)\right] \tag{3-75}$$

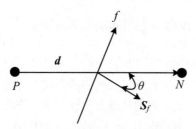

图 3-13　非正交网格上插值示意图

网格非正交性越强，则 θ 越大而 $|\Delta_{nc}|$ 越小，从而导致式（3-75）右侧第二项 $\Delta_{nc}(\phi_N - \phi_P)$ 的贡献越来越小。$\Delta_{nc}(\phi_N - \phi_P)$ 直接使用网格中心点的数据，从而无插值误差，最为可靠；式（3-75）右侧第一项需通过面插值完成，当网格非正交时误差会增大。因此，为了保证足够的精度，OpenFOAM 将非正交系数写为如下形式：

$$\Delta_{nc} = \frac{1}{\cos\theta} \tag{3-76}$$

上述形式意味着 $\boldsymbol{S}_f$ 为图 3-14 所示的分解形式，此时仍按式（3-75）计算。

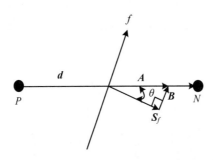

图 3-14　非正交网格面矢量分解

注：本书之所以将式（3-75）中的 $|\boldsymbol{S}_f|$ 置于括号之外，是为了方便读者理解该处理方式的源代码（位于/src/finiteVolume/finiteVolume/snGradSchemes）。式（3-75）右侧括号内的表达式，即为相应类型的面法向插值的公式。但在本书中，为保持统一，网格面法向插值格式的公式将按照 $\boldsymbol{S}_f \cdot (\nabla\phi)_f$ 的完整插值形式书写，请读者注意区分。

在以上分析的基础上，OpenFOAM 提供了 8 种网格面法向插值格式，分别为：CentredFit、corrected、faceCorrected、limited、linearFit、orthogonal、quadraticFit 以及 uncorrected，本书介绍表 3-6 所示的 4 种常用格式，具体如下。

1. corrected

corrected 为修正格式，采用式（3-75）计算 $\boldsymbol{S}_f \cdot (\nabla\phi)_f$，应用较为广泛。

2. uncorrected

uncorrected 为无修正格式，即忽略 corrected 格式中的网格非正交修正项。

$$\boldsymbol{S}_f \cdot (\nabla\phi)_f = |\boldsymbol{S}_f|[\Delta_{nc}(\phi_N - \phi_P)] \tag{3-77}$$

3. orthogonal

orthogonal 为正交格式，即认为网格本身为正交而忽略其非正交性，注意区别 uncorrected 格式。此时直接利用式（3-68）计算。

4. limited

limited 为基于 corrected 格式的限制修正格式，通过限制函数来控制非正交修正的程度。限制函数定义如下：

$$f_{\lim}(\beta) = \min\left[\frac{\beta|\boldsymbol{C}|}{(1-\beta)|\boldsymbol{D}|},1\right] \tag{3-78}$$

其中 β 表示限制系数。将限制函数引入式（3-75）可得

$$\boldsymbol{S}_f \cdot (\nabla\phi)_f = |\boldsymbol{S}_f|\left[\left(\frac{\boldsymbol{S}_f}{|\boldsymbol{S}_f|} - \Delta_{nc}\cdot\boldsymbol{d}\right)\cdot(\nabla\phi)_f\, f_{\lim}(\beta) + \Delta_{nc}(\phi_N-\phi_P)\right] \tag{3-79}$$

因此，通过调整限制系数即可调整限制函数的值，从而控制非正交修正的程度。当 $\beta=0$ 时，$f_{\lim}(\beta)=0$，此时非正交修正项消失，从而式（3-79）变为 uncorrected 的形式[式（3-77）]；$\beta=1$ 时，$f_{\lim}(\beta)=1$，此时变为 corrected 格式[式（3-75）]。限制系数越大，则该格式越接近于 corrected 格式。因此，可以认为 corrected 格式为完全正交修正格式，而 limited 则为部分正交修正格式。

介绍完网格面法向插值之后，我们再回到拉普拉斯项。由式（3-67）可知，Γ_f 采用 3.2.2.1 节中介绍的格式，而 $\boldsymbol{S}_f\cdot(\nabla\phi)_f$ 则采用上文所述的网格面法向插值格式进行。因此，拉普拉斯项数值格式的设定应同时包含网格面插值与网格面法向插值，如下：

```
Gauss <网格面插值><网格面法向插值>;
```
使用示例如下：
```
laplacianSchemes
{
    default          Gauss linear corrected;
    default          Gauss upwindphi uncorrected;
    default          Gauss SFCD phi corrected;
    default          Gauss Gamma phi 1 limited 0;
}
```

注意：此处采用 upwind 这类需要判断通量方向的格式时应指定通量名称，与 3.2.2.1 节中的散度项一致。

3.2.2.3 梯度项

OpenFOAM 中梯度项的离散可采用多种方式实现，常用方式如下所述。

1. 采用高斯定理将体积分转换为面积分

$$\int_V \nabla\phi\,\mathrm{d}V = \oint_{S_V}\mathrm{d}\boldsymbol{S}_f\phi = \sum_f \boldsymbol{S}_f\phi_f \tag{3-80}$$

显然，上式需要将网格中心点的数据插值到网格面，采用的格式与 3.2.2.1 节中的一致。使用示例如下：

```
grad(U)          Gauss linear;
```

2. 最小二乘法

由于 CFD 求解过程实际上是求解方程组，因此我们首先了解最小二乘法的矩阵形式。最小二乘法（又称最小平方法）是一种数学优化技术，可以简便地求得未知的数据，并使这些求

得的数据与实际数据之间误差的平方和为最小。以离散方程组 $Ax = b$ 为例，通常而言，其精确解难以计算，此时只能用数值方法使方程"尽可能"成立。假设 x_n 表示使方程组"接近成立"的解，此时 Ax_n 与 b 之间存在误差：

$$e = Ax_n - b \tag{3-81}$$

而最小二乘法就是使上式的平方最小。若 AA^T 非奇异，则满足误差平方最小的数值解可表示为

$$x_{ls} = (A^T A)^{-1} A^T b \tag{3-82}$$

P 点的梯度可以近似为如下形式（图 3-14）：

$$(\nabla\phi)_P = \frac{\phi_N - \phi_P}{|d|^2} d \tag{3-83}$$

方程两侧同时点乘 d 可得

$$d \cdot (\nabla\phi)_P = (\phi_N - \phi_P) \tag{3-84}$$

根据最小二乘法可知

$$(\nabla\phi)_{P,ls} = (d^T \times d)^{-1} \cdot d^T (\phi_N - \phi_P) \tag{3-85}$$

事实上 $d^T = d$，即矢量的转置仍为矢量，从而上式写为

$$(\nabla\phi)_{P,\,ls} = (d \times d)^{-1} \cdot d(\phi_N - \phi_P) \tag{3-86}$$

与 P 网格相邻的网格往往不止一个，考虑到离 P 越近的网格对梯度的影响越大，因此须加上权重 $w_N = 1/|d|$，最终如下：

$$(\nabla\phi)_{P,ls} = \sum_N \left[w_N^2 \left(\sum_N w_N^2 d \times d \right)^{-1} \cdot d(\phi_N - \phi_P) \right] \tag{3-87}$$

在计算网格相邻关系时，OpenFOAM 提供了 3 种形式，其中最基本的形式是以网格面确定相邻网格（前文所述所有格式均以网格面判断）。除此之外，还可由网格节点和网格边进行判断，从而构成了 3 种最小二乘格式，使用示例如下：

```
grad(p)          leastSquares;
grad(p)          pointCellsLeastSquares;
grad(p)          edgeCellsLeastSquares;
```

其中 leastSquares 格式以网格面判断相邻网格，以三维六面体网格为例，对于同一个网格，共存在 6 个网格面，从而存在 6 个相邻网格；pointCellsLeastSquares 格式以网格点判断相邻网格，以三维六面体网格为例，同一个网格 8 个网格节点，相邻网格数为 26；edgeCellsLeastSquares 格式以网格边判断相邻网格，以三维六面体网格为例，同一个网格 12 条网格边，相邻网格数为 18。

3. limited 类格式

为了保证数值稳定性，OpenFOAM 提供了 limited 类格式以限制梯度的值。如图 3-15 所示，

网格面 f 的 owner 为网格 P，若直接根据 P 点的梯度值推算交界面 f 上的变量值，则 $\phi_{f,e} - \phi_P = (x_f - x_P)\nabla\phi_P$。若 $\phi_{f,e} - \phi_P \gg \phi_N - \phi_P$，则说明 $\nabla\phi_P$ 过大，此时可以对 $\nabla\phi_P$ 进行限制（$f_{\lim}(\phi_e)\nabla\phi_P$）以保证数值稳定性。令 $\phi_e = \phi_{f,e} - \phi_P$，限制函数定义如下：

$$f_{\lim}(\phi_e) = \begin{cases} \min\left(1, \dfrac{\Delta_{\max}}{\phi_e}\right), \phi_e > \Delta_{\max} \\ \min\left(1, \dfrac{\Delta_{\min}}{\phi_e}\right), \phi_e < \Delta_{\min} \end{cases} \qquad (3\text{-}88)$$

其中 $\Delta_{\min}$ 表示加权的最小变量差，满足 $\Delta_{\min} = \min_{P,N} - \phi_P - (1/\eta - 1)(\max_{P,N} - \min_{P,N})$，$\max_{P,N} = \max(\phi_P, \phi_N)$，$\min_{P,N} = \min(\phi_P, \phi_N)$，$\eta$ 表示梯度限制系数，满足 $0 < \eta \leqslant 1$。事实上，由于 $\phi_e < \Delta_{\min}$ 时有 $\Delta_{\min}/\phi_e > 1$，此时 $f_{\lim}(\phi_e) = 1$，说明不限制梯度。因此，式（3-88）仅限制梯度较大的情况。

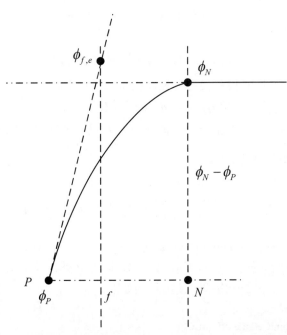

图 3-15　cellLimited 类格式原理示意（f 的 owner 为网格 P）

$\Delta_{\max}$ 表示加权的最大变量差，满足 $\Delta_{\max} = \max_{P,N} - \phi_P + (1/\eta - 1)(\max_{P,N} - \min_{P,N})$。

当 $\eta = 1$ 时，$\Delta_{\max} = \max_{P,N} - \phi_P$，则 $f_{\lim}(\phi_e) = \Delta_{\max}/\phi_e$，此时将 P 点的梯度修正为 $\Delta_{\max}(\nabla\phi_P/\phi_e)$，此时若再次利用 P 点的梯度推算 f 上的值，则可以得到 $\phi_{f,e}^n = \phi_P + \Delta_{\max} = \max_{P,N}$，其中 $\phi_{f,e}^n$ 为新的推算值。由此可见，当 $\eta = 1$ 时，交界面上的推算值被限制为不超过相邻网格点上变量的最大值。

当 $\eta < 1$ 时，则 $\phi_{f,e}^n = \phi_P + \Delta_{\max} = \max_{P,N} + (1/\eta - 1)(\max_{P,N} - \min_{P,N})$，此时交界面上的推算值大于 $\max_{P,N}$，而 η 的作用在于限定该推算值超过 $\max_{P,N}$ 的程度，η 越大则可超过的程度越大。

综合而言，η 的值越大则数值稳定性越好，但相应的梯度修正计算量增大。

limited 类格式包括 cellLimited、cellMDLimited、faceLimited 和 faceMDLimited 四种。其中 cellLimited 类格式表示 $\max_{P,N}$ 与 $\min_{P,N}$ 的值是根据网格 P 以及与其相邻的所有网格中心点的值计算的，而 faceLimited 类格式表示 $\max_{P,N}$ 与 $\min_{P,N}$ 的值是根据网格面 f 的 owner 与 neighbour 中心点的值计算的。MD 表示 multi-directional，常规的 limited 格式是对梯度的所有分量采用相同的限制，而 MD 仅限制 f 面法向的梯度。使用示例如下：

```
grad(U)    cellLimited leastSquares1;
grad(U)    cellMDLimited Gauss linear1;
```

其中数字 "1" 表示梯度限制系数 η。

3.2.2.4　梯度-梯度平方项与旋度项

梯度-梯度平方项 $|\nabla\nabla\phi|^2$ 为标量，可直接计算获得。根据运算法则，旋度项可以写为梯度的形式：

$$\nabla \times \phi = \nabla\phi - \nabla\phi^{\mathrm{T}} \tag{3-89}$$

因此，梯度-梯度平方项与旋度项均不需要专门的数值格式。

3.2.2.5　源项

方程中所有无法写成瞬态项、对流项及扩散项等形式的都被归结到源项中。如前文所述，源项可显式地以表达式的形式出现在控制方程中，此时无须进行离散，只将源项作为普通的 vol<类型>Field 处理。

进行隐式处理（fvm::Sp 或 fvc::Sp）时，首先将源项线性化为如下形式：

$$Y_\phi(\phi) = Y_c + Y_l\phi \tag{3-90}$$

其中，Y_c 表示源项的常数部分，Y_l 表示源项的线性部分，该部分随时间与 ϕ 而变化。在控制体 P 内，上式离散为如下形式：

$$\int_{V_P} (Y_c + Y_l\phi)\mathrm{d}V = Y_c V_P + Y_l\phi_P V_P \tag{3-91}$$

显然，源项离散后可直接求得，无须使用差分格式。

3.2.3　方程的时间离散

表 3-4 中列出了包含时间导数项在内的不同项在 OpenFOAM 中的表示方式。3.2.2 节已介绍了时间导数项之外的离散格式，但需要注意的是，时间离散并不是单纯针对某一项的离散，而是针对整个求解方程。因此，本节以式（3-16）为例，介绍 OpenFOAM 中的时间离散方法。

将式（3-16）在时间与控制体 P 内积分后可得

$$\int_t^{t+\Delta t}\left[\frac{\partial}{\partial t}\int_{V_P}\rho\phi\mathrm{d}V+\int_{V_P}\nabla\cdot(\rho U\phi)\mathrm{d}V-\int_{V_P}\nabla\cdot(\rho\Gamma_\phi\nabla\phi)\mathrm{d}V\right]\mathrm{d}t=\int_t^{t+\Delta t}\left(\int_{V_P}Y_\phi(\phi)\mathrm{d}V\right)\mathrm{d}t \quad (3\text{-}92)$$

上式的时间积分内，除时间导数外的其余项均可用 3.2.2 节中介绍的空间离散方法[式（3-23）、式（3-67）与式（3-91）]，得到控制方程的"半离散"形式：

$$\int_t^{t+\Delta t}\left[\left(\frac{\partial\rho\phi}{\partial t}\right)_P V_P+\sum_f F\phi_f-\sum_f(\rho\Gamma)_f S_f\cdot(\nabla\phi)_f\right]\mathrm{d}t=\int_t^{t+\Delta t}(Y_c V_P+Y_l\phi_P V_P)\mathrm{d}t \quad (3\text{-}93)$$

将上式进一步在时间上离散，可采用不同的方法，主要包括 Euler 方法、backward 方法与 Crank-Nicolson 方法。

3.2.3.1　Euler 方法

如忽略含有 ϕ 与 $\nabla\phi$ 的各项随时间的变化，仅考虑时间导数项的变化，则式（3-93）可以写为

$$\int_t^{t+\Delta t}\left(\frac{\partial\rho\phi}{\partial t}\right)_P V_P\mathrm{d}t+\left[\sum_f F\phi_f-\sum_f(\rho\Gamma)_f S_f\cdot(\nabla\phi)_f\right]\Delta t=(Y_c V_P+Y_l\phi_P V_P)\Delta t \quad (3\text{-}94)$$

若时间导数用如下关系式计算

$$\left(\frac{\partial\rho\phi}{\partial t}\right)_P=\frac{\rho_P^n\phi_P^n-\rho_P^o\phi_P^o}{\Delta t} \quad (3\text{-}95)$$

将上式代入式（3-94）可得

$$\frac{\rho_P^n\phi_P^n-\rho_P^o\phi_P^o}{\Delta t}V_P+\left[\sum_f F\phi_f-\sum_f(\rho\Gamma)_f S_f\cdot(\nabla\phi)_f\right]=(Y_c V_P+Y_l\phi_P V_P) \quad (3\text{-}96)$$

其中，上标 n 与 o 分别表示当前时刻与前一时刻。为了完成离散，此时式（3-96）需要确定的是采用哪一时刻的数据插值到网格面，以及源项中的 ϕ_P 采用哪一时刻的数据。在 OpenFOAM 中，采用的是当前时刻的数据，即构成隐式 Euler 离散：

$$\frac{\rho_P^n\phi_P^n-\rho_P^o\phi_P^o}{\Delta t}V_P+\left[\sum_f F^n\phi_f^n-\sum_f(\rho\Gamma)_f^n S_f^n\cdot(\nabla\phi)_f^n\right]=(Y_c V_P+Y_l\phi_P^n V_P) \quad (3\text{-}97)$$

Euler 方法的时间离散精度为一阶。在 OpenFOAM 中，时间离散方法是在 /system/fvSchemes 文件的 ddtSchemes 中设置的。Euler 的使用示例如下：

```
ddtSchemes
{
    default        Euler;
}
```

3.2.3.2　backward 方法

backward 方法的离散思路与 Euler 一致，唯一的不同在于时间导数项采用下式计算：

$$\left(\frac{\partial \rho\phi}{\partial t}\right)_P = \frac{\frac{3}{2}\rho_P^n\phi_P^n - 2\rho_P^o\phi_P^o + \frac{1}{2}\rho_P^{oo}\phi_P^{oo}}{\Delta t} \tag{3-98}$$

其中，上标 oo 表示前-前时刻，即当前时刻往前推两个时刻。backward 离散的最终形式为

$$\frac{\frac{3}{2}\rho_P^n\phi_P^n - 2\rho_P^o\phi_P^o + \frac{1}{2}\rho_P^{oo}\phi_P^{oo}}{\Delta t}V_P + \left[\sum_f F^n\phi_f^n - \sum_f (\rho\Gamma)_f^n \boldsymbol{S}_f^n \cdot (\nabla\phi)_f^n\right] = (\boldsymbol{Y}_c V_P + \boldsymbol{Y}_l\phi_P^n V_P) \tag{3-99}$$

backward 方法的时间离散精度为二阶，同样为隐式离散，使用示例如下：

```
ddtSchemes
{
    default          backward;
}
```

3.2.3.3　Crank-Nicolson 方法

与前述两种方法不同，Crank-Nicolson 方法考虑了含有 ϕ 与 $\nabla\phi$ 的各项随时间的变化，其时间积分如下：

$$\int_t^{t+\Delta t} \lambda \mathrm{d}t = \frac{1}{2}(\lambda^o + \lambda^n)\Delta t \tag{3-100}$$

其中，λ 代指含有 ϕ 与 $\nabla\phi$ 的各项。

将上式与式（3-95）应用于式（3-93）可得

$$\frac{\rho_P^n\phi_P^n - \rho_P^o\phi_P^o}{\Delta t}V_P + \frac{1}{2}\left[\sum_f F^n\phi_f^n - \sum_f (\rho\Gamma)_f^n \boldsymbol{S}_f^n \cdot (\nabla\phi)_f^n\right] + \frac{1}{2}\left[\sum_f F^o\phi_f^o - \sum_f (\rho\Gamma)_f^o \boldsymbol{S}_f^o \cdot (\nabla\phi)_f^o\right]$$

$$= \left(\boldsymbol{Y}_c V_P + \frac{1}{2}\boldsymbol{Y}_l\phi_P^n V_P + \frac{1}{2}\boldsymbol{Y}_l\phi_P^o V_P\right) \tag{3-101}$$

上式即为 Crank-Nicolson 的标准离散形式，为二阶精度的隐式离散。然而，在 OpenFOAM 中，该离散方法是 Euler 与标准 Crank-Nicolson 的耦合方法，推导方法如下所述。

将式（3-101）写为

$$\frac{2(\rho_P^n\phi_P^n - \rho_P^o\phi_P^o)}{\Delta t}V_P + \left[\sum_f F^n\phi_f^n - \sum_f (\rho\Gamma)_f^n \boldsymbol{S}_f^n \cdot (\nabla\phi)_f^n - \boldsymbol{Y}_l\phi_P^n V_P\right]$$

$$+ \left[\sum_f F^o\phi_f^o - \sum_f (\rho\Gamma)_f^o \boldsymbol{S}_f^o \cdot (\nabla\phi)_f^o - \boldsymbol{Y}_l\phi_P^o V_P\right] = 2\boldsymbol{Y}_c V_P \tag{3-102}$$

引入耦合系数 β_1，将上式改写为

3

Chapter

$$\frac{(1+\beta_1)(\rho_P^n\phi_P^n - \rho_P^o\phi_P^o)}{\Delta t}V_P + \left[\sum_f F^n\phi_f^n - \sum_f (\rho\Gamma)_f^n \boldsymbol{S}_f^n \cdot (\nabla\phi)_f^n - Y_l\phi_P^n V_P\right]$$

$$+ \underbrace{\beta_1\left[\sum_f F^o\phi_f^o - \sum_f (\rho\Gamma)_f^o \boldsymbol{S}_f^o \cdot (\nabla\phi)_f^o - Y_l\phi_P^o V_P\right]}_{offCenter项} = (1+\beta_1)Y_c V_P \tag{3-103}$$

上式即为 OpenFOAM 中的 Crank-Nicolson 离散。显然，当 $\beta_1 = 1$ 时，上式表示与标准 Crank-Nicolson 一致；而当 $\beta_1 = 0$ 时，上式变为 Euler 离散，而当 $0 \leqslant \beta_1 \leqslant 1$ 时，则为 Crank-Nicolson 与 Euler 的混合离散形式。除 $\beta_1 = 0$ 的情况外，OpenFOAM 中的 Crank-Nicolson 离散可保持二阶精度。在数值稳定性较差的情况下，建议 $\beta_1 = 0.9$。

Crank-Nicolson 的使用示例如下：

```
ddtSchemes
{
    defaultCrankNicolson 0.9;
}
```

3.2.3.4 二阶时间导数项的离散

从以上分析可见，ddtSchems 包含了一阶时间导数的离散，其中 Euler 与 Crank-Nicolson 均采用 Euler 离散形式，采用当前与前一时刻的变量，而 backward 则为 backward 离散，采用当前、前一与前-前时刻的变量。但是，上述方法并未涉及二阶时间导数。对于二阶时间导数项，需额外设置相应的离散方法。

OpenFOAM 中对于二阶时间导数只有一种处理方式，对二阶时间导数在空间与时间的积分如下：

$$\frac{\partial}{\partial t}\int_{V_P} \frac{\partial \rho\phi}{\partial t}\,\mathrm{d}V = \frac{(\rho\phi_P V_P)^n - 2(\rho\phi_P V_P)^o + (\rho\phi_P V_P)^{oo}}{\Delta t^2} \tag{3-104}$$

该方法同样也是 Euler 法。OpenFOAM 中，二阶时间导数项在/system/fvSchemes 文件的 d2dt2Schemes 中设置，使用示例如下：

```
d2dt2Schemes
{
    default          Euler;
}
```

3.2.3.5 定常计算的时间离散

定常计算意味着不考虑时间的变化，因此时间导数项为 0。定常计算时，一般将 ddtSchems 设置为

```
ddtSchemes
{
    default          steadyState;
}
```

注：若控制方程包含二阶导数项，且计算为定常，还应将 d2dt2Schemes 设置为

```
d2dt2Schemes
{
    default          steadyState;
}
```

OpenFOAM 中的求解器按定常与非定常计算的适用性，可分为定常求解器（如 simpleFoam）与非定常求解器（如 pisoFoam）。非定常求解器需要给定时间步长以完成时间的递进，一般不可用于定常计算。但在某些情况下，通过引入一个局部时间步（Local Time-Step，LTS）替代非定常计算中的时间步 Δt，则非定常的求解器同样可以用在定常计算中，共有 LTSInterFoam、LTSReactingFoam、rhoLTSPimpleFoam 与 LTSReactingParcelFoam 四种。区别于 interFoam、reactingFoam、rhoPimpleFoam 与 reactingParcelFoam，上述求解器的名称中包含了 LTS，表示该求解器是基于 LTS 方法的。

常规的非定常计算中，时间步长在整个计算域内为同一数值，从而可以保证流场整体随时间递进；而 LTS 在各个网格上的时间步长数值不同，其流场无法在时间上同步递进，导致该方法并不能体现流场的瞬态特征，因此 LTS 也被称为"伪非定常方法"（pseudo-unsteady method）。

LTS 的出发点是认定流场最终将达到稳态，但由于从初始给定的条件到发展为稳态需要的时间较长，传统的非定常计算将耗费大量的时间，此时若根据流场信息对每个网格点采用相对较大的时间步长，加速每个网格点上流场变量的收敛，则可以用更短的时间达到稳定状态。由此可见，该方法常用于初步观察某一特定流动现象。

上述 LTS 求解器中定义了局部时间步的倒数：

$$D_{tr} = \frac{1}{\Delta t_P} = \max\left(\frac{1}{\Delta t_{max}}, \frac{1}{2V_P Co_{max}}\sum_f |F|\right) \tag{3-105}$$

其中，Δt_{max} 为求解时设定的最大时间步长，Co_{max} 为设定的最大 Courant 数，二者均可在算例的/system/fvSolution 中 PIMPLE 部分设置（OpenFOAM 中的 LTS 求解器均基于 PIMPLE 算法）。

OpenFOAM 中网格 P 的 Courant 数采用如下方式计算：

$$Co_P = \Delta t_P \frac{1}{2V_P}\sum_f |\phi_f| \tag{3-106}$$

由此可见，LTS 实际采用的时间步长只有两种可能：一是设定的最大时间步长；二是根据设定的最大 Courant 数得到的时间步长。因此，LTS 中的局部时间步长较大，从而能达到加速收敛的目的。

根据前文所述，LTS 在使用时需用户定义 Δt_{max} 与 Co_{max}，这些参数均在算例的/system/fvSolution 的 PIMPLE 中设置[LTS 求解器均基于 PIMPLE（Pressure-Implicit Method for Pressure-Linked Equations）算法]。此处以 LTSInterFoam 的设置为例进行介绍，其余求解器的

设置大部分与其相同，读者可在/tutorials 中参考各求解器对应算例中的设置。

```
PIMPLE
{
    maxCo                 10;
    maxAlphaCo            5;
    rDeltaTSmoothingCoeff 0.05;
    rDeltaTDampingCoeff 0.5;
    nAlphaSpreadIter      0;
    nAlphaSweepIter       0;
    maxDeltaT             1;
}
```

上方仅显示与 LTS 相关的设置，其余的将在后文介绍。各设置的含义如下所述。

- maxCo：即 $Co_{\max}$。
- maxAlphaCo：AlphaCo 是两相交界面上的 Courant 数，其定义为

$$Co_i = \Delta t \frac{pos(\alpha - 0.01)pos(0.99 - \alpha)}{2V_P} \sum_f |\phi_f| \qquad (3\text{-}107)$$

其中，α 表示主相的体积分数。显然，只有当 $0.01 \leqslant \alpha \leqslant 0.99$ 时上式不为 0。当主相体积分数过大或过小时，可认为该点是单相，从而不存在两相交界面，$Co_i = 0$。maxAlphaCo 表示两相交界面上的最大 Courant 数 $Co_{i,\max}$，如果设定的 maxAlphaCo 大于 $Co_{\max}$，则根据 $Co_{i,\max}$ 并利用 $\Delta t = 1/D_{tr}$ 将式（3-107）写为

$$D_{tr,i,\max} = \frac{pos(\langle\alpha\rangle - 0.01)pos(0.99 - \langle\alpha\rangle)}{2Co_{i,\max}V_P} \sum_f |\phi_f| \qquad (3\text{-}108)$$

在两相交界面，D_{tr} 不应超过 $D_{tr,i,\max}$，因此

$$D'_{tr} = \max(D_{tr}, D_{tr,\alpha,\max}) \qquad (3\text{-}109)$$

- rDeltaTSmoothingCoeff：表示 D'_{tr} 的光顺系数，使其相邻网格上的值满足

$$D'_{tr,N} \geqslant \varsigma D'_{tr,P} \qquad (3\text{-}110)$$

其中，ς 为光顺系数，满足 $0 < \varsigma < 1$。

- nAlphaSpreadIter、nAlphaSweepIter：搜索全场数据，当相邻两个网格的体积分数满足 $|\alpha_P - \alpha_N| > 0.2$ 时：令二者满足 $D'_{tr} = \max(D'_{tr,P}, D'_{tr,N})$，即基于体积分数对 D'_{tr} 进行进一步光顺，nAlphaSpreadIter 表示光顺次数；随后，继续搜索并剔除场中 D'_{tr} 的最大值，nAlphaSweepIter 表示搜索并剔除的次数。
- maxDeltaT：即 $\Delta t_{\max}$。

由上述设置可见，为了保证局部时间步在计算域内的变化更加光滑，OpenFOAM 作了一系列的修正。将修正后的局部时间步的倒数统一记为 D'_{tr}，以便于下文分析不同的离散方法。

1. localEuler

localEuler 离散后的控制方程与 Euler 方法离散后的方程[式（3-97）]形式一致，不同仅在

于时间步长用 $\Delta t_P = 1/D'_{tr}$ 替代。使用示例如下：

```
ddtSchemes
{
    default             localEuler rDeltaT;
}
```

其中 rDeltaT 即为 D'_{tr}。

2．CoEuler

CoEuler 与 localEuler 类似，不同之处在于 CoEuler 对 D'_{tr} 局部时间步作了进一步限制，使其满足

$$D^*_{tr} = \max\left(\frac{Co_f}{Co_{\max}}, 1\right) D'_{tr} \tag{3-111}$$

其中 Co_f 为网格面上的 Courant 数，定义为

$$Co_f = \frac{1}{|\boldsymbol{d}|} \frac{|\phi_f|}{|\boldsymbol{S}_f|} \frac{1}{D'_{tr}} \tag{3-112}$$

CoEuler 离散后的方程形式同样与式（3-97）一致，但时间步长用 $\Delta t_P = 1/D^*_{tr}$ 替代。使用示例如下：

```
ddtSchemes
{
    default             CoEuler rDeltaT;
}
```

3.2.4　离散方程的求解

方程的离散完成以后，得到最终的时间、体积积分后的控制方程。以式（3-97）为例，控制方程最终需要用到的量分为两类：一类是网格中心点的量，另一类是网格面上的量。考虑到网格面上的量需根据相邻网格上的数据进行插值，可将式（3-97）写为如下通用形式：

$$a_P \phi_P + \sum_N a_N \phi_N = Y_P \tag{3-113}$$

其中，下标 P 表示当前网格，N 表示与 P 相邻的网格。若将计算域内所有网格上离散的方程 [式（3-113）]组成方程组，则可以写为式（3-17）的形式（$\boldsymbol{Ax} = \boldsymbol{b}$）。$a_P$ 置于矩阵 $\boldsymbol{A}$ 的对角线上，而 a_N 置于矩阵对角线之外的位置。

假定计算域的 9 个网格构成如图 3-16 所示。为便于区分，将系数 a_P 与 a_N 统一改为 a_{ij}（$i = 0 \sim 8; j = 0 \sim 8$），其中第一个下标表示当前网格编号，第二个下标表示与其相邻的网格编号。因此，a_{ii} 表示网格中心点的系数，a_{ij}（$i \neq j$）表示网格交界面上的系数（以网格 0 与 1 为例，a_{01} 表示交界面 f_{0-1} 上的系数）。最终，系数矩阵可写为如下形式：

$$A = \begin{bmatrix} a_{00} & a_{01} & 0 & a_{03} & 0 & 0 & 0 & 0 & 0 \\ a_{10} & a_{11} & a_{12} & 0 & a_{14} & 0 & 0 & 0 & 0 \\ 0 & a_{21} & a_{22} & 0 & 0 & a_{25} & 0 & 0 & 0 \\ a_{30} & 0 & 0 & a_{33} & a_{34} & 0 & a_{36} & 0 & 0 \\ 0 & a_{41} & 0 & a_{43} & a_{44} & a_{45} & 0 & a_{47} & 0 \\ 0 & 0 & a_{52} & 0 & a_{54} & a_{55} & 0 & 0 & a_{58} \\ 0 & 0 & 0 & a_{63} & 0 & 0 & a_{66} & a_{67} & 0 \\ 0 & 0 & 0 & 0 & a_{74} & 0 & a_{76} & a_{77} & a_{78} \\ 0 & 0 & 0 & 0 & 0 & a_{85} & 0 & a_{87} & a_{88} \end{bmatrix} \tag{3-114}$$

显然，若两个网格之间没有交界面，则系数为 0。从式（3-114）来看，系数矩阵共包含 81 个元素，而为 0 的元素为 48 个，网格数越多，则 0 元素占比越大。因此，系数矩阵是稀疏矩阵，有利于降低计算量。

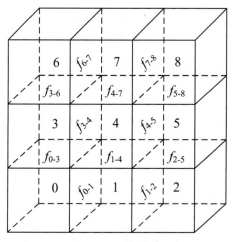

图 3-16　OpenFOAM 网格结构示意

为求解式（3-17），OpenFOAM 提供了多种不同的方法，均在/system/fvSolution 中设置。/tutorials/incompressible/SRFSimpleFoam/mixer 算例的/system/fvSolution 文件中关于方程求解的部分设置如图 3-17 所示。由图可见，对于需求解的每个变量，均需设置相应的 solver，如压力 p 选择 PCG 求解器：

```
solver          PCG;
```

该求解器需设置一个预处理器 preconditioner，此处选择 DIC 预处理器：

```
preconditioner  DIC;
```

此外，由于求解器采用迭代方式，应设置相应的残差标准：

```
tolerance       1e-06;
relTol          0.01;
```

其中，tolerance 表示残差，relTol 表示相对残差，具体定义将在 3.2.4.2 节介绍。

其余变量 Urel、k、epsilon 等采用 smoothSolver 求解器：

```
solver              smoothSolver;
```

```
solvers
{
    p
    {
        solver          PCG;
        preconditioner  DIC;
        tolerance       1e-06;
        relTol          0.01;
    }

    "(Urel|k|epsilon|omega|R|nuTilda)"
    {
        solver          smoothSolver;
        smoother        symGaussSeidel;
        tolerance       1e-05;
        relTol          0.1;
    }
}
```

图 3-17　搅拌器算例的 fvSolution 文件与方程求解相关的设置

此时需指定光顺方式 smoother，此例中选为 symGaussSeidel：

```
smoother            symGaussSeidel;
```

同样的，smoothSolver 求解器采用迭代方式，设置的残差标准为

```
tolerance           1e-05;
relTol              0.1;
```

注：在 fvSolution 中设置的 solver 为离散后线性方程组的求解器，注意与特定求解器（如 simpleFoam）的区别。设置求解器时，若多个变量采用相同的求解器，则可以写为如下形式：

```
"(变量 1|变量 2|...)"
{
    ...;
}
```

其中变量之间用"|"分隔。

除了图 3-17 所示的设置以外，当采用迭代求解时，用户还可以设置迭代的最大（maxIter）与最小（minIter）次数：

```
maxIter   1000;
minIter0;
```

其中最大与最小迭代次数的默认值分别为 1000 与 0。

了解线性求解器的基本设置后，下文将介绍各种求解器的原理。

3.2.4.1　直接求解——Diagonal

若系数矩阵为对角阵，则

$$x = A^{-1}b = \frac{b}{\operatorname{diag}(A)} \tag{3-115}$$

显然，该方法只能用于求解对角阵，这在大部分情况下是难以满足的，从而少有使用。此外，由于该方法不涉及迭代，无须设置残差，使用示例如下：

```
p
{
    solver          Diagonal;
}
```

3.2.4.2　基于矩阵分解的迭代求解与预处理器

除了 Diagonal 可以直接求解以外，其余求解器均采用迭代方法。本节将基于矩阵分解方法介绍系数矩阵的迭代计算，并进一步讲解预处理器。尽管 OpenFOAM 中采用的是下文 3.2.4.3 节介绍的共轭梯度或双共轭梯度迭代求解，但本节所介绍的矩阵分解有助于读者更好地理解迭代与预处理，因此仍是必要的。

为了获得迭代式，将系数矩阵分解为

$$A = M - N \tag{3-116}$$

则式（3-17）写为

$$(M - N)x = b \Rightarrow Mx = Nx + b \tag{3-117}$$

如果给定一个初始值 x^0，则可以用上式作为迭代式：

$$Mx^n = Nx^{n-1} + b \Rightarrow x^n = M^{-1}Nx^{n-1} + M^{-1}b \tag{3-118}$$

其中 $n = 1,2,3,\ldots$ 表示迭代次数。迭代的残差定义为

$$r^n = b - Ax^n \tag{3-119}$$

显然，在上式定义中，残差是一个列向量。CFD 中，为了便于求解器处理以及用户理解，残差不会以列向量形式出现在计算收敛判据中；此外，式（3-119）中残差的量纲与所求解量一致。因此，为了提高通用性，一方面需要将残差改为标量，另一方面需要进行无量纲化处理。OpenFOAM 采用标准化残差形式：

$$R^n = \frac{\sum |Ax^n - b|}{N} \tag{3-120}$$

其中 N 为标准化系数，定义为

$$N = \sum \left(\left| Ax^n - (Ax^n)_{\text{ave}} \right| + \left| b - (Ax^n)_{\text{ave}} \right| \right) \tag{3-121}$$

$$(Ax^n)_{\text{ave}} = \operatorname{sum}(A)\operatorname{ave}(x^n) \tag{3-122}$$

其中，sum 运算表示对系数矩阵的每一行求和，结果为列向量，ave 运算表示对 x^n 的所有分量求平均值，结果为标量。标准化残差即为 fvSolution 中设置的 tolerance，此外，为了表征残差的递减量，引入相对残差：

$$R_{\text{rel}}^n = \frac{R^n}{R^0} \tag{3-123}$$

上式即为 fvSolution 中设置的 relTol。

OpenFOAM 规定了迭代停止的 3 条原则，满足以下之一即停止。

（1）残差满足

$$R^n < \Delta_{\text{tol}} \tag{3-124}$$

其中，Δ_{tol} 为用户或程序设定的残差。

（2）相对残差满足

$$R_{\text{rel}}^n < \Delta_{\text{rel}} \tag{3-125}$$

其中，Δ_{rel} 为用户或程序设定的相对残差。

（3）迭代次数达到最大迭代次数：

$$n = n_{\max} \tag{3-126}$$

其中，$n_{\max}$ 为预设的最大迭代次数。

为了加速上述收敛过程，可以在式（3-17）中引入一个易于求逆的矩阵 $\boldsymbol{P}$，从而改写为

$$\boldsymbol{P}^{-1}\boldsymbol{A}\boldsymbol{x} = \boldsymbol{P}^{-1}\boldsymbol{b} \tag{3-127}$$

上式的解与式（3-17）完全一致，引入的 $\boldsymbol{P}$ 也被称为预处理器（preconditioner）。将式（3-116）代入上式，则有

$$\boldsymbol{P}^{-1}(\boldsymbol{M} - \boldsymbol{N})\boldsymbol{x} = \boldsymbol{P}^{-1}\boldsymbol{b} \tag{3-128}$$

令 $\boldsymbol{M} = \boldsymbol{P}$，则有

$$\boldsymbol{P}^{-1}(\boldsymbol{P} - \boldsymbol{N})\boldsymbol{x} = \boldsymbol{P}^{-1}\boldsymbol{b} \Rightarrow \boldsymbol{I}\boldsymbol{x} = \boldsymbol{P}^{-1}\boldsymbol{N}\boldsymbol{x} + \boldsymbol{P}^{-1}\boldsymbol{b} \Rightarrow \boldsymbol{x} = \boldsymbol{P}^{-1}\boldsymbol{N}\boldsymbol{x} + \boldsymbol{P}^{-1}\boldsymbol{b} \tag{3-129}$$

其中，$\boldsymbol{I}$ 表示单位矩阵。将式（3-129）写为迭代形式 $\boldsymbol{x}^n = \boldsymbol{P}^{-1}\boldsymbol{N}\boldsymbol{x}^{n-1} + \boldsymbol{P}^{-1}\boldsymbol{b}$，则与式（3-118）一致，此时 $\boldsymbol{M} = \boldsymbol{P}$。由此可见，预处理器可以由系数矩阵 $\boldsymbol{A}$ 分解得到。OpenFOAM 提供了多种不同的预处理器供用户选择。

1. diagonal

该预处理器由 $\boldsymbol{A}$ 的对角线元素组成，以上文的 9 网格组成的计算域为例，可写为

$$\boldsymbol{P} = \begin{bmatrix} a_{00} & 0 & 0 & 0 & 0 & 0 & 0 & 0 & 0 \\ 0 & a_{11} & 0 & 0 & 0 & 0 & 0 & 0 & 0 \\ 0 & 0 & a_{22} & 0 & 0 & 0 & 0 & 0 & 0 \\ 0 & 0 & 0 & a_{33} & 0 & 0 & 0 & 0 & 0 \\ 0 & 0 & 0 & 0 & a_{44} & 0 & 0 & 0 & 0 \\ 0 & 0 & 0 & 0 & 0 & a_{55} & 0 & 0 & 0 \\ 0 & 0 & 0 & 0 & 0 & 0 & a_{66} & 0 & 0 \\ 0 & 0 & 0 & 0 & 0 & 0 & 0 & a_{77} & 0 \\ 0 & 0 & 0 & 0 & 0 & 0 & 0 & 0 & a_{88} \end{bmatrix} \tag{3-130}$$

diagonal 同时适用于对称与非对称的系数矩阵，但求解速度较慢。

2. DILU

该预处理器全称为基于对角的不完全 LU 预处理器（Diagonal-based Incomplete LU preconditioner，DILU）。为理解该处理器，首先明确 LU 的含义。对于系数矩阵 A，存在唯一的下三角单位矩阵（对角线元素为 1）L 与上三角矩阵 U（LU 分解的计算可见参考文献[10]），满足

$$A = LU \tag{3-131}$$

然而，为了获得式（3-129）的迭代式，需要将 A 分解为类似式（3-116）的两个矩阵相加（或相减）的形式：

$$A = \overline{LU} + R = P + R \tag{3-132}$$

其中，$\overline{L}$ 与 $\overline{U}$ 分别表示 L 与 U 的近似矩阵，R 为残余矩阵，即未完全分解后剩余的元素所构成的矩阵。预处理矩阵的最终定义如下：

$$P = (D + L)D^{-1}(D + U) \tag{3-133}$$

其中，D 为对角阵，其对角元素 d_{ii} 可按下式计算

$$d_{ii} = a_{ii} \tag{3-134}$$

$$d_{kk} = d_{kk} - \frac{a_{ki}}{d_{ii}}a_{ik} \tag{3-135}$$

其中，$i = 0\sim8$，$k = 1\sim8$。

由式（3-133）可知，近似的 LU 分解为

$$\overline{L} = (D + L)D^{-1}, \quad \overline{U} = (D + U) \tag{3-136}$$

或者

$$\overline{L} = (D + L), \quad \overline{U} = D^{-1}(D + U) \tag{3-137}$$

相比于 Diagonal，DICU 的求解速度更快，但只适用于系数矩阵非对称的情况。

3. DIC

该预处理器全称为基于对角的不完全 Cholesky 预处理器（Diagonal-based Incomplete Cholesky preconditioner，DIC）。如果系数矩阵 A 为对称正定矩阵，则存在唯一的对角元素为正的下三角矩阵 L^*，满足

$$A = L^* L^{*T} \tag{3-138}$$

与 DICU 类似，为获得迭代形式，系数矩阵分解为

$$A = \overline{L}^* \overline{L}^{*T} + R \tag{3-139}$$

参照式（3-133），预处理矩阵的定义为

$$P = (D + L^*)D^{-1}(D + L^{*T}) \tag{3-140}$$

由于形式相近，DIC 可视为 DICU 的对称版本，适用于对称的系数矩阵。

OpenFOAM 中预处理器最终返回到程序中的是预处理之后的残差，而并非 $\boldsymbol{P}$ 本身，即 $\boldsymbol{P}^{-1}\boldsymbol{r}$。将式（3-17）改写为

$$\boldsymbol{Px} = \boldsymbol{Px} + \boldsymbol{b} - \boldsymbol{Ax} \tag{3-141}$$

则迭代形式可写为

$$\boldsymbol{Px}^n = \boldsymbol{Px}^{n-1} + \boldsymbol{b} - \boldsymbol{Ax}^{n-1} \Rightarrow \boldsymbol{x}^n = \boldsymbol{x}^{n-1} + \boldsymbol{P}^{-1}(\boldsymbol{b} - \boldsymbol{Ax}^{n-1}) \Rightarrow \boldsymbol{x}^n = \boldsymbol{x}^{n-1} + \boldsymbol{P}^{-1}\boldsymbol{r}^{n-1} \tag{3-142}$$

由此可见，新的迭代值为上一步的迭代值与上一步的 $\boldsymbol{P}^{-1}\boldsymbol{r}$ 之和。

除 DIC 之外，OpenFOAM 还提供了一种更快速的 DIC 版本，名为 FDIC（Faster Diagonal-based Incomplete Cholesky preconditioner），与 DIC 不同的是，该预处理器在计算过程中储存了 $\boldsymbol{P}$ 的对角线以及上三角形区域的元素，而 DIC 只储存 $\boldsymbol{P}$ 的对角线元素，因此 FDIC 矩阵运算的效率将提高（即计算中无需反复计算 $\boldsymbol{P}$ 上三角形区域的元素），但所占用的内存也将相应加大。

4. GAMG

该预处理器全称为 Geometric agglomerated Algebraic MultiGrid preconditioner，即几何团聚的代数多重网格预处理器。该预处理器基于 3.2.4.5 节的多重网格法，此处不赘述。其优势在于通过多重网格尽可能将低频误差找出，从而在迭代中能将所有误差降低，加速收敛。

3.2.4.3 基于共轭梯度法的迭代求解

假定 $\boldsymbol{A}$ 为对称正定阵，定义如下关于 $\boldsymbol{x}$ 的函数：

$$f(\boldsymbol{x}) = \frac{1}{2}\boldsymbol{x}^{\mathrm{T}}\boldsymbol{Ax} - \boldsymbol{b}^{\mathrm{T}}\boldsymbol{x} + c \tag{3-143}$$

当函数的导数为 0 时，存在极小值。对上式求导后：

$$f(\boldsymbol{x})' = \underbrace{\frac{1}{2}\boldsymbol{A}^{\mathrm{T}}\boldsymbol{x} + \frac{1}{2}\boldsymbol{Ax}}_{\boldsymbol{A}^{\mathrm{T}}=\boldsymbol{A}} - \boldsymbol{b} = \boldsymbol{Ax} - \boldsymbol{b} = 0 \tag{3-144}$$

显然，$f(\boldsymbol{x})$ 函数的极小值问题可以与离散方程组的求解问题联系起来。当离散方程组采用迭代方式求解时，上式可写为

$$f(\boldsymbol{x})' = -\boldsymbol{r}^n \tag{3-145}$$

$f(\boldsymbol{x})'$ 指向 $f(\boldsymbol{x})$ 变化最快的方向，如果要使计算快速收敛，则残差同样应以最快的速度下降，这就是共轭梯度与 3.2.4.4 节的双共轭梯度方法的基本思路。

基于以上思路，将迭代式写为

$$\boldsymbol{x}^n = \boldsymbol{x}^{n-1} + \alpha^{n-1}\boldsymbol{d}^{n-1} \tag{3-146}$$

其中，α 为残差的松弛系数，$\boldsymbol{d}$ 表示残差下降的方向，也称搜索方向。

定义一组关于 $\boldsymbol{A}$ 的共轭向量，满足

$$(\boldsymbol{d}^n)^{\mathrm{T}}\boldsymbol{A}\boldsymbol{d}^m = 0 \tag{3-147}$$

其中，m 与 n 均为不小于 0 的整数，且 $m \neq n$。定义迭代值与真实值之间的误差：

$$\boldsymbol{e}^n = \boldsymbol{x}^n - \boldsymbol{x} \tag{3-148}$$

Chapter 3

则残差[式（3-119）]与误差之间的关系为

$$r^n = -Ae^n \tag{3-149}$$

将式（3-146）两侧同时减 x，则有

$$e^n = e^{n-1} + \alpha^{n-1}d^{n-1} \tag{3-150}$$

将式（3-150）代入式（3-149）：

$$r^n = -A(e^{n-1} + \alpha^{n-1}d^{n-1}) = r^{n-1} - \alpha^{n-1}Ad^{n-1} \tag{3-151}$$

进一步，令 e^n 与 d^{n-1} 关于 A 共轭，则有

$$(d^{n-1})^{\mathrm{T}}Ae^n = 0 \Rightarrow (d^{n-1})^{\mathrm{T}}A(e^{n-1} + \alpha^{n-1}d^{n-1}) = 0 \Rightarrow (d^{n-1})^{\mathrm{T}}A(-A^{-1}r^{n-1} + \alpha^{n-1}d^{n-1}) = 0$$

$$\Rightarrow \alpha^{n-1} = \frac{(d^{n-1})^{\mathrm{T}}r^{n-1}}{(d^{n-1})^{\mathrm{T}}Ad^{n-1}} \tag{3-152}$$

此外，由 e^n 与 d^{n-1} 关于 A 共轭，易得

$$(d^{n-1})^{\mathrm{T}}r^n = 0 \tag{3-153}$$

由于计算中残差易于获取，将 d^n 定义为如下形式：

$$d^n = r^n + \beta^{n-1}d^{n-1} \tag{3-154}$$

其中，β 表示搜索方向的松弛系数。将上式进一步改写：

$$(d^n)^{\mathrm{T}} = (r^n)^{\mathrm{T}} + \beta^{n-1}(d^{n-1})^{\mathrm{T}} \Rightarrow (d^n)^{\mathrm{T}}r^n = (r^n)^{\mathrm{T}}r^n + \beta^{n-1}\underbrace{(d^{n-1})^{\mathrm{T}}r^n}_{0}$$

$$\Rightarrow (d^n)^{\mathrm{T}}r^n = (r^n)^{\mathrm{T}}r^n \tag{3-155}$$
$$\Rightarrow (d^n)^{\mathrm{T}}r^n(r^{n+1})^{\mathrm{T}} = (r^n)^{\mathrm{T}}r^n(r^{n+1})^{\mathrm{T}}$$
$$\Rightarrow r^{n+1}(r^n)^{\mathrm{T}}d^n = r^{n+1}(r^n)^{\mathrm{T}}r^n$$

由于 $d^n \neq r^n$，则上式可得

$$r^{n+1}(r^n)^{\mathrm{T}} = 0 \tag{3-156}$$

利用 d^n 的共轭性质，将式（3-154）写为

$$(d^n)^{\mathrm{T}}Ad^{n-1} = 0 = (r^n)^{\mathrm{T}}Ad^{n-1} + \beta^{n-1}(d^{n-1})^{\mathrm{T}}Ad^{n-1} \Rightarrow \beta^{n-1} = -\frac{(r^n)^{\mathrm{T}}Ad^{n-1}}{(d^{n-1})^{\mathrm{T}}Ad^{n-1}} \tag{3-157}$$

将式（3-152）代入（3-157），并利用式（3-153）、式（3-156）的关系，最终可得

$$\beta^{n-1} = \frac{(r^n)^{\mathrm{T}}r^n}{(r^{n-1})^{\mathrm{T}}r^{n-1}} \tag{3-158}$$

通过以上分析不难发现，基于共轭梯度法的迭代求解的核心是残差 r^n，确定之后即可计算

d^n，最终可利用式（3-146）迭代得到下一步的值。为了加速收敛，可采用上节介绍的预处理器，即预处理共轭梯度法（Preconditioned Conjugate Gradient），在 OpenFOAM 中被命名为 PCG。

图 3-18 为 PCG 求解的流程，所采用的公式基于上文分析易于推导，此处不再展开介绍。值得注意的是，上文推导中 A 为对称正定阵，因此 PCG 只适用于对称系数矩阵的求解。

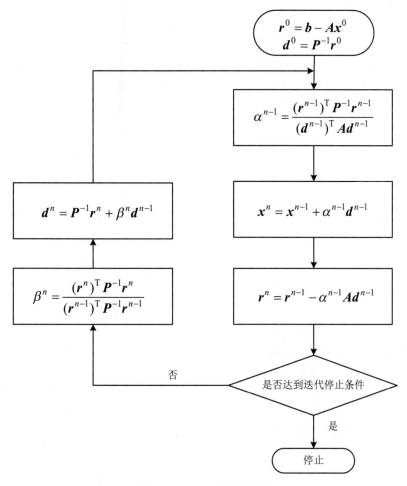

图 3-18　PCG 求解流程图

3.2.4.4　基于双共轭梯度法的迭代求解

对于不同的物理问题，系数矩阵往往难以保证对称，此时共轭梯度法不再适用。为此，可以将式（3-17）改写为

$$\begin{bmatrix} 0 & A \\ A^{\mathrm{T}} & 0 \end{bmatrix} \begin{bmatrix} \hat{x} \\ x \end{bmatrix} = \begin{bmatrix} b \\ 0 \end{bmatrix} \tag{3-159}$$

其中，$\hat{x}$ 表示虚拟解。显然，上式将原系数矩阵改为对称形式，从而可以利用 PCG 方法进行

求解。引入虚拟残差 $\hat{r}$ 与虚拟搜索方向 $\hat{d}$，满足

$$(\hat{r}^m)^{\mathrm{T}} r^n = (\hat{r}^n)^{\mathrm{T}} r^m = 0 \tag{3-160}$$

$$(\hat{d}^n)^{\mathrm{T}} A d^m = (d^n)^{\mathrm{T}} A^{\mathrm{T}} \hat{d}^m = 0 \tag{3-161}$$

$$(\hat{r}^n)^{\mathrm{T}} d^m = (r^n)^{\mathrm{T}} \hat{d}^m \tag{3-162}$$

其中，$m < n$。

由于计算中引入了两组残差（r 与 $\hat{r}$）进行迭代且基于共轭梯度方法，此方法称为双共轭梯度法（Bi-Conjugate Gradient），适用于对称系数矩阵的求解。OpenFOAM 在该方法的基础上同样引入了预处理器功能，从而该方法被命名为 PBiCG（PreconditionedBi-Conjugate Gradient），其求解流程如图 3-19 所示。PBiCG 需用 A^{T} 进行计算，增加了计算量，其计算效率受到影响。同时，该方法在迭代计算中也可能出现数值振荡。

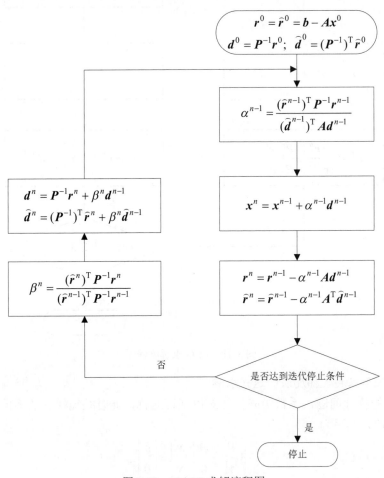

图 3-19　PBiCG 求解流程图

3.2.4.5 基于代数多重网格法（GAMG）的迭代求解

GAMG 预处理器即基于几何团聚的代数多重网格法，其原理直接参考本节内容即可。

对于同一个物理问题，网格越精细则网格间距越小且网格数越多，相应的系数矩阵就越大，而迭代求解的收敛速度也随之下降。关于收敛速度下降的原因，可由迭代求解时的误差分布来理解：根据跨越的距离（波长），误差可以定义为不同的频率（与波长的倒数成正比），图 3-20 所示为一维问题中迭代求解时的误差分布，其中的竖线表示网格划分位置。由图可见，高频误差由于波长较短，峰值均位于单个网格内，因此误差可以在迭代中被识别并逐步降低；而低频误差跨越多个网格，在迭代计算中无法直接识别，从而导致此部分误差难以由迭代消除，进而降低了迭代的收敛速度。

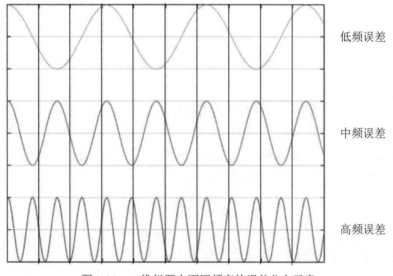

低频误差

中频误差

高频误差

图 3-20　一维问题中不同频率的误差分布示意

显然，网格越粗糙，则单个网格可包含的误差频率成分越多，越有利于迭代的收敛。GAMG 是在原网格的基础上，通过构建粗糙网格将低频误差找出，并最终反馈到原网格，从而更快地降低迭代过程中的误差，达到加速收敛的目的。

由于此方法涉及繁杂的矩阵运算与程序处理，本书将重点介绍其基本流程，使读者明确其中的参数设置。计算流程如下所述。

（1）网格团聚（Element Agglomeration）。粗糙网格构建的最直接方法就是按照一定规则将现有网格团聚，将符合条件的多个网格团聚为一个粗糙网格。如图 3-21 所示为网格团聚过程，原网格中的 13 个网格单元，经网格团聚后变为只有 3 个单元的粗糙网格，称为 1 个层（Level）。将不同数量的网格进行团聚，可获得不同的层。

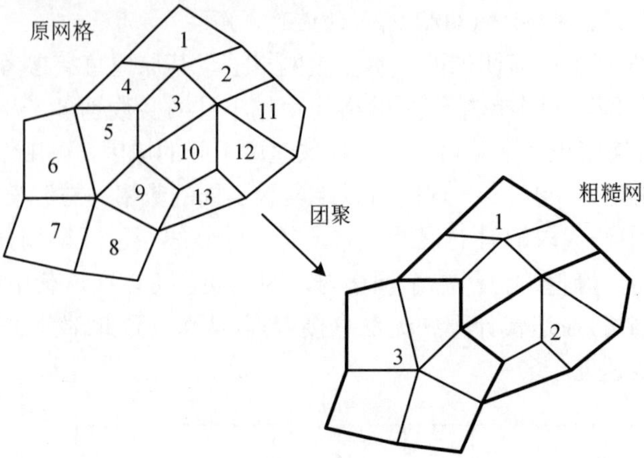

图 3-21　网格团聚过程示意

（2）残差限制。通过团聚构成粗糙网格之后，需要找出基于粗糙网格的残差。粗糙网格的残差计算式一般写为

$$r_{\mathrm{c}} = O_{\mathrm{r}} r_{\mathrm{r}} \tag{3-163}$$

其中，O_{r} 为限制运算符（Restriction Operator），下标 c 与 r 分别表示某一层粗糙网格、相比该层网格更精细的一层网格。在 OpenFOAM 中，限制运算符是求和运算，因此粗糙网格的残差是构成该网格的所有上一层网格的残差之和：

$$r_{\mathrm{c}} = \sum_{i \in I} r_{\mathrm{r}} \tag{3-164}$$

以图 3-21 中粗糙网格单元 1 为例，其残差为原网格中 1、2、3、4 单元的残差之和。

根据式（3-149），粗糙网格上的误差与残差之间的关系如下：

$$r_{\mathrm{c}} = -A_{\mathrm{r}} e_{\mathrm{r}} \tag{3-165}$$

由此可见，根据原网格系数矩阵可以构建粗糙网格上的系数矩阵 A_{c}，从而可以得到粗糙网格上的误差 e_{c}。

（3）误差映射。由粗糙网格获得误差后，需要反馈回上一层网格中：

$$e_{\mathrm{r}} = O_{\mathrm{p}} e_{\mathrm{c}} \tag{3-166}$$

其中，O_{p} 为拉长运算符（Prolongation Operator）。在 OpenFOAM 中，上式是通过将粗糙网格的误差映射（Inject）到上一层网格上实现的。映射后，原网格所得的迭代值修正为

$$x_{\mathrm{r}}^{\mathrm{N}} = x_{\mathrm{r}}^{\mathrm{O}} + e_{\mathrm{r}} \tag{3-167}$$

其中，上标 O 与 N 分别表示修正前、后的量。

了解 GAMG 流程之后，再分析该求解方式的相关设置。GAMG 主要求解设置如下（除 smoother 以外，均为默认值）：

```
p
{
    solver          GAMG;
    tolerance       1e-6;
    relTol          0;
    maxIter         1000;
    minIter         0;
    smoother        GaussSeidel;
    cacheAgglomeration false;
    nCellsInCoarsestLevel 10;
    agglomerator    faceAreaPair;
    mergeLevels     1;
}
```

其中：

- smoother 表示光顺器，即 GAMG 需要用光顺方式计算残差，关于 smoother 的原理见后文。

- cacheAgglomeration 表示团聚是否缓存，如果设置为 false，则迭代完成后会将团聚成的网格删除以释放内存；如果设置为 true，则不会自动删除。在内存充裕的情况下，建议设置为 true。

- nCellsInCoarsestLevel 表示最粗糙的网格由几个网格构成，数量越多则团聚形成的粗糙网格层越少，相应的低频误差难以准确捕捉而导致收敛速度下降。但是，对于大中型计算（网格数大于 100 万），如果实际计算中 GAMG 的迭代次数较少（即收敛速度较快），则增大该值可以加快计算速度，这是因为节省了网格团聚所需的时间（粗糙网格层数减少），此时建议将该值设置为 50 以上。

- agglomerator 表示网格团聚方式，目前只提供了 dummy 与 faceAreaPair 两种方式，其中 dummy 是一种虚的团聚方式，仅用于程序测试，并不产生实际的团聚效果，faceAreaPair 表示基于网格面权重的团聚方式，将满足一定权重范围的网格进行团聚，其中权重定义为

$$w_f = \frac{\min\left(\left|\boldsymbol{S}_f \cdot (\boldsymbol{x}_f - \boldsymbol{x}_P)\right|, \left|\boldsymbol{S}_f \cdot (\boldsymbol{x}_N - \boldsymbol{x}_f)\right|\right)}{\left|\boldsymbol{S}_f \cdot (\boldsymbol{x}_f - \boldsymbol{x}_P)\right| + \left|\boldsymbol{S}_f \cdot (\boldsymbol{x}_N - \boldsymbol{x}_f)\right|} \tag{3-168}$$

其中，$\boldsymbol{x}$ 表示位置矢量。

- mergeLevels 表示一次生成几层粗糙网格，一般设置为 1。对于某些简单的网格，有时候也可以设置为 2 或者更大。

当 GAMG 作为预处理器时，其设置如下：

```
p
{
    solver          PCG;
    preconditioner
```

```
    {
        preconditioner    GAMG;
        tolerance         1e-05;
        relTol            0;
        smoother          DICGaussSeidel;
        cacheAgglomeration false;
        nCellsInCoarsestLevel 10;
        agglomerator      faceAreaPair;
        mergeLevels       1;
    }
    tolerance         1e-6;
    relTol            0;
    maxIter           100;
}
```

显然，GAMG 作为预处理器时，其中的 preconditioner 中的设置与 GAMG 作为求解器时一致，不再赘述。此外，由于 GAMG 需要设置光顺器，除上述设置以外，还可设置 nPreSweeps、nPostSweeps 以及 nFinestSweeps，分别表示在光顺前、光顺后以及对最精细的网格进行光顺时采用的 Sweep 迭代次数，其中 Sweep 的具体含义见下节。

3.2.4.6　光顺求解器

除上文介绍的几种线性方程求解器之外，OpenFOAM 中还有一种名为 smoothSolver（光顺求解器）的求解器，与 PCG、PBiCG 一样均为迭代求解，但迭代过程有所区别。该求解器同样可以采用预处理器，其迭代即为式（3-142），求解流程如图 3-22 所示。

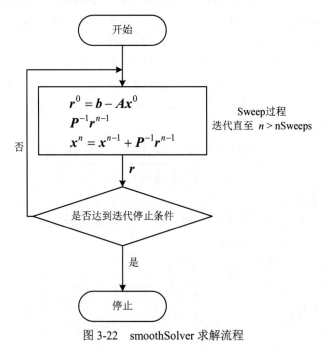

图 3-22　smoothSolver 求解流程

从图中可见，求解时先进行了 Sweep 过程，使残差先行降低，保证求解过程中残差更光滑地变化，从而提高数值稳定性。光顺求解器的设置如下：

```
U
    {
        solver          smoothSolver;
        smoother        GaussSeidel;
        nSweeps         2;
        tolerance       1e-7;
        relTol          0.1;
    };
```

对比 PCG 与 PBiCG 的设置，光顺求解器的不同之处在于以下两点：

- smoother：光顺器，包含 DIC、DICGaussSeidel、DILU、DILUGaussSeidel、FDIC、GaussSeidel、nonBlockingGaussSeidel 以及 symGaussSeidel，一共 8 种，其中 DIC、DILU、FDIC 原理与 3.2.4.2 节中对应的矩阵分解一致，此处不再赘述，而其余几种的基础均为 GaussSeidel，因此，本节将重点介绍 GaussSeidel，使读者掌握其原理。

- nSweeps：对应于图 3-22 中的 Sweep 过程的迭代次数，默认值为 2。

1. GaussSeidel

该光顺器基于 Gauss-Seidel 方法，其迭代式可以写为

$$x^n = -(D' + L')^{-1} U' x^{n-1} + (D' + L')^{-1} b \tag{3-169}$$

其中，D'、L' 与 U' 分别表示系数矩阵的对角线、下三角与上三角元素构成的矩阵，注意与 3.2.4.2 节中的 LU 分解进行区分。对比前文介绍的预处理器可知，GaussSeidel 实际上也是一种带预处理器的方法，其预处理矩阵可写为

$$P = D' + L' \tag{3-170}$$

尽管如此，GaussSeidel 的收敛速度仍要低于 DIC、FDIC、DILU 等预处理器，但其优势在于收敛性与数值稳定性好。

2. DICGaussSeidel 与 DILUGaussSeidel

由于 DIC 与 DILU 的收敛速度较快，而 GaussSeidel 的稳定性更好，因此可以将二者进行耦合：先进行 DIC 迭代加快残差的下降，并在此之后使用 GaussSeidel 迭代确保数值稳定性，这就是 DICGaussSeidel 与 DILUGaussSeidel 的由来。在 OpenFOAM 中，以 DICGaussSeidel 为例，其求解流程为：先进行 nSweeps 次 DIC 迭代，随后进行 nSweeps 次 GaussSeidel 迭代，然后判定是否达到收敛条件。

3. symmGaussSeidel

symmGaussSeidel 基于对称 Gauss-Seidel 方法，该方法的迭代式可以写为

$$x^n = x^{n-1} + (D' + U')^{-1} D' (D' + L')^{-1} (b - Ax^{n-1}) \tag{3-171}$$

相比 GaussSeidel，symmGaussSeidel 的收敛速度更快。

4. nonBlockingGaussSeidel

其基于 Gauss-Seidel 方法，不同之处在于该方法将系数矩阵进行分块，从而可以分块求解。然而，该方法需要更多的内存，且在并行计算中需要处理不同处理器之间的界面，实际效果并不好。

3.2.4.7 离散方程组求解小结

除系数矩阵为对角阵的情况外，OpenFOAM 中离散方程组的求解均基于迭代方法。各求解方法的适用矩阵及主要参数见表 3-7。此外，如前文所述，所有迭代求解（除 Diagonal 以外），均可以设置 maxIter 与 minIter，但一般情况下按默认值。

表 3-7　OpenFOAM 中的离散方程组求解方法

名称	适用矩阵类型	主要参数 1	主要参数 2
Diagonal	对角	无	无
PCG	对称	preconditioner diagonal DIC FDIC GAMG none	tolerance relTol
PBiCG	非对称	preconditioner diagonal DILU GAMG none	tolerance relTol preconditioner 为 GAMG 时，设置 smoother，详见 GAMG 相关设置
GAMG	对称/非对称	smoother（对称） DIC DICGaussSeidel FDIC GaussSeidel symGaussSeidel nonBlockingGaussSeidel smoother（非对称） DILU DILUGaussSeidel GaussSeidel symGaussSeidel nonBlockingGaussSeidel	nPreSweeps nPostSweeps nFinestSweeps tolerance relTol
smoothSolver	对称/非对称	smoother，同 GAMG	nSweeps tolerance relTol

一般情况下，CFD 用户并不知道所求解变量对应的系数矩阵为何种形式。为此，OpenFOAM 会对矩阵形式进行判定，如果用户设置的求解器、预处理器或光顺器与系数矩阵类型不符，则在求解时会终止计算，并在终端输出提示。例如，对于速度的系数矩阵，如果系数矩阵本身为非对称，而用户将求解器设置为 PCG，则会出现如图 3-23 所示的提示。从图 3-23 可见，OpenFOAM 给出了可用于非对称系数矩阵的几种求解器，同时指出了错误出现的位置，位于 fvSolutions 中 U 的 solvers 设置，清晰明了。

```
--> FOAM FATAL IO ERROR:
Unknown asymmetric matrix solver PCG

Valid asymmetric matrix solvers are :

4
(
BICCG
GAMG
PBiCG
smoothSolver
)

file: /home/huangxianbei/OpenFOAM/run/tutorial/airFoil2D/system/fvSolution.solvers.U
 from line 38 to line 41.

    From function lduMatrix::solver::New
    in file matrices/lduMatrix/lduMatrix/lduMatrixSolver.C at line 106.

FOAM exiting
```

图 3-23　求解器选择不符合系数的矩阵类型时终端输出的错误提示

此外，从图 3-23 还可以发现，用于非对称系数矩阵的还有一种名为 BICCG 的求解器，这种求解器在前文并未介绍。事实上，OpenFOAM 2.3.0 版本中提供了 BICCG 与 ICCG 两种求解器，分别等同于 PBICG 与 PCG，之所以保留这两个求解器，是为了保持与之前版本的兼容性。因此，不建议读者再使用这两个求解器。

3.2.4.8　定常计算中的松弛技术

在定常计算中的线性方程组迭代求解时，物理量可能出现较大的波动，从而易导致计算发散。为了降低数值波动，可以采用松弛方法（relaxation）。OpenFOAM 中的松弛方法可以分为两类：显式松弛与隐式松弛。其中显式松弛直接作用于求解所得变量，而隐式松弛作用于系数矩阵。

1. 显式松弛

在每次迭代之后，按如下公式修正变量：

$$\phi^{n'} = \phi^{n-1} + \lambda(\phi^n - \phi^{n-1}) \tag{3-172}$$

其中，ϕ^n 表示当前迭代值，ϕ^{n-1} 表示上一步的值，λ 表示松弛因子。显然，当 $\lambda=1$ 时 $\phi^{n'}=\phi^n$，此时不作任何修正。λ 越小，则迭代值的波动越小，但收敛速度将降低。

2. 隐式松弛

线性方程求解时，保证对角占优能提高求解效率与数值稳定性。根据对角占优的定义，

需满足

$$|a_{ii}| \geqslant \sum_{j=1, j \neq i}^{n} |a_{ij}| \tag{3-173}$$

为此，可以将系数矩阵的对角线元素修正为

$$a'_{ii} = \max\left(|a_{ii}|, \sum_{j=1, j \neq i}^{n} |a_{ij}|\right) \tag{3-174}$$

引入松弛因子 λ，对角线元素进一步修正为

$$a''_{ii} = \frac{a'_{ii}}{\lambda} \tag{3-175}$$

同样的，λ 越小，则迭代值的波动越小，但收敛速度将降低。

令 a_{ii} 构成的对角阵为 $\boldsymbol{D}$，a''_{ii} 构成的对角阵为 $\boldsymbol{D''}$，为了保证线性方程组不变，需要将修正引起的矩阵变化反馈到源向量中，如下所示：

$$\boldsymbol{Ax} = \boldsymbol{b} \Rightarrow (\boldsymbol{A}_{\text{off}} + \boldsymbol{D})\boldsymbol{x} = \boldsymbol{b} \Rightarrow \underbrace{\left(\boldsymbol{A}_{\text{off}} + \boldsymbol{D''}\right.}_{\boldsymbol{A'}} + \boldsymbol{D} - \boldsymbol{D''}\right)\boldsymbol{x} = \boldsymbol{b} \Rightarrow \boldsymbol{A''x} = \boldsymbol{b} + (\boldsymbol{D''} - \boldsymbol{D})\boldsymbol{x} \tag{3-176}$$

其中，$\boldsymbol{A}_{\text{off}}$ 为非对角元素构成的矩阵，$\boldsymbol{A''}$ 为修正后的系数矩阵。

当求解过程中采用定常计算时，可以在/system/fvSolution 中设置松弛因子，示例如下：

```
relaxationFactors
{
    fields
    {
        p                    0.3;
    }
    equations
    {
        U                    0.7;
        k                    0.7;
        epsilon              0.7;
    }
}
```

其中，fields 表示需要采用松弛方法（显式）的变量，上例中为 p，松弛因子为 0.3；equations 表示需要采用松弛方法（隐式）的方程，上例为 U、k 与 epsilon，松弛因子均为 0.7。

3.2.5 离散方程组的分离式解法

以不可压流动为例，控制方程写为如下形式：

$$\frac{\partial(\rho u_i)}{\partial x_i} = 0 \tag{3-177}$$

$$\frac{\partial u_i}{\partial t} + \frac{\partial}{\partial x_j}(u_i u_j) = -\frac{1}{\rho}\frac{\partial p}{\partial x_i} + \frac{\partial}{\partial x_j}\left[\nu\left(\frac{\partial u_i}{\partial x_j} + \frac{\partial u_j}{\partial x_i}\right)\right] + Y_i \tag{3-178}$$

考虑到直接数值模拟（Direct Numerical Simulation，DNS）难以实现高雷诺数计算，一般可以采用 RANS 或者 LES 方法，具体模型见本书第 4 章与第 5 章所述。以 RANS 为例，雷诺时均后的方程如下：

$$\frac{\partial(\rho\langle u\rangle_i)}{\partial x_i} = 0 \tag{3-179}$$

$$\frac{\partial\langle u\rangle_i}{\partial t} + \frac{\partial}{\partial x_j}\left(\langle u\rangle_i\langle u\rangle_j\right) = -\frac{1}{\rho}\frac{\partial\langle p\rangle}{\partial x_i} + \frac{\partial}{\partial x_j}\left[\nu_t\left(\frac{\partial\langle u\rangle_i}{\partial x_j} + \frac{\partial\langle u\rangle_j}{\partial x_i}\right)\right] - \frac{\partial\tau_{\mathrm{RANS},ij}}{\partial x_j} + \langle Y\rangle_i \tag{3-180}$$

为了使方程封闭，雷诺应力需要用不同的 RANS 模型来表达，而这些模型中的方程均与速度场相关（具体而言，是与速度梯度张量相关）。因此，速度场是求解的核心变量，只要获得速度场就可以求解出 RANS 模型中的相关变量。然而，从式（3-180）来看，方程中还包含了压力，该项仅存在于动量方程，而没有单独的压力方程用于求解该变量，导致速度的求解受到未知压力的制约。为此，必须构建出单独的速度与压力方程，使求解能够顺利进行。以上即为分离式求解的基本思路。

OpenFOAM 采用的是分离式解法中的压力修正法，包括 SIMPLE（Semi-Implicit Method for Pressure Linked Equations）、PISO（Pressure Implicit with Splitting of Operator）以及 PIMPLE（Pressure-Implicit Method for Pressure-Linked Equations）三种算法。其中 PIMPLE 算法综合了 SIMPLE 以及 PISO 算法，其基本思想是将每个时间步长用 SIMPLE 稳态算法求解，而时间步长的步进采用 PISO 算法，相比 PISO 算法可采用更大的时间步长。除少量求解器外（如 dnsFoam），大部分求解器均采用上述几种算法。

绝大部分情况下，OpenFOAM 中适于定常计算的求解器是基于 SIMPLE 算法的，而基于 PIMPLE 与 PISO 算法的求解器则用于非定常计算。

1. SIMPLE 算法

SIMPLE 由 Patankar 提出，被广泛应用于 CFD 中，尤其是定常流动计算。

将式（3-180）中的压力梯度项保留（即不离散）并舍去时间导数项（定常计算），而其他项根据前文所述离散方式进行离散[式（3-113）]，可得如下半离散化的动量方程（速度方程）：

$$a_P\langle\boldsymbol{u}\rangle_P = \underbrace{-\sum_N a_N\langle\boldsymbol{u}\rangle_N + \langle\boldsymbol{Y}\rangle_P}_{H(\langle u\rangle)} - \nabla\langle p\rangle \tag{3-181}$$

式中，a_P 为系数矩阵对角线上的元素，a_N 为系数矩阵偏离对角线（off-diagonal）的元素。根据式（3-181）可得

$$\langle \boldsymbol{u} \rangle_P = \frac{\boldsymbol{H}\big(\langle \boldsymbol{u} \rangle\big)}{a_P} - \frac{\nabla \langle p \rangle}{a_P} \tag{3-182}$$

$$\langle \boldsymbol{u} \rangle_f = \left(\frac{\boldsymbol{H}\big(\langle \boldsymbol{u} \rangle\big)}{a_P} \right)_f - \left(\frac{\nabla \langle p \rangle}{a_P} \right)_f \tag{3-183}$$

式（3-182）即为速度修正方程。将式（3-179）进行离散，可得

$$\nabla \cdot \langle \boldsymbol{u} \rangle_P = \underbrace{\sum_f \boldsymbol{S}_f \cdot \langle \boldsymbol{u} \rangle_f}_{F} = 0 \tag{3-184}$$

其中，F 表示通量。将式（3-182）代入上式可得

$$\nabla \cdot \left(\frac{\boldsymbol{H}\big(\langle \boldsymbol{u} \rangle\big)}{a_P} \right) = \nabla \cdot \left(\frac{\nabla \langle p \rangle}{a_P} \right) \tag{3-185}$$

将上式左侧写为离散形式，则有

$$\nabla \cdot \left(\frac{\nabla \langle p \rangle}{a_P} \right) = \sum_f \boldsymbol{S}_f \cdot \underbrace{\left(\frac{\boldsymbol{H}\big(\langle \boldsymbol{u} \rangle\big)}{a_P} \right)_f}_{\langle \boldsymbol{u} \rangle_{ps}} \tag{3-186}$$

其中，$\langle \boldsymbol{u} \rangle_{ps}$ 为伪速度。根据通量的定义（网格面矢量与速度的点积），可以将上式写为

$$\nabla \cdot \left(\frac{\nabla \langle p \rangle}{a_P} \right) = \sum_f \big(\boldsymbol{S}_f \cdot \langle \boldsymbol{u} \rangle_{ps} \big) = \sum_f F_{ps} \tag{3-187}$$

其中，F_{ps} 为伪通量。上式即为压力方程，显然，压力方程的实质是连续性方程，通过该方程可以保证流动中的质量守恒。此外，由式（3-183）可得通量的计算式：

$$F = \boldsymbol{S}_f \cdot \langle \boldsymbol{u} \rangle_f = \boldsymbol{S}_f \cdot \left[\left(\frac{\boldsymbol{H}\big(\langle \boldsymbol{u} \rangle\big)}{a_P} \right)_f - \left(\frac{\nabla \langle p \rangle}{a_P} \right)_f \right] = F_{ps} - \boldsymbol{S}_f \cdot \left(\frac{\nabla \langle p \rangle}{a_P} \right)_f \tag{3-188}$$

该算法的核心即为上文的速度与压力修正方程，作为一种分离式解法，需要先将压力与速度分步求解：

（1）根据初始值，由式（3-181）预测新的速度场。

（2）根据新的速度场求解压力方程[式（3-187）]，得到新的压力场，同时用式（3-188）修正通量。

（3）根据新的压力场修正速度场[式（3-182）]，得到新的速度场。

（4）若计算未收敛，则重复以上（1）～（3）过程。

以上即为 SIMPLE 算法的核心思路，可以发现在 SIMPLE 的循环过程中，若未收敛，则式（3-181）需要反复循环，因此系数矩阵在循环内是一直更新的。

如果用户采用的求解器基于 SIMPLE 算法，则需要在算例的/system/fvSolution 中进行如下设置：

```
SIMPLE
{
    nNonOrthogonalCorrectors 0;
    pRefCell            0;
    pRefValue           0;

    residualControl
    {
        p                   1e-5;
        U                       1e-5;
        nuTilda         1e-5;
    }
}
```

其中：

- nNonOrthogonalCorrectors 表示网格非正交修正循环次数，由 3.2.2.2 节可知，拉普拉斯项的离散可以引入网格非正交修正，在 SIMPLE 算法中即为式（3-187）中等式左侧的压力项。一般情况下，只有在网格非正交性非常明显的时候（非正交角度大于 70°）才进行修正，且通常不超过 2。
- pRefCell 表示参考压力位置对应的网格标号，默认为 0。
- pRefValue 表示参考压力值，默认为 0。
- residualControl 表示各求解变量的残差控制，是可选设置，当计算中的残差低于所设定值时，计算将停止，关于迭代计算停止的判据，请读者回顾 3.2.4 节，此处若不设定，则计算将持续至设定的迭代次数。

2. PISO 算法

PISO 由 Issa 提出，被广泛应用于非定常流动计算。该算法的核心仍是将压力与速度分步求解，但由于非定常计算需要考虑时间导数，将式（3-181）写为

$$a_P \langle \boldsymbol{u} \rangle_P = \underbrace{-\sum_N a_N \langle \boldsymbol{u} \rangle_N - \frac{\Delta \langle \boldsymbol{u} \rangle}{\Delta t} + \langle \boldsymbol{Y} \rangle_P}_{H(\langle \boldsymbol{u} \rangle)} - \nabla \langle p \rangle \qquad (3\text{-}189)$$

其中，$\dfrac{\Delta \langle \boldsymbol{u} \rangle}{\Delta t}$ 表示求一阶时间导数后的通用离散形式。显然，式（3-189）在形式上与式（3-181）一致。PISO 算法的具体步骤如下：

（1）根据初始值，由式（3-189）预测新的速度场。

（2）根据新的速度场求解压力方程[式（3-187）]，得到新的压力场，同时用式（3-188）修正通量。

（3）根据新的压力场修正速度场[式（3-182）]，得到新的速度场。

（4）若计算未收敛，则重复以上（2）～（3）过程。

对比 PISO 与 SIMPLE 算法的步骤,可以发现在 SIMPLE 的循环过程中,系数矩阵在循环内是一直更新的,而 PISO 在循环过程中系数矩阵不变,只有当计算递进到下一时间步时才更新系数矩阵,因此计算速度相比 SIMPLE 算法更快。

然而,一般情况下 PISO 算法对时间步长的要求较高,需满足

$$Co_P = \Delta t_P \frac{1}{2V_P} \sum_f \left| \phi_f \right| < 1 \qquad (3-190)$$

上式左侧为 OpenFOAM 中的 Courant 数定义,详见 3.2.3.5 节。因此,尽管 PISO 在单个时间步内的计算速度更快,但由于其时间步长小,在多数物理问题的模拟中仍需耗费大量的计算时间。

如果用户采用的求解器基于 PISO 算法,则需要在算例的/system/fvSolution 中进行如下设置:

```
PISO
{
    nCorrectors        2;
    nNonOrthogonalCorrectors 0;
    pRefCell           0;
    pRefValue          0;
}
```

其中 nCorrectors 设定了步骤(4)的循环次数,一般为 2~3 次,pRefCell 与 pRefValue 同 SIMPLE 算法的设置。

3. PIMPLE 算法

PIMPLE 算法是 SIMPLE 与 PISO 算法的耦合,通过参数 nOuterCorrectors 来控制循环,若值不大于 1,该算法变为纯 PISO 算法;若大于 1,则为非定常的 SIMPLE 算法,求解步骤为 PISO 算法的(1)~(4),且计算未收敛时重复步骤(1)~(3),与 SIMPLE 算法相近。

如果求解器基于 PIMPLE 算法,则需要在算例的/system/fvSolution 中进行如下设置:

```
PIMPLE
{
    nOuterCorrectors       1;
    nCorrectors            2;
    nNonOrthogonalCorrectors 0;
    pRefCell               0;
    pRefValue              0;

    residualControl
    {
        p                  1e-5;
        U                  1e-5;
```

```
            nuTilda          1e-5;
        }
    }
}
```

其中，nOuterCorrectors 表示单个时间步内对（1）～（4）的循环次数，必须为大于或等于 1 的数，若设置为大于 1，则可以通过 residualControl 来控制单个时间步内的收敛指标，若各变量的残差在第 5 次循环时已经小于设定值，则该循环中止，计算将推进到下一时刻。其余参数的设置参考 SIMPLE 与 PISO 算法。

3.3　OpenFOAM 中的网格划分

前文重点介绍了 OpenFOAM 中控制方程离散的相关内容，本节将针对计算域空间离散的基础——网格划分，作进一步解读，重点介绍如何用 OpenFOAM 提供的 blockMesh 划分网格以及如何将其余软件所划分的网格导入 OpenFOAM。

3.3.1　blockMesh

OpenFOAM 提供了两种网格划分工具供用户使用：blockMesh 和 snappyHexMesh。其中 blockMesh 一般用于简单几何体的网格划分，snappyHexMesh 用于复杂几何体的网格划分（常结合 blockMesh 使用）。总体而言，snappyHexMesh 在复杂几何体的网格划分上相比其余商业软件无明显优势，且操作较为烦琐，本书仅介绍 blockMesh，使读者对于 OpenFOAM 的网格划分有一定了解。

blockMesh 是将计算域几何模型分解为 1 个或多个六面体块之后进行网格划分，该思路与 ICEM CFD 的分块结构化网格划分类似，不同之处在于 OpenFOAM 中并非在图形界面中操作，而是通过每个算例中/constant/polyMesh 路径下的 blockMeshDict 文件设置后由 blockMesh 功能生成网格。

每个 block 一般由 8 个点构成（图 3-24），每个节点位于六面体的顶点。对于每个 block，利用一个局部坐标系来判断各顶点对应的位置及其构成的边与面，该坐标系为右手系（从 x_3 轴正向往下看，x_1 轴到 x_2 轴为顺时针方向）。block 定义的第一个点（0 点）即为坐标系原点，而 x_1 与 x_2 方向分别为 0→1 方向与 1→2 方向。0、1、2 与 3 四个点即构成了一个平面，分别将各点沿 x_3 方向移动，则为 4、5、6 与 7 四点。此外，根据该坐标系还定义出了 block 的 12 条边，见图 3-24 中各边的编号。

以/tutorials/incompressible/pimpleFoam/channel395 为例，点（vertices）在 blockMeshDict 中的定义如下：

```
vertices
(
    (0 0 0)
```

```
        (4 0 0)
        (0 1 0)
        (4 1 0)
        (0 2 0)
        (4 2 0)
        (0 0 2)
        (4 0 2)
        (0 1 2)
        (4 1 2)
        (0 2 2)
        (4 2 2)
    );
```

由上述代码可见，所有点以顺序在"vertices(   );"中定义其相应的三维坐标，且点的编号从 0 开始。各点按文件中的顺序从上到下编号为 0～11，对应的位置如图 3-25 所示。

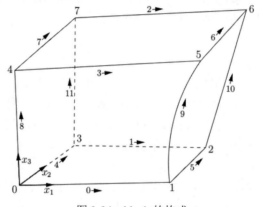

图 3-24   block 的构成

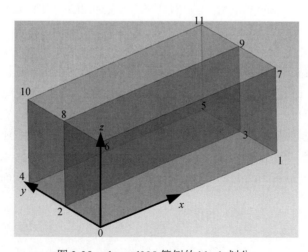

图 3-25   channel395 算例的 block 划分

1．由点建立 block

定义完点，就可以根据点定义 block，如下所示：

```
blocks
(
    hex (0 1 3 2 6 7 9 8) (40 25 30) simpleGrading (1 10.7028 1)
    hex (2 3 5 4 8 9 11 10) (40 25 30) simpleGrading (1 0.0934 1)
);
```

其中，“hex (0 1 3 2 6 7 9 8)”表示采用点 0、1、3、2、6、7、9、8 划分块；“hex (2 3 5 4 8 9 11 10)”表示采用点 2、3、5、4、8、9、11、10 划分块。值得注意的是，在定义 block 时点的编号似乎按照特定顺序给出。

问题：是否需要按特定顺序写？如果不是，那么情况如何？

对于这个问题，我们不妨作一个测试。方便起见，先将 blockMeshDict 复制至算例主目录中，然后在/constant/polyMesh/blockMeshDict 中将上文的代码修改为

```
blocks
(
    hex (0 3 1 2 6 8 7 9) (40 25 30) simpleGrading (1 10.7028 1)
);
```

同时将 boundary 中所有边界的定义删除，变为如下形式：

```
boundary
(

);
```

保存文件，执行 blockMesh 命令后发现仍能生成网格，但出现图 3-26 的 Warning。从 Warning 中可以看到，网格出现了 0 体积或负体积。

```
Creating block mesh topology
--> FOAM Warning :
    From function cellModel::mag(const labelList&, const pointField&)
    in file meshes/meshShapes/cellModel/cellModel.C at line 128
    zero or negative pyramid volume: -0.666667 for face 1
--> FOAM Warning :
    From function cellModel::mag(const labelList&, const pointField&)
    in file meshes/meshShapes/cellModel/cellModel.C at line 128
    zero or negative pyramid volume: -0.666667 for face 2
--> FOAM Warning :
    From function blockMesh::createTopology(IOdictionary&)
    in file blockMesh/blockMeshTopology.C at line 255
    negative volume block : 0, probably defined inside-out
--> FOAM Warning :
    From function polyMesh::polyMesh(... construct from shapes...)
    in file meshes/polyMesh/polyMeshFromShapeMesh.C at line 903
    Found 6 undefined faces in mesh; adding to default patch.
```

图 3-26　channel395 算例 block 点顺序调整后 blockMesh 命令运行提示

执行 paraFoam 命令打开 paraView，随后将 Properties 中 Volume Fields 中的所有变量取消选择，并以 Surface With Edges 形式显示网格，如图 3-27 所示。显然，当点顺序调整后，划分

的网格块成了交叉的形状，从而导致出现负体积。由此可见，定义 block 时必须按照图 3-24 规定的 0～7 的点分布顺序进行定义，即原定义 "hex (0 3 1 2 6 8 7 9)" 中各点与图 3-24 中的对应关系为 0-0、3-1、1-2、2-3、6-4、8-5、7-6 与 9-7。这就要求使用者要按照图 3-24 充分考虑各个点的位置后依顺序进行定义，不可任意调整。

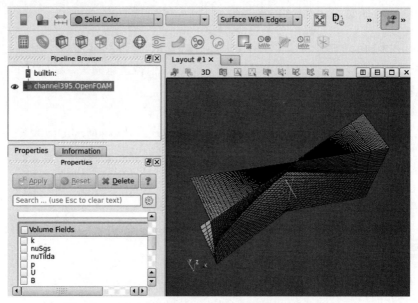

图 3-27　channel395 算例 block 点顺序调整后生成的网格

事实上，blockMesh 也可以创建少于 8 个点的块，其原理如图 3-28 所示。令点 6 与 7 分别与点 4 与 5 重合，则六面体块变为三棱柱形式。创建三棱柱块时，原六面体块 "hex (0 1 2 3 4 5 6 7)" 改为 "hex (0 1 2 3 4 5 5 4)"。显然，点的顺序仍按照上文所述排列，不同之处在于点 6、7 与 5、4 分别重合，从而被 5、4 替代。

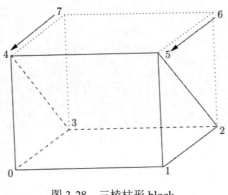

图 3-28　三棱柱形 block

注：六面体对应的面(4 5 6 7)此时变为(4 5 5 4)，即一条直线而非面，需用户在 boundary 中将其设置为 empty，否则 blockMesh 生成的网格会将其自动处理为内部面，导致在计算中出现问题。

基于此原理，我们仍用 channel395 算例，将备份的 blockMeshDict 文件替换之前已修改的版本，并将其中的 blocks 的设置改为

```
blocks
(
    hex (0 1 3 2 6 7 7 6) (40 25 30) simpleGrading (1 10.7028 1)
);
```

同样将 boundary 中所有边界的定义删除，执行 blockMesh 命令后用上文所述方法显示网格，如图 3-29 所示。

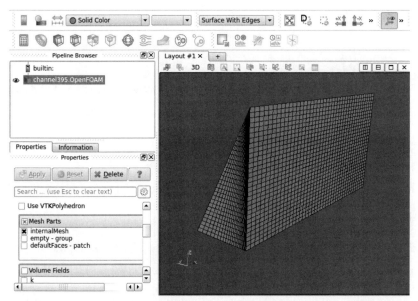

图 3-29　修改 channel395 算例 blockMeshDict 后生成的三棱柱块及网格

2. 由节点建立非直线的边

上文的 block 定义时默认边为直线，当边为曲线时则需定义 edges 为曲线。曲线类型有 arc（圆弧）、simpleSpline（样条）、polyLine（折线）与 polySpline（多段样条）四种。

● arc：圆弧根据两个点（作为端点）以及圆弧上一点（插值点）来确定，即三点确定圆弧，示例如下：

```
edges
(
arc 0 6 (0 -1 1)
);
```

表示以点 0 和 6 为端点，以坐标点(0,-1,1)为插值点确定的圆弧。读者可利用如上设置，沿用上文的方法修改 channel395 算例的 blockMeshDict，并观察修改后的网格。

● polyLine/ spline：两种类型均以两个点为端点，辅以中间的插值点构建曲线。在使用时，各类型的设置与 arc 方式基本一致，不同之处仅在于插值点可以为多个。

```
edges
(
polyLine 1 7 ((4 0.5 0.5) (4 -0.5 1.5))
spline 7 9 ((4 0.2 1.5) (4 0.4 1.6) (4 0.6 1.7) (4 0.7 1.8))
);
```

同样的，读者可利用如上设置，沿用上文的方法修改 channel395 算例的 blockMeshDict，并观察修改后的网格。除了上述几种可用于构建曲边的类型之外，OpenFOAM 还提供了构建直边的工具，示例如下：

```
edges
(
line 1 7
);
```

但由于网格块本身默认采用直线边，该功能在实际情况中的应用少于上述几种方法。

注：若无曲边或额外设定的直边，则 blockMeshDict 在设置 edges 时仅保留如下代码即可。

```
edges
( );
```

3. 网格节点数与加密控制

了解 block 的节点与边的设置后，我们探讨 block 中的网格节点数与加密控制。分析 channel395 算例的 blockMeshDict 中的代码：

```
hex (0 1 3 2 6 7 9 8) (40 25 30) simpleGrading (1 10.7028 1)
```

其中，"(40 25 30)"表示 x_1、x_2、x_3 方向划分的节点数分别为 40、25、30；"simpleGrading (0.5 2 1)"表示网格膨胀率，即各个方向上终点网格尺寸与起点网格尺寸的比例 $\Delta s / \Delta e$（起点到终点方向为坐标轴正向），如图 3-30 所示。本例中 x_1 方向从起点到终点网格逐渐加密，终点网格尺寸为起点的一半，x_2 方向与 x_1 方向正好相反，x_3 方向比例为 1，表示网格均匀分布。

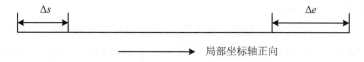

图 3-30 simpleGrading 示意

关于网格密度的设置，还可以用 edgeGrading 进行更为精细的控制。由图 3-24 可知一个 block 由 12 条边（edge）组成，而 edgeGrading 可对每条边进行网格密度控制，比 simpleGrading 具有更高的可控性。使用示例如下：

```
hex (0 1 3 2 6 7 9 8) (40 25 30) edgeGrading (1 1 1 1 2 2 2 2 3 3 3 3)
```

其中，"(40 25 30)"表示 x_1、x_2、x_3 方向划分的节点数分别为 40、25、30。各边位置与方向的定义参照图 3-24，0-3、4-6、7-9 分别为与 x_1、x_2 与 x_3 同向的边。因此，"edgeGrading (1 1 1 1 2 2 2 2 3 3 3 3)"表示 0-3 边网格膨胀率为 1，4-7 边为 2，8-11 边为 3，且膨胀率的定义参照图 3-30，不同之处在于 simpleGrading 只能在 3 个方向控制相同的网格加密策略，而 edgeGrading 则可以控制 12 条边的加密，在不规则几何的网格划分时可以获得更好的效果，如

```
hex (0 1 3 2 6 7 9 8) (40 25 30) edgeGrading (1 1 0.5 0.5 2 2 2 2 3 3 3 3)
```

读者可利用如上设置，沿用上文的方法修改 channel395 算例的 blockMeshDict，并观察修改后的网格。

4. 边界的定义

与多数网格划分软件一样，OpenFOAM 提供的 blockMesh 功能在定义完 block 及相应加密之后，应设置相应的边界类型供求解器识别与使用。blockMeshDict 中"boundary( )"用于设置边界。由于 OpenFOAM 使用三维网格（二维网格导入后将自动拉伸为三维网格，见 3.3.2 节），因此边界由面构成。一般而言，每 4 个点构成一个面，所有的面均可由相应的 4 个节点编号表示。以 channel395 为例，blockMeshDict 中 bottomWall 的定义如图 3-31 所示。

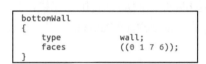

图 3-31   channel395 算例中 bottomWall 的定义

其中，bottomWall 为边界名称，"type wall;"表示该边界的类型为 wall，边界的不同类型将在第 4 章详细介绍；faces 表示该边界由哪些面构成；"(0 1 7 6);"表示由节点 0、1、7 与 6 构成的面。

了解上述定义之后，我们再看一下 blockMeshDict 的完整内容，为便于分析，将其中的部分代码删除，删除部分以"..."表示。

由图 3-32 可见，除了定义 vertices、blocks、edges 与 boundary 之外，还有两处需要注意的：其一，"convertToMeters 1;"表示单位转换比例，OpenFOAM 默认的长度单位是 m，如果点的坐标在定义时以 mm 为单位，则需设置为"convertToMeters 0.001;"；其二，"mergePatchPairs();"表示将两个边界组合成一个，需要注意的是，两个边界必须是相接触的，具体见下文。

5. blockMesh 中组合网格

当计算域的网格由多个 block 划分时，需将二者组合成一个网格。为此，OpenFOAM 提供了两种方法。

（1）face matching：当两个 block 拥有共同的一个面时，OpenFOAM 可自动识别，此时用户只需在设置 boundary 时忽略该共同面，blockMesh 运行时会将其处理为内部面（internal face）。

```
convertToMeters 1;

vertices
(
    (0 0 0)
    ...
);

blocks
(
    hex (0 1 3 2 6 7 9 8) (40 25 30) simpleGrading (1 10.7028 1)
    hex (2 3 5 4 8 9 11 10) (40 25 30) simpleGrading (1 0.0934 1)
);

edges
(
);

boundary
(
    bottomWall
    {
        type        wall;
        faces       ((0 1 7 6));
    }
);
mergePatchPairs
(
);
```

图 3-32   channel395 算例 blockMeshDict 中的信息

（2）face merging：当不同 block 之间部分面相互连接，且在 boundary 中设置了相应的边界时，可以在 blockMesh 中设置 "mergePatchPairs();"。

```
mergePatchPairs
(
（基准面切割面）
...
)
```

face merging 中面与面之间的组合原理如图 3-33 所示，其中 patch1 表示基准面，patch2 表示切割面。网格组合之后，基准面保持不变，切割面与基准面重合部分的网格节点将按照基准面进行投影，不重合的部分作为内部面（internal faces）处理。

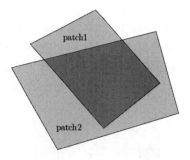

图 3-33   face merging 示意图

示例：mergePatchPairs。

为更好地理解该方法，仍基于前文使用的 channel395 算例，建立两个相邻的正方体块，一个边长为 2，一个边长为 1。将 blockMeshDict 改为如图 3-34 所示的形式。

```
convertToMeters 1;
vertices
(
    (0 0 0)
    (2 0 0)
    (2 2 0)
    (0 2 0)
    (0 0 2)
    (2 0 2)
    (2 2 2)
    (0 2 2)
    (3 0 0)
    (3 1 0)
    (2 1 0)
    (2 0 1)
    (3 0 1)
    (3 1 1)
    (2 1 1)
);
blocks
(
    hex (0 1 2 3 4 5 6 7) (10 20 10) simpleGrading (1 10 0.5)
    hex (1 8 9 10 11 12 13 14) (5 15 10) edgeGrading (1 2 1 1 2 3 2 2 3 4 3 3)
);
edges
(
);
```

（a）修改 1

```
boundary
(
    Wall1
    {
        type        wall;
        faces       ((0 1 2 3)(4 5 6 7)(3 2 6 7)(0 3 7 4)(0 1 5 4));
    }
    patch1
    {
        type        patch;
        faces       ((1 2 6 5));
    }
    patch2
    {
        type        patch;
        faces       ((1 10 14 11));
    }
    Wall2
    {
        type        wall;
        faces       ((1 8 9 10)(8 9 13 12)(10 9 13 14)(11 12 13 14)(1 8 12
11));
    }
);
mergePatchPairs
(
);
```

（b）修改 2

图 3-34　修改 channel395 算例的 blockMeshDict 文件

算例主目录执行 blockMesh 后，划分的网格为两个独立的块（图 3-35），可见在两个几何交界面上（图中虚线位置）网格节点并未合并。

另外值得注意的是，左侧小块上的不同边上的网格比例不同，产生的网格并非正交网格。为合并网格，将图 3-34 的 mergePatchPairs 部分改为

```
mergePatchPairs
(
(patch1 patch2)
);
```

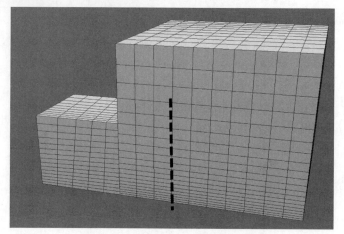

图 3-35　未合并 patch 时生成的网格

再次执行 blockMesh 之后网格如图 3-36 所示，此时两侧网格按对应节点连接。显然，由于两侧网格节点数与间距不一致，导致出现带尖角的网格。

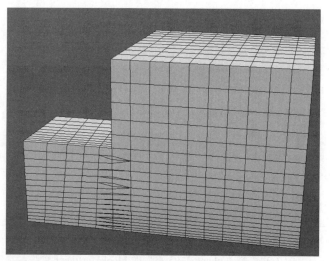

图 3-36　合并 patch 之后的网格（网格间距与节点数不匹配）

进一步地，将图 3-34 的 blocks 部分改为

```
blocks
(
    hex (0 1 2 3 4 5 6 7) (10 20 10) simpleGrading (1 1 1)
    hex (1 8 9 10 11 12 13 14) (5 10 5) edgeGrading (1 1 1 1 1 1 1 1 1 1 1 1)
);
```

重新执行 blockMesh，网格如图 3-37 所示，此时网格已完美组合到一起。

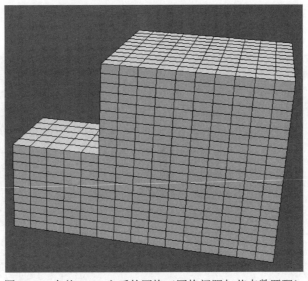

图 3-37　合并 patch 之后的网格（网格间距与节点数匹配）

3.3.2　外部网格导入

不少用户更倾向于商业软件划分所需的网格，因此 OpenFOAM 也提供了几种不同的网格格式转换功能，包括 fluentMeshToFoam（导入".msh"网格）、starToFoam（导入 STAR-CD/PROSTAR 生成的网格）、GambitToFoam（导入 Gambit 生成的".neu"网格）、ideasToFoam（导入 ANSYS I-DEAS 生成的".ans"网格）以及 cfx4ToFoam（导入 CFX 的".geo"网格）。其中较为方便的为 fluentMeshToFoam，因为多数网格划分软件均支持生成".msh"格式的网格文件。本书将简要介绍该功能，其余功能请有兴趣的读者阅读 User Guide。

实际应用中，常将".msh"文件置于算例主目录下，此时一般采用如下命令导入网格：

fluentMeshToFoam -scale 比例值网格名.msh-writeZones

其中，"-scale"表示缩放比例，OpenFOAM 的长度单位为 m，若网格单位为 mm，则需设置"-scale 0.001"；"-writeZones"表示将网格中定义的域写入。如果网格无须缩放或无须写入域，则直接用如下命令即可：

fluentMeshToFoam 网格名.msh

fluentMeshToFoam 支持二维与三维网格导入，当导入二维网格时，OpenFOAM 将根据计算域尺寸自动在第三方向拉伸一层网格，并将第三方向的两个面命名为 frontAndBackPlanes。

示例：导入二维 fluent 网格。

创建名为 2Drectangular 的文件夹，复制 channel395 算例中的 0、constant 与 system 文件夹至 2Drectangular，并将 2Drectangular.msh[从中国水利水电出版社网站（www.waterpub.com.cn）或万水书苑网站（www.wsbookshow.com）免费下载，"OpenFOAM 例/fluentMeshToFoam"]复制到文件夹中，执行如下命令：

Chapter
3

```
fluentMeshToFoam 2Drectangular.msh
```

终端输出的部分结果如图 3-38 所示。

```
dimension of grid: 2
Grid is 2-D. Extruding in z-direction by: 0.00283019
Creating shapes for 2-D cells
Building patch-less mesh...---> FOAM Warning :
    From function polyMesh::polyMesh(... construct from shapes...)
    in file meshes/polyMesh/polyMeshFromShapeMesh.C at line 627
    Found 1198 undefined faces in mesh; adding to default patch.
done.

Building boundary and internal patches.
Creating patch 0 for zone: 9 start: 1 end: 1054 type: interior name: int_SOLID
Creating patch 1 for zone: 10 start: 1055 end: 1073 type: wall name: IN
Creating patch 2 for zone: 11 start: 1074 end: 1092 type: wall name: OUT
Creating patch 3 for zone: 12 start: 1093 end: 1150 type: wall name: WALLS
Creating patch for front and back planes

Patch int_SOLID is internal to the mesh  and is not being added to the boundary.
Adding new patch IN of type wall as patch 0
Adding new patch OUT of type wall as patch 1
Adding new patch WALLS of type wall as patch 2
Adding new patch frontAndBackPlanes of type empty as patch 3

Writing mesh... to "constant/polyMesh"  done.
```

图 3-38   利用 fluentMeshToFoam 导入 2Drectangular.msh 时终端输出的部分结果

由图 3-38 可见 "Grid is 2-D. Extruding in z-direction by: 0.00283019"，表示 OpenFOAM 导入二维网格时自动将其在第三方向拉伸了一定距离，在本例中为 0.00283019m。在某些情况下，用户希望在第三方向拉伸一个既定值，如 0.001m，此时可以在导入网格之后，再使用 transformMesh 功能进行缩放。对于本例，缩放比例为 0.001/0.00283019 = 0.3533。执行如下命令：

```
transformPoints -scale   '(1 1 0.3533)'
```

此时网格按照设定值（x 与 y 方向为 1，说明不缩放，z 方向缩放比例为 0.3533）进行缩放并覆盖原网格。随后执行 checkMesh 命令，终端输出的部分结果如图 3-39 所示。

```
Checking geometry...
    Overall domain bounding box (0 0 -0.000499954) (0.12 0.075 0.000499954)
    Mesh (non-empty, non-wedge) directions (1 1 0)
    Mesh (non-empty) directions (1 1 0)
    All edges aligned with or perpendicular to non-empty directions.
    Boundary openness (-1.10543e-18 -9.2119e-20 5.89562e-18) OK.
    Max cell openness = 2.07429e-16 OK.
    Max aspect ratio = 1.04828 OK.
    Minimum face area = 3.947e-06. Maximum face area = 1.63339e-05.  Face area m
agnitudes OK.
    Min volume = 1.63324e-08. Max volume = 1.63324e-08.  Total volume = 8.99917e
-06.  Cell volumes OK.
    Mesh non-orthogonality Max: 3.9394e-05 average: 6.83019e-06
    Non-orthogonality check OK.
    Face pyramids OK.
    Max skewness = 7.38372e-07 OK.
    Coupled point location match (average 0) OK.

Mesh OK.
```

图 3-39   利用 transformPoints 调整 z 方向拉伸长度时终端输出的部分结果

由图 3-39 可见"Overall domain bounding box (0 0 -0.000499954) (0.12 0.075 0.000499954)"，表示此时计算域的范围，其中 z 方向为-0.000499954～0.000499954m，约为 0.001m。

transformPoints 除了可以对网格进行缩放外，还可以对网格进行平移和旋转，有兴趣的读者可以执行 transformPoints -help 获取其使用说明。

注：在使用其他软件生成网格时，建议将所有边界的类型设为 wall，避免使用 cyclic 或 interior 类型，因为 OpenFOAM 不支持从外部网格中创建此类边界。

第**4**章

OpenFOAM 边界条件及程序解读

上一章介绍了 OpenFOAM 的张量运算、空间和时间离散、离散方程求解以及网格划分。在 CFD 计算中，网格划分后需设置相应的边界类型及边界条件。本章将重点介绍 OpenFOAM 中的边界类型与边界条件类型。此外，为使读者能读懂 OpenFOAM 中的边界条件，本章还以部分边界为例介绍了其程序实现方式，并通过自定义边界条件的例子让读者进一步掌握 OpenFOAM 的二次开发。

4.1 OpenFOAM 中的边界及边界条件

4.1.1 边界类型

在介绍边界条件之前，有必要先了解 OpenFOAM 中边界的类型。通过第 2 章，读者应对边界有了大致的印象，这些边界的类型在算例的/constant/polyMesh/boundary 中进行定义。在 OpenFOAM 中，主要有如下 7 类边界。

（1）patch：基本边界，不包含网格的几何或拓扑信息，常用于进口、出口、自由表面等。

（2）wall：壁面边界，用于固定壁面或滑移壁面等需要模拟的壁面，例如，采用壁面函数对壁面附近的边界层进行模拟。事实上，wall 可以认为是 patch 的一种特例，若用户觉得区分二者较为麻烦，可在使用中将下述（3）～（7）类型以外的边界均设置为 wall 类型。

（3）empty：OpenFOAM 要求网格是三维的（3.3.2 节的例子中，二维网格导入 OpenFOAM 时会自动在第三方向拉伸一定厚度，形成三维网格），但同样可以求解二维问题，此时需将垂直于第三方向的面设为 empty，确保在计算过程中不求解第三方向。

（4）wedge：楔形边界，仅用于二维轴对称流动的模拟，如圆管流动可取轴向一个较小的角度，且沿着轴向只有一个网格厚度，如图 4-1 所示。

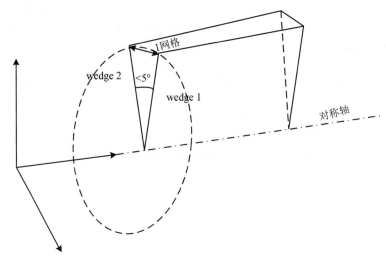

图 4-1　wedge 边界示意图

（5）cyclic：周期性边界，可用于模拟旋转（rotational）周期与平移（translational）周期边界，表示计算域及其中的流动状态在空间上沿圆周方向或沿直线方向重复出现：

$$\phi(\boldsymbol{x}) = \phi(\boldsymbol{x} + \boldsymbol{c}) \qquad (4\text{-}1)$$

其中，$\boldsymbol{x}$ 为位置矢量，$\boldsymbol{c}$ 表示流动周期性出现的间距。

注：使用时，需要保证一组 cyclic 边界上的网格完全一致，否则将无法创建 cyclic 边界。

（6）processor：当采用并行计算时，需要将网格切分（第 2 章介绍的 decomposePar 功能）到不同的 processor 文件夹（如 processor0），为保证处理器之间的数据传递，网格在切分的时候会形成相应的交界面，该交界面即为 processor 边界，由 OpenFOAM 自动生成。

（7）cyclicAMI：任意网格交界面（Arbitrary Mesh Interface，AMI）边界，该边界是 OpenFOAM 2.1.0 版本新增的类型，可用于耦合网格不完全一致的两个边界，例如两个计算域之间的交界面，或一个计算域两侧的周期性边界。

（8）symmetry 与 symmetryPlane：两种均提供对称的边界条件，表明两侧的流场关于该边界对称，可理解为边界两侧的流场互为镜像。对于标量，边界上的梯度值为 0；对于矢量，边界上的值等于距离最近的网格中心上该矢量的切向分量。二者不同之处在于，symmetry 边界可以是曲面，而 symmetryPlane 为平面。因此，大部分情况下优先采用 symmetry 边界。

4.1.2　OpenFOAM 中的 set 及其创建方式

在上文介绍的几种边界类型中，除 cyclic 与 cyclicAMI 边界以外，其余边界类型的创建较为简单，本书不作介绍。在阐述 cyclic 及 cyclicAMI 边界创建方法之前，本节先介绍 OpenFOAM

中的一种特殊类型——set，即网格点、面或单元的集合。set 作为包含部分网格信息的集合，可方便地用于网格的修复或光顺、边界的创建以及边界条件的设置等。set 包含 pointSet、cellSet 与 faceSet 三个基本类型，分别对应于网格点、面或单元的集合，同时还包含 pointZoneSet、faceZoneSet 以及 cellZoneSet 三个引申类型，同样是网格点、面或单元的集合，之所以存在这两大类，是因为 OpenFOAM 中的一些应用（application，详见本书第 6 章）只支持基本类型，而另一些则只支持引申类型。

在对 set 进行操作之前，首先应创建相应的 set。在 OpenFOAM 中，采用 topoSet 功能创建不同类型的 set，此时需在算例的 /system 文件夹内设置 topoSetDict，该文件可见 /applications/utilities/mesh/manipulation/topoSet/topoSetDict，所有设置均位于其中的 "actions( );"，示例如图 4-2 所示。

```
actions
(
    // Example:pick up internal faces on outside of cellSet
    // ~~~~~~~~~~~~~~~~~~~~~~~~~~~~~~~~~~~~~~~~~~~~~~~~~~~~~~~

    // Load initial cellSet
    {
        name    c0;
        type    cellSet;
        action  new;
        source labelToCell;
        sourceInfo
        {
            value (12 13 56);
        }
    }
);
```

图 4-2　topoSetDict 部分信息

为便于显示，图 4-2 仅保留了 "actions( );" 中 "c0" 的设置。其中：

● "name　　c0;" 表示 set 的名称为 "c0"。
● "type　　cellSet;" 表示 set 的类型为 cellSet。
● "action　new;" 表示操作类型为 new。
● "source labelToCell;" 表示 set 的 source（源）为 labelToCell。
● sourceInfo 表示 set 的 source 具体信息，"value (12 13 56);" 表示采用编号为 12、13 与 56 的网格单元。

本节将重点介绍 action 与 source 的类型。

4.1.2.1　action 的类型

action 共包含 7 种类型，具体如下所述。

1．new

根据 source 创建 set，需设置 source 与 sourceInfo。以 /tutorials/incompressible/pimpleFoam/channel395 为例，将/applications/utilities/mesh/manipulation/topoSet/topoSetDict 文件复制到算例的/system 中，然后将 "actions( );" 中的内容清除，改为图 4-3 所示的形式并保存，随后在该算例的主目录下执行 topoSet 命令（若尚未生成网格，则先执行 blockMesh 命令），

终端输出的部分信息如图 4-4 所示。由图 4-4 可见，由于选取了网格单元 1、2、3 创建名为 try 的 set，终端输出 cellSet try now size 3。

```
actions
(
    {
        name     try;
        type     cellSet;
        action   new;
        source labelToCell;
        sourceInfo
        {
            value (1 2 3);
        }
    }

);
```

图 4-3　修改 topoSetDict，采用 labelToCell 方式创建 set

```
Create time

Create polyMesh for time = 0

Reading topoSetDict

Time = 0
    mesh not changed.
Created cellSet try
    Applying source labelToCell
    Adding cells mentioned in dictionary ...
    cellSet try now size 3

End
```

图 4-4　采用 labelToCell 方式创建 set 时的终端输出信息

注：source 的不同类型在 4.1.2.2 节介绍，本节所有示例均采用 labelToCell 形式。

打开/constant/polyMesh 文件夹，可以发现该文件夹内出现名为 sets 的文件夹，所创建的所有 set 均位于该文件夹内。打开可发现名为 try 的文件，该文件内的信息如图 4-5 所示，其中"3"表示该 set 包含的网格单元数量为 3，而"( )"内的 1、2、3 则表示网格单元编号，与图 4-3 的设置保持一致。

```
3
(
1
2
3
)
```

图 4-5　try 文件内的部分信息

2. add

将 source 添加至已有的 set，需设置 source 与 sourceInfo。值得注意的是，set 中包含的网格点、面或单元均为唯一。在使用 add 时，若 source 中的信息与原 set 有重复，则仅添加非重复的部分。

4
Chapter

将图 4-3 中的设置改为图 4-6 所示的形式后，在算例主目录下执行 topoSet 命令，随后打开/constant/polyMesh/sets/try 文件，其中内容如图 4-7 所示。显然，由于 add 类型中设置的 sourceInfo 中网格单元 2、3 与 try 创建（new）时 sourceInfo 的网格单元 2、3 一致，因此仅将网格单元 4 添加至 try。

```
actions
(
    {
        name     try;
        type     cellSet;
        action   new;
        source labelToCell;
        sourceInfo
        {
            value (1 2 3);
        }
    }

    {
        name     try;
        type     cellSet;
        action   add;
        source labelToCell;
        sourceInfo
        {
            value (2 3 4);
        }
    }
);
```

图 4-6　修改 topoSetDict，采用 add 方式添加网格单元

图 4-7　使用 add 方式后 try 文件内的部分信息

3. delete

将 source 从已有的 set 中删除，与 add 的操作相反，同样需设置 source 与 sourceInfo。

4. clear

清空已有的 set，或创建一个空的 set，无须设置 source 与 sourceInfo。若对已存在的 set 进行操作，则会清空该 set；若对不存在的 set 进行操作，则将创建一个空的 set。

5. invert

反向选择，将所有未选择的网格点、面或单元全部选中，无须设置 source 与 sourceInfo。例如，在设置计算域初始条件时，如果需要对某些网格之外的网格进行设置，则可以用该功能进行反选，从而降低选择时的工作量。将图 4-6 的设置改为图 4-8 所示的形式，在算例主目录下执行 topoSet。

```
actions
(

    {
        name     try;
        type     cellSet;
        action   new;
        source labelToCell;
        sourceInfo
        {
            value (1 2 3);
        }
    }

    {
        name     try;
        type     cellSet;
        action   invert;
    }
);
```

图 4-8　修改 topoSetDict，采用 invert 方式选择网格单元

打开/constant/polyMesh/sets/try 文件，其中部分内容如图 4-9 所示。显然，通过反选，将网格单元 1、2、3 之外的所有单元归入 try 中（网格单元总数为 60000，此处为 60000-3=59997）。

```
59997
(
0
4
5
6
7
8
9
10
11
12
13
14
15
16
17
```

图 4-9　采用 invert 方式后 try 文件内的部分信息

将图 4-8 中的设置改为图 4-10 的形式，同时将/constant/polyMesh/sets 路径下的 try 文件删除。在算例主目录下执行 topoSet 命令，将出现图 4-11 所示的错误。显然，invert 方式在使用时需要搜索指定的 set，若该 set 尚未创建，则无法进行操作。

```
actions
(

    {
        name     try;
        type     cellSet;
        action   invert;
    }
);
```

图 4-10　修改 topoSetDict，采用 invert 方式对不存在的 set 进行操作

```
Create time

Create polyMesh for time = 0

Reading topoSetDict

Time = 0
    mesh not changed.

--> FOAM FATAL IO ERROR:
cannot find file

file: /home/huangxianbei/OpenFOAM/run/tutorial/testtoposet/channel395/constant/p
olyMesh/sets/try at line 0.

    From function regIOobject::readStream()
    in file db/regIOobject/regIOobjectRead.C at line 73.

FOAM exiting
```

图 4-11   采用 invert 方式对不存在的 set 进行操作后，终端输出的错误信息

6. remove

删除 set，无须设置 source 与 sourceInfo，注意区别于 clear。remove 是彻底删除相应的 set（包括 try 文件），不保留 set；而 clear 仅清除 set 中已有的信息，保留一个空的 set。

7. subset

source 与 set 已有信息求交，将重叠部分置于 set 中。将图 4-8 中的设置改为图 4-12 所示的形式，在算例主目录下执行 topoSet 命令后打开/constant/polyMesh/sets/try 文件，可发现仅包含网格单元 2、3，即 subset 的 source 与 try 中相同的网格。

```
actions
(

    {
        name      try;
        type      cellSet;
        action    new;
        source labelToCell;
        sourceInfo
        {
            value (1 2 3);
        }
    }

    {
        name      try;
        type      cellSet;
        action    subset;
        source labelToCell;
        sourceInfo
        {
            value (2 3 4);
        }
    }
);
```

图 4-12   修改 topoSetDict，采用 subset 方式对 set 进行操作

4.1.2.2   source 的类型

由前文所述，action 不少类型需要设置对应的 source。考虑到不同的 set 类型采用不同的 source，本节根据 set 类型对各类 source 进行介绍。为避免重复，本节使用示例仅给出 source 与 sourceInfo 部分的设置。

1. cellSet

（1）labelToCell：以编号选择网格单元，关于网格单元的编号方式，请读者回顾 3.2.1 节。使用方法见前文。对于非结构化网格而言，用户往往难以获知各个网格单元的编号，从而导致该方法使用频率较低。

（2）cellToCell：根据已有的 cellset 选择网格单元。使用示例如下：

```
source cellToCell;
sourceInfo
{
    set try;
}
```

（3）zoneToCell：根据已有的 cellZone 选择网格单元。使用示例如下：

```
source zoneToCell;
sourceInfo
{
    name ".*Zone";
}
```

其中，".*Zone" 表示所有名称中带有 Zone 的 cellZone，这种写法称为正则表达式，是 OpenFOAM 中常用的形式，读者可查阅正则表达式的相关资料，以更好地掌握该方法。

（4）faceZoneToCell：根据已有的 faceZone 选择网格单元，与前一方法不同的是，faceZone 在设定时需选择网格单元位于 master（基准）或 slave（切割）一侧。使用示例如下：

```
source faceZoneToCell;
sourceInfo
{
    name f0;
    option master;
}
```

其中 "f0" 为已有的 faceZone。在 OpenFOAM 中，两个网格之间交界面的法向定义如图 3-7 所示，由 owner 指向 neighbour 网格，此时 master 侧的网格表示网格面法向指向的一侧（即 neighbour），而 slave 侧为 owner。在某些特殊的情况下，可能会出现网格面法向定义与图 3-7 相反的情况，即 neighbour 指向 owner 网格，此时 master 侧为 owner，slave 侧为 neighbour。

（5）faceToCell：根据已有的 faceSet 选择网格单元，包含 4 个 option：neighbour、owner、any 以及 all。neighbour 与 owner 的定义同上文。因此，当选项为 owner 或 neighbour 时，分别表示 faceSet 中网格面的 owner 与 neighbour 网格。any 选项是 owner 与 neighbour 的集合，表示 faceSet 中网格面的 owner 与 neighbour 网格均被选中。all 表示只有所有网格面包含在 faceSet 中的网格才被选中。使用示例如下：

```
source faceToCell;
sourceInfo
{
```

```
    set f0;
    option any;
}
```

（6）pointToCell：基于 pointSet 选择网格单元，包含 any 与 edge 两个 option，其中 any 表示节点在 pointSet 中的网格均被选中，而 edge 选项则仅选择网格边为 pointSet 中两点构成的 edge 的网格。使用示例如下：

```
source pointToCell;
sourceInfo
{
    set p0;
    option any;
}
```

（7）shapeToCell：基于网格形状选择网格单元，包括 hex（六面体）、wedge（楔形）、tet（四面体）、prism（棱柱）、pry（椎体）、tetWedge（四面体楔形）、splitHex（切分六面体）。这种方法适用于混合网格构建的计算域，例如，有的计算域在壁面附近采用 prism，而其余位置采用 tet 网格。使用示例如下：

```
source shapeToCell;
sourceInfo
{
    type hex;
}
```

（8）boxToCell/ rotatedBoxToCell/ cylinderToCell/ sphereToCell：基于特定的几何形状，选择中心点位于几何内部的网格单元。

boxToCell 通过两个对角顶点确定长方体的位置，rotatedBoxToCell 通过原点及 3 个矢量 I、J、K 来确定长方体的 8 个顶点，如图 4-13 所示。

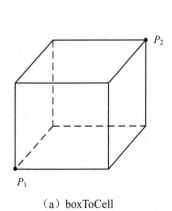

（a）boxToCell　　　　　　　　（b）rotatedBoxToCell

图 4-13　boxToCell 与 rotatedBoxToCell 示意图

boxToCell 可设置单个或多个 box，使用示例如下：

```
source boxToCell;
sourceInfo
{
    boxes    ((0 0 0) (1 1 1) (10 10 10)(11 11 11));
}
```

或

```
source boxToCell;
sourceInfo
{
    box      (0 0 0) (1 1 1);
}
```

其中 boxes 设置多个 box 时，括号内按顺序，每两个点构成一个 box；而 box 用于设置单个 box，仅可填写两个点坐标。

rotatedBoxToCell 的使用示例如下：

```
source rotatedBoxToCell;
sourceInfo
{
    origin   (0.2 0.2 -10);
    i        (0.2 0.2 0);
    j        (-0.2 0.2 0);
    k        (10 10 10);
}
```

其中 origin 表示原点，即图 4-13 中的 O，i、j、k 分别对应 I、J、K。

cylinderToCell 通过两点确定圆柱中心轴位置与长度，并设定其半径，从而确定圆柱的位置，而 sphereToCell 则是由球心与半径确定球的位置。cylinderToCell 的使用示例如下：

```
source cylinderToCell;
sourceInfo
{
    p1       (0.2 0.2 -10);
    p2       (0.2 0.2 0);
    radius   5.0;
}
```

其中 "p1" 与 "p2" 对应圆柱中心轴的两端点，radius 表示半径。

cylinderToCell 的使用示例如下：

```
source sphereToCell;
sourceInfo
{
    centre   (0.2 0.2 -10);
    radius   5.0;
}
```

其中，center 表示球心，radius 为半径。

（9）nearestToCell/fieldToCell/targetVolumeToCell。

1）nearestToCell 选择距离设定点最近的网格单元，使用示例如下：

```
source nearestToCell;
sourceInfo
{
    points ((0 0 0) (1 1 1)(1.51.51.5));
}
```

2）fieldToCell 表示根据网格中心点的变量值范围选择网格，对于矢量、张量，则根据其大小来确定，如根据速度大小选择网格，使用示例如下：

```
source fieldToCell;
sourceInfo
{
    fieldName    U;
    min          0.1;
    max          0.5;
}
```

其中，min 与 max 分别表示变量的最小值与最大值。

3）targetVolumeToCell 表示以(0, 0, 0)点为起点，按指定的方向扫描网格，直至总体积达到设定的体积，使用示例如下：

```
source targetVolumeToCell;
sourceInfo
{
    volume   1;
    normal   (0 0 1);
}
```

其中，volume 为总体积，单位为 m^3，normal 为扫描方向。

由于创建的 set 不便于观察，此处将介绍 source 的另一种用法。在 OpenFOAM 中，为了给定计算域的初始条件，常使用 setFields 功能，该功能是基于 cellSet 来定义流场变量的，设置样例位于/applications/utilities/preProcessing/setFields/setFieldsDict。

以/tutorials/incompressible/pimpleFoam/channel395 为例，将 setFieldsDict 复制到/system，并将其中的信息改为图 4-14 的形式。其中，defaultFieldValues 表示默认值，此处将压力的默认值设置为 1，regions 表示网格区域，均根据 cellSet 或 faceSet 的 source 定义，使用形式为

```
source 类型名称
{
    sourceInfo 中的设置
    fieldValues
    (
```

```
            vol<变量类型>FieldValue  变量值
    );
}
```

使用 cellSet 类的 source 时，setFields 设定的是网格上的变量值，而边界上的值给定为
zeroGradient（详见 4.1.4 节）；使用 faceSet 类的 source 时，设定的则是 patch 上的变量值。

```
defaultFieldValues
(
    volScalarFieldValue p 1
);

regions
(

    targetVolumeToCell
    {
        volume 8;
        normal (0 0 1);

        fieldValues
        (
            volScalarFieldValue p 0
        );
    }

);
```

图 4-14　修改 setFieldsDict

由图 4-14 可见，在 setFieldsDict 中使用 source 无须添加"sourceInfo{　}"，而是直接设定
其中的内容。channel395 算例的总体积为 16 m^3，本例将一半网格（"volume 8;"）上的压力设
置为 0。保存后，在算例主目录下执行 setFields 命令，随后执行 paraFoam 打开 ParaView，压
力分布如图 4-15 所示。显然，本例基于 targetVolumeToCell 功能，选取了 z 方向一半的网格，
并将其压力值设置为 0。

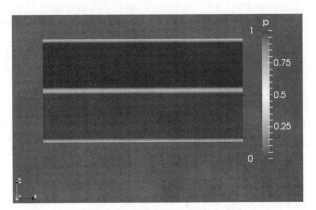

图 4-15　沿 z 方向的压力分布

（10）surfaceToCell：通过闭合曲面来选择网格（注意：务必保证为闭合曲面，否则无法
识别曲面内外），这个曲面是从文件中导入的。在识别曲面后，OpenFOAM 需根据用户的设置

来判断相应的网格。对于闭合曲面，OpenFOAM 可以自动识别曲面内外，其中 inside 表示位于曲面内，而 outside 则为曲面外。当然，用户也可以自己通过设置 outsidePoints 来自定义曲面内外，如图 4-16 所示，将点设置在曲面的内外均可，当设置的 outsidePoints 位于曲面外时，则效果与 OpenFOAM 自动判断的结果一致[图 4-16（a）]，而当点位于曲面内时，则相反[图 4-16（b）]。

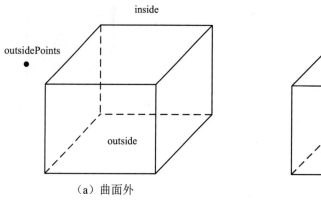
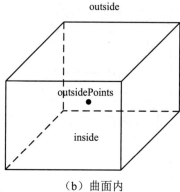

图 4-16　outsidePoints 设置在不同位置时的情况

使用示例如下：

```
source surfaceToCell;
sourceInfo
{
    file                "www.avl.com-geometry.stl";
    useSurfaceOrientation false;
    outsidePoints       ((-99 -99 -59));
    includeCut          false;
    includeInside       true;
    includeOutside      false;
    nearDistance        -1;
    curvature           -100;
}
```

其中：

- file 表示文件路径，上例中几何是从网上下载的（当文件已存储于计算机中时，则指定路径即可）。
- useSurfaceOrientation 表示是否自动识别曲面内外，若为 false，则根据用户指定点（outsidePoints）来确定。
- includeCut 表示是否包含被曲面切割到的网格。
- includeInside 与 includeOutside 分别表示是否包含曲面内与曲面外的网格。
- nearDistance 表示网格中心至曲面的距离，当该值大于 0 时将该距离以内的网格选中，本例为-1,表示不生效。

● curvature 只有当 nearDistance 的值大于 0 且 curvaure 的值不小于 1 时有效,表示将 nearDistance 设定的距离以内,且曲率系数小于 1 的网格选中。由此可见,curvature 的数值仅起到一个开关的作用,其数值不小于 1 时,无论设定值多大均不影响选择的结果。

2. faceSet

(1) faceToFace/ labelToFace/ zoneToFace/ boxToFace: 与 cellSet 对应的类型基本一致,不同之处仅在于所选择的为网格面,本书不再赘述。

(2) cellToFace: 根据 cellSet 选择网格面,包含 all 与 both 两个 option。其中:all 表示将 cellSet 中所有网格的网格面选中;而 both 则仅选择 neighbour 与 owner 网格均在 cellSet 中的网格面。使用示例如下:

```
source cellToFace;
sourceInfo
{
    set c0;
    option all;
}
```

(3) pointToFace: 根据 pointSet 来选择网格面,包含三个选项 any、all 与 edge。其中:any 表示将 pointSet 中的所有点对应的网格面选中(只要该点是网格面的某一顶点);而 all 则仅选择顶点均位于 pointSet 中的网格面;edge 表示仅选择其中两点构成网格面某一边所对应的网格。使用示例如下:

```
source pointToFace;
sourceInfo
{
    set p0;
    option all;
}
```

(4) patchToFace/boundaryToFace: 根据边界选择网格面。

1) boundaryToFace 表示将所有边界上的网格面选中,因此无须设置具体边界名称 (sourceInfo 为空)。使用示例如下:

```
source boundaryToFace;
sourceInfo
{
}
```

2) patchToFace 是将指定边界上的网格面选中,可使用正则化表达式。如需选择所有名称中带有 Walls 的 patch,则可使用如下形式:

```
source patchToFace;
sourceInfo
{
```

```
    name ".*Wall";
}
```

（5）normalToFace：选择法向矢量与设定方向平行的网格面。使用示例如下：

```
source normalToFace;
sourceInfo
{
    normal (0 0 1);
    cos       0.01;
}
```

其中，normal 表示设定矢量，cos 表示容差 Δ_{tol}，当满足下式时，将网格面选中：

$$\Delta_{tol} > \left|1 - (\boldsymbol{S}_f \cdot \boldsymbol{a})\right| \tag{4-2}$$

$\boldsymbol{a}$ 为设定的方向矢量。若 cos 设置为 0，则表示网格面法向矢量应与设定矢量平行；若不为 0（需为-1 至 1 之间），则表示网格面法向矢量与设定矢量之间可以存着一定程度的夹角。

3. pointSet

pointSet 的创建方式基本与 cellSet 类似，主要包含 pointToPoint、cellToPoint、faceToPoint、labelToPoint、zoneToPoint、boxToPoint，设置与 cellSet 对应方法基本一致，不同之处在于 cellToPoint 与 faceToPoint 中需设置 option 为 all（注意，只有一个选项），使用示例如下：

```
source faceToPoint;
sourceInfo
{
    set f0;
    option all;
}
```

4. cellZoneSet

除了上述三种基本的 set 类型的创建方法之外，OpenFOAM 还提供了 cellZoneSet、faceZoneSet 与 pointZoneSet，其中 cellZoneSet 是基于 cellSet 来创建 cellZone 的，其 source 为 setToCellZone，常用于网格运动的处理，如动网格、多参考系等。使用示例如下：

```
source setToCellZone;
sourceInfo
{
    set try;
}
```

其中 try 表示已有的名为 try 的 cellSet。

faceZoneSet 与 pointZoneSet 使用频率低于 cellZoneSet，本书不作介绍，有兴趣的读者可查阅/applications/utilities/mesh/manipulation/topoSet/topoSetDict。

4.1.3 创建 cyclic 及 cyclicAMI 边界

不同于其余边界，cyclic 与 cyclicAMI 边界均需由 createPatch 工具创建，该工具位于

/applications/utilities/mesh/manipulation/createPatch。在使用该工具之前，需在算例的/system 内设置 createPatchDict 文件，同样位于上文所述路径，其中的内容如图 4-17 所示。

```
pointSync false;
patches
(
    {
        name cyc_half0;
        patchInfo
        {
            type cyclic;
            neighbourPatch cyc_half1;
            transform rotational;
            rotationAxis (1 0 0);
            rotationCentre (0 0 0);
        }
        constructFrom patches;
        patches (periodic1);
        set f0;
    }
    {
        name cyc_half1;
        patchInfo
        {
            type cyclic;
            neighbourPatch cyc_half0;
            transform rotational;
            rotationAxis (1 0 0);
            rotationCentre (0 0 0);
        }
        constructFrom patches;
        patches (periodic2);
        set f0;
    }
);
// ************************************************************************* //
```

图 4-17　createPatchDict 文件中的内容（已删除原文件的注释）

其中：

- pointSync 表示节点同步。
- "patches ( )"为创建的边界信息，每个边界位于一个"{ }"中。
- name 表示创建的边界名称。
- "patchInfo{ }"表示与所创建边界相关的信息。
- type 表示边界的类型，包含 cyclic 与 cyclicAMI 两种，每一组该类边界均由两个边界组成，因此在 createPatchDict 设置时成对出现。
- neighbourPatch 表示与该边界相邻的边界名称，该名称为 createPatchDict 中定义的 name，即 createPatch 功能创建之后的，而非原名称。
- transform 表示转变类型，共包含 3 类，其中 rotational 与 translational 分别表示旋转与平移，适于创建 cyclic 边界，noOrdering 表示无序，适于创建 cyclicAMI 边界。为 rotational 时，需设置 rotationAxis 旋转轴（旋转方向）以及 rotationCentre 旋转中心（中心点坐标）；为 translational 时，需设置 separationVector 间隔矢量。
- matchTolerance 表示网格匹配时的容许误差，默认为 0.01，若使用时出现点不匹配的情况，可适当增大该值（此参数位于注释部分，图 4-17 中未显示）。
- constructFrom 表示创建边界的方法，有两种，一种为 patches，从原有的边界创建，需设置 patches；另一种为 set，从命名好的 faceSet 创建，需设置 set。

根据图 4-17 并结合各项含义，不难理解该例定义了一对旋转周期性边界条件——cyc_half0 与 cyc_half1，旋转轴为(1, 0, 0)（即 x 轴），旋转中心为坐标系原点(0,0,0)，且该周期性边界是基于已有的一对边界——periodic 与 periodic2 创建的，此时"setf0;"不生效。基于现有边界创建新的边界之后，新的边界将替换现有边界。

若要基于 faceSet 创建，则可以根据上一节介绍的方法，先创建相应的 faceSet。

本书 4.1.1 节已提及，cyclic 边界要求极为严格，对应的一组边界网格需保证完全一致，而 cyclicAMI 则要求更为宽松。本节将通过 3 个例子，使读者对两种类型有更深入的了解。

4.1.3.1　创建平移与旋转 cyclic 边界

本例如图 4-18 所示为同心圆柱的一部分，利用 createPatch 功能将轴向的两个面创建为平移周期边界，轴向的两个面创建为旋转周期边界。

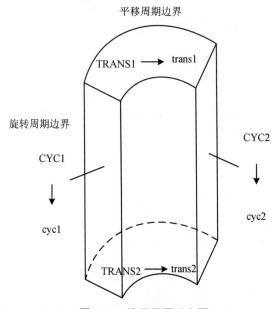

图 4-18　边界设置示意图

1. 导入网格

在$FOAM_RUN/tutorials 下（见本书第 2 章）创建名为 createPatch_structure 的文件夹，将 mixerVessel2D 算例中的文件以及本书提供的 struc.msh[从中国水利水电出版社网站（www.waterpub.com.cn）或万水书苑网站（www.wsbookshow.com）免费下载"OpenFOAM 例 /createPatch"]复制到其中。

在$FOAM_RUN/tutorials/createPatch_structure 下执行如下命令导入网格：

```
fluentMeshToFoam struc.msh
```

该网格为结构化网格，每组周期面上的网格完全一致。

2. 修改 createPatchDict

将前文所述 createPatchDict 复制到$FOAM_RUN/tutorials/createPatch_structure/system，按图 4-19 所示修改其中的内容并保存。

```
pointSync false;
patches
(
    {
        name cyc1;
        patchInfo
        {
            type cyclic;
            neighbourPatch cyc2;
            transform rotational;
            rotationAxis (0 0 1);
            rotationCentre (0 0 0);
        }
        constructFrom patches;
        patches (CYC1);
        set f0;
    }
    {
        name cyc2;
        patchInfo
        {
            type cyclic;
            neighbourPatch cyc1;
            transform rotational;
            rotationAxis (0 0 1);
            rotationCentre (0 0 0);

        }
        constructFrom patches;
        patches (CYC2);
        set f0;
    }
```

（a）旋转周期边界

```
    {
        name trans1;
        patchInfo
        {
            type cyclic;
            neighbourPatch trans2;
            transform translational;
            separationVector (0 0 -0.1);
        }
        constructFrom patches;
        patches (TRANS1);
        set f0;
    }
    {
        name trans2;
        patchInfo
        {
            type cyclic;
            neighbourPatch trans1;
            transform translational;
            separationVector (0 0 0.1);
        }
        constructFrom patches;
        patches (TRANS2);
        set f0;
    }
);
```

（b）平移周期边界

图 4-19　修改 createPatchDict

需要注意的是，平移周期边界设置的 separationVector 表示当前 patch 到相邻 patch 之间的距离矢量，对于 tran2 为 $x_{trans2} - x_{trans1}$；而对于 tran1，则为 $x_{trans1} - x_{trans2}$。

3. 生成 cyclic 边界

在本例主目录下执行 createPatch 后，出现名为"1"的文件夹，其中的 polyMesh 即为创建周期性边界之后的网格。此时需用新网格替换原/constant/polyMesh 中的网格使之生效。若用户确认设置无误，也可直接执行如下命令：

```
createPatch -overwrite
```

此时，新网格将自动将旧网格替换，不再出现名为"1"的文件夹。另外，算例文件夹中还出现了多个后缀为".obj"的文件，可理解为创建周期性边界时的日志文件，删除即可。

打开新的 polyMesh 中的 boundary 文件，周期性边界如图 4-20 所示。

```
cyc1
{
    type            cyclic;
    inGroups        1(cyclic);
    nFaces          171;
    startFace       9386;
    matchTolerance  0.0001;
    transform       rotational;
    neighbourPatch  cyc2;
    rotationAxis    (0 0 1);
    rotationCentre  (0 0 0);
}
cyc2
{
    type            cyclic;
    inGroups        1(cyclic);
    nFaces          171;
    startFace       9557;
    matchTolerance  0.0001;
    transform       rotational;
    neighbourPatch  cyc1;
    rotationAxis    (0 0 1);
    rotationCentre  (0 0 0);
}
```

（a）旋转周期边界

```
trans1
{
    type            cyclic;
    inGroups        1(cyclic);
    nFaces          361;
    startFace       9728;
    matchTolerance  0.0001;
    transform       translational;
    neighbourPatch  trans2;
    separationVector (0 0 -0.1);
}
trans2
{
    type            cyclic;
    inGroups        1(cyclic);
    nFaces          361;
    startFace       10089;
    matchTolerance  0.0001;
    transform       translational;
    neighbourPatch  trans1;
    separationVector (0 0 0.1);
}
```

（b）平移周期边界

图 4-20 boundary 文件内的 cyclic 周期边界信息

4.1.3.2　创建平移与旋转 cyclicAMI 边界

1．导入网格

与上例类似，在$FOAM_RUN/tutorials 中创建名为 createPatch_nonstructure 的文件夹并将 mixerVessel2D 算例中的文件以及中国水利水电出版社网站（www.waterpub.com.cn）或万水书苑网站（www.wsbookshow.com）中的 "OpenFOAM 例/createPatch" 的 nonstruc.msh 复制到其中。

在$FOAM_RUN/tutorials/createPatch_nonstructure 下执行如下命令导入网格：

```
fluentMeshToFoam nonstruc.msh
```

与上例不同的是，该网格为非结构化网格，每组周期面上的网格不完全一致。

2．尝试生成 cyclic 边界

将上例设置好的 createPatchDict 复制到$FOAM_RUN/tutorials/createPatch_nonstructure/system 中，执行 createPatch 命令，终端将输出如图 4-21 所示的信息。

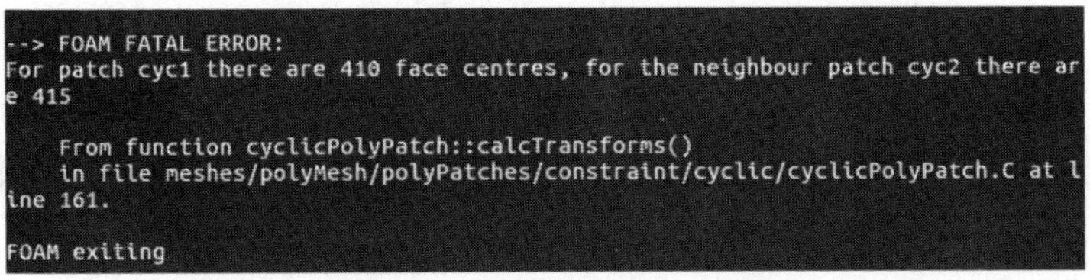

```
--> FOAM FATAL ERROR:
For patch cyc1 there are 410 face centres, for the neighbour patch cyc2 there ar
e 415

    From function cyclicPolyPatch::calcTransforms()
    in file meshes/polyMesh/polyPatches/constraint/cyclic/cyclicPolyPatch.C at l
ine 161.

FOAM exiting
```

图 4-21　创建 cyclic 边界时，终端输出的信息

以上错误显示：cyc1 由 410 个网格面组成，但 cyc2 由 415 个网格面组成，二者无法一一对应而导致错误。这是因为 cyclic 边界需要严格保证网格一致，否则无法创建。

3．生成 cyclicAMI 边界

将 createPatchDict 中所有的 type 修改为 cyclicAMI 后保存，执行如下命令：

```
createPatch -overwrite
```

此时 cyclicAMI 边界成功创建，本例/constant/polyMesh/boundary 中的周期边界如图 4-22 所示。

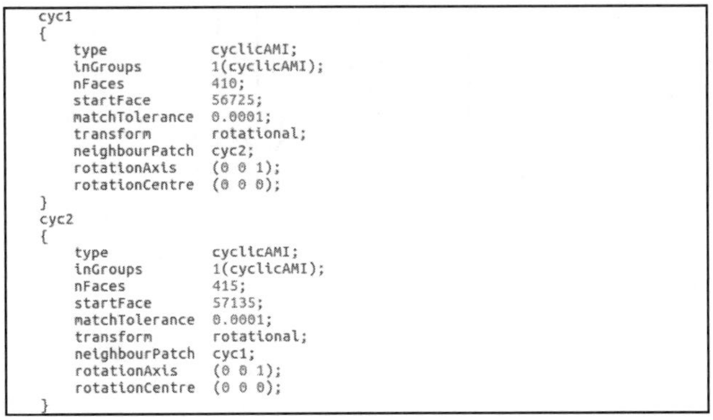

```
cyc1
{
    type            cyclicAMI;
    inGroups        1(cyclicAMI);
    nFaces          410;
    startFace       56725;
    matchTolerance  0.0001;
    transform       rotational;
    neighbourPatch  cyc2;
    rotationAxis    (0 0 1);
    rotationCentre  (0 0 0);
}
cyc2
{
    type            cyclicAMI;
    inGroups        1(cyclicAMI);
    nFaces          415;
    startFace       57135;
    matchTolerance  0.0001;
    transform       rotational;
    neighbourPatch  cyc1;
    rotationAxis    (0 0 1);
    rotationCentre  (0 0 0);
}
```

（a）旋转周期边界

图 4-22　boundary 文件内的 cyclicAMI 周期边界信息

```
trans1
{
    type              cyclicAMI;
    inGroups          1(cyclicAMI);
    nFaces            127;
    startFace         57550;
    matchTolerance    0.0001;
    transform         translational;
    neighbourPatch    trans2;
    separationVector  (0 0 -0.1);
}
trans2
{
    type              cyclicAMI;
    inGroups          1(cyclicAMI);
    nFaces            133;
    startFace         57677;
    matchTolerance    0.0001;
    transform         translational;
    neighbourPatch    trans1;
    separationVector  (0 0 0.1);
}
```

（b）平移周期边界

图 4-22　boundary 文件内的 cyclicAMI 周期边界信息（续图）

显而易见的是，边界的相关信息与 cyclic 类似，不同在于类型变为 cyclicAMI，且一组周期边界上的网格面数（见 nFaces）不相等。由此可见，cyclicAMI 可用于网格并非完全一致的两个边界的耦合。

4.1.3.3　创建流体之间的 cyclicAMI 交界面

cyclicAMI 除了可以创建周期性边界之外，另一个重要的功能是创建流体域之间的交界面。本例的几何如图 4-23 所示，为两个上下相连接的部分同心圆柱，将二者的接触面设置为 cyclicAMI 交界面。

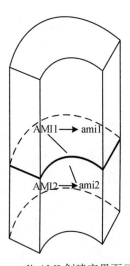

图 4-23　cyclicAMI 创建交界面示意图

1. 导入网格

在$FOAM_RUN/tutorials 中创建 createPatch_AMI 文件夹，将上例中的 0、contant 与 system 文件夹以及中国水利水电出版社网站（www.waterpub.com.cn）或万水书苑网站 （www.wsbookshow.com）中的"OpenFOAM 例/createPatch"的 AMIinterface.msh 复制到其中。

在$FOAM_RUN/tutorials/createPatch_AMI 下执行如下命令导入网格：

```
fluentMeshToFoam AMIinterface.msh
```

该网格同样为非结构化网格，且交界面上的网格不完全一致。

2. 修改 createPatchDict

将本例主目录下/system/createPatchDict 中的内容按图 4-24 所示修改后保存，注意， cyclicAMI 交接面的 transform 应为 noOrdering。

```
pointSync false;
patches
(

    {

        name ami1;
        patchInfo
        {
            type cyclicAMI;
            neighbourPatch ami2;
            transform noOrdering;

        }
        constructFrom patches;
        patches (AMI1);

    }
    {

        name ami2;
        patchInfo
        {
            type cyclicAMI;
            neighbourPatch ami1;
            transform noOrdering;

        }
        constructFrom patches;
        patches (AMI2);
    }
);
```

图 4-24　boundary 文件内的 cyclicAMI 交界面信息

3. 修改 createPatchDict

在本例主目录下执行如下命令：

```
createPatch -overwrite
```

此时 cyclicAMI 交界面成功创建，/constant/polyMesh/boundary 中的交界面信息如图 4-25 所示。

```
ami1
{
    type            cyclicAMI;
    inGroups        1(cyclicAMI);
    nFaces          130;
    startFace       115295;
    matchTolerance  0.0001;
    transform       noOrdering;
    neighbourPatch  ami2;
}
ami2
{
    type            cyclicAMI;
    inGroups        1(cyclicAMI);
    nFaces          127;
    startFace       115425;
    matchTolerance  0.0001;
    transform       noOrdering;
    neighbourPatch  ami1;
}
```

图 4-25   修改 createPatchDict

4.1.4　边界条件类型

　　边界条件在 CFD 中分为两大类：Dirichlet 边界和 Neumann 边界。其中：Dirichlet 边界为定值边界条件，即边界上的物理量是固定值；Neumann 边界是定梯度边界条件，即边界上物理量的梯度是固定值。OpenFOAM 拥有种类繁多的边界条件，除壁面函数以外均位于 /src/finiteVolume/fields/fvPatchFields 中，对于每一种边界条件，读者可查阅相应边界条件的头文件（".H"），其中的 Description 详细描述了该边界条件的用途。本书介绍几种常用的边界条件类型。

　　1. fixedValue

　　Dirichlet 边界条件是应用最为广泛的边界条件之一，用于设定进出口的速度、压力以及壁面速度等，使用示例如下：

```
边界名
{
    type            fixedValue;
    value           uniform 0;
}
```

其中，uniform 表示均匀分布，"0" 为物理量的值，若为矢量，则写为矢量形式，如 "(0 0 0)"。

　　2. zeroGradient

　　Neumann 边界条件，表示边界变量的梯度为 0，常用于壁面处压力以及其余标量场如 nut、k、epsilon 等的设置，使用格式如下：

```
边界名
{
    type            zeroGradient;
}
```

　　注：若 nut、k、epsilon 等与涡黏系数相关物理量的壁面条件设置为 zeroGradient，则表示

不考虑近壁面处理；若需使用壁面函数，则壁面处的条件应采用下文介绍的壁面函数。

3. 壁面函数

在网格不足以求解近壁区流动时，需采用壁面函数建立近壁区流场。此时，针对涡黏系数 v_t（nut）、湍动能 k（k）、湍动能耗散率 ε（epsilon）与湍动能比耗散率 ω（omega）均应设置相应的壁面函数。各变量的壁面函数类型见表 4-1、表 4-2，其中涉及的变量及原理见 4.3 节。除了表中所列的常用壁面函数以外，针对 v^2-f 模型还有 fWallFunction 以及 v2WallFunction，但由于此类壁面函数仅针对某一湍流模型，本书不作详细介绍。

表 4-1　v_t 的壁面函数类型

v_t	说明
nutLowReWallFunction	将壁面 v_t 设为 0，并计算壁面 y^+，用于低雷诺数流动
nutURoughWallFunction	基于速度的壁面函数，当 $y^+ > y_\lambda^+$ 时修正 v_t，反之将 v_t 设为 0，适于粗糙壁面
nutUSpaldingWallFunction	Spalding 壁面函数（注：该壁面函数的头文件中将其描述为适于粗糙壁面，但实际上，该壁面函数未引入壁面粗糙度，应适于光滑壁面）
nutUTabulatedWallFunction	根据用户给定的 U^+-Re 数据表，通过计算 Re 并插值得到 U^+ 值，再由 U^+ 值修正 v_t，适于光滑壁面
nutUWallFunction	基于速度的壁面函数，当 $y^+ > y_\lambda^+$ 时修正 v_t，反之将 v_t 设为 0，适于光滑壁面
nutWallFunction	nut 壁面函数的抽象类，仅定义了 y_λ^+ 等基本参数供其余壁面函数使用，是其余 v_t 壁面函数的基础
nutkAtmRoughWallFunction	基于大气速度分布的壁面函数，需与 atmBoundaryLayerInletVelocity 进口边界联合使用
nutkRoughWallFunction	基于湍动能的壁面函数，适于粗糙壁面
nutkWallFunction	基于湍动能的壁面函数，当 $y^+ > y_\lambda^+$ 时修正 v_t，反之将 v_t 设为 0，适于光滑壁面

表 4-2　k，ε 以及 ω 的壁面函数类型

类型		说明
k 壁面函数	kLowReWallFunction	当 $y^+ > y_\lambda^+$ 与 $y^+ \leqslant y_\lambda^+$ 时采用不同的函数修正 k，适于高、低雷诺数
	kqRWallFunction	即 zeroGradient 边界
ε 壁面函数	epsilonLowReWallFunction	当 $y^+ > y_\lambda^+$ 与 $y^+ \leqslant y_\lambda^+$ 时采用不同的函数修正 ε，适于高、低雷诺数
	epsilonWallFunction	高雷诺数 ε 壁面函数

续表

类型		说明
ω 壁面函数	omegaWallFunction	自动壁面函数，ω 根据黏性底层与对数律层的值计算

注　当针对可压缩流体进行模拟时，应考虑密度的影响，此时计算中设置涡黏系数为 $\mu_t = \rho_t \nu_t$，相应的 nut 壁面函数改为 mut 壁面函数。由于原理一致，本书仅介绍不可压流动的壁面函数。

4. slip

滑移边界，对于变量，该边界等同于 zeroGradient；对于矢量，则垂直于边界方向为 fixedValue，且值为 0，而平行于边界方向为 zeroGradient。使用格式如下：

```
边界名
{
    type            slip;
}
```

5. movingWallVelocity

运动壁面条件，用于设置运动壁面的速度，使用格式如下：

```
边界名
{
    type            movingWallVelocity;
    value           uniform (0 0 0);
}
```

注：当使用 MRF 模拟旋转流场时，必须将旋转域内的壁面设置为 movingWallVelocity，且设置的速度值为相对运动速度。对于一般的叶轮机械，由于叶片随转子旋转，此时壁面的相对运动速度为 0。

6. totalPressure

用于给定边界上的总压，常用于计算域的进口或出口，使用格式如下：

```
边界名
{
    type            totalPressure;
    U                U;
    phi             phi;
    rho             none;
    psi             none;
    gamma            1;
    value            uniform 0;
}
```

其中：

- U 为速度场名称，一般设置为 U，在某些情况下，也可能使用 Urel，即相对速度。
- phi 为通量场名称，一般为 phi。

- rho 为密度场名称，不可压流动设置为 none，可压流动设为 rho。
- psi 为可压缩性场 $\partial \rho / \partial p$ 的名称，亚音速的可压缩流体以及不可压流体均不考虑可压缩性对总压的影响（设置为 none），其余情况一般设置为 psi。
- gamma 表示绝热常数，若求解时不考虑传热，该参数不生效。
- value 表示总压值。

注：采用不可压求解器时无须考虑密度，此时总压值为 $p + 0.5|U|^2$；而当采用可压缩求解器或多相流求解器时需考虑密度，此时总压值为 $p + 0.5\rho|U|^2$。因此，在 OpenFOAM 中不可压求解时压力的量纲与可压求解时不同。以第 2 章的 mixerVessel2D 算例为例，p 的量纲为[0 2 -2 0 0 0 0]，即 m^2/s^2；而在 cavitatingBullet 算例中 p 的量纲为[1 -1 -2 0 0]，即 $kg/(m \cdot s^2)$。显然，后者才是常用的压力定义，而对于不可压求解器获得的压力，应乘以介质的密度才是实际压力。此外，需要注意的是，cavitatingBullet 算例中的量纲内仅有 5 个，即 kg、m、s、K 与 mol，而并未包含 A 与 cd。这是因为一般情况下无须求解电流与发光强度，此二者可以在设定量纲时省略，[1 -1 -2 0 0]等同于[1 -1 -2 0 0 0 0]。

7. flowRateInletVelocity

流量边界，用于给定进口或出口的质量流量或体积流量。当给定质量流量时，所采用的应为多相流或可压缩流动求解器等考虑密度的求解器，此时使用格式如下：

```
边界名
{
    type                flowRateInletVelocity;
    massFlowRate        0.2;
    rho                 rho;
    rhoInlet            1.0;
}
```

其中：

- massFlowRate 为质量流量，单位为 kg/s。流入计算域时数值为正，流出计算域时数值为负；
- rho 为密度场名称，一般为 rho。
- rhoInlet 表示初始密度，一般用于计算开始时未给定密度初始值的情况。

当给定体积流量时，使用格式如下：

```
边界名
{
    type            flowRateInletVelocity;
    volumetricFlowRate  0.2;
    value           uniform (0 0 0);
}
```

其中：

- volumetricFlowRate 表示体积流量，单位为 m^3/s。
- value 为占位符，设置的值无实际意义。

8. inletOutlet

出口边界，与普通出口边界不同的是，该边界可以控制回流。在 CFD 中，出口边界在迭代过程中经常出现回流（即流动方向与出流方向相反），易引起数值不稳定。此边界的优势在于可以设定回流的流动参数，当出现回流时将流动参数修正为设定值，从而提升数值稳定性，这一处理方式与 ANSYS CFX 类似（ANSYS CFX 出现回流时，在回流方向设置 wall 以阻止回流）。

如图 4-26 所示，当出口出现回流时，该边界可以将速度设置为设定值（图中为 0），回流部分的速度分布修正为图中粗实线所示。当流动方向为正常出流时，该边界等同于 zeroGradient。

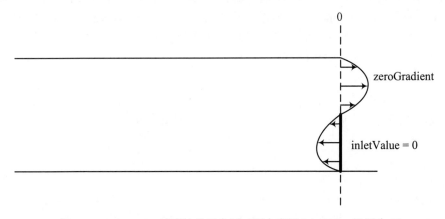

图 4-26　inletOutlet 速度边界示意图（图中表示 inletValue 设置为 0）

inletOutlet 边界的使用格式如下：

```
边界名
{
    type              inletOutlet;
    phi               phi;
    inletValue        uniform 0;
    value             uniform 0;
}
```

其中：

- phi 表示通量名称，用于判断流动方向，一般为 phi。
- inletValue 表示出现回流时的流动参数值。
- value 表示边界上的初始值。

9. outletInlet

进口边界，与 inletOutlet 功能相反。当流动为入流时，边界为 zeroGradient；而当流动为出流（出现回流）时，将其设置为给定值。使用格式如下：

```
边界名
{
    type            outletInlet;
    phi             phi;
    outletValue     uniform 0;
    value           uniform 0;
}
```

其中，outletValue 表示出现回流时的流动参数值，其余参数的含义同 inletOutlet。

4.2　边界条件程序解读

OpenFOAM 是以 C++为基础的程序，所有程序均根据 C++面向对象的特点，利用命名空间（namespace）以及类（class）将不同程序的功能进行分类与命名。本节将以前文介绍的边界条件 fixedValue 为例，对 OpenFOAM 中的程序实现进行说明，以期让读者对其中的原理有更深入的了解。

4.2.1　fixedValue 边界条件程序解读

该边界条件的源代码位于/src/finiteVolume/fields/fvPatchFields/basic/fixedValue，该路径下可见 6 个文件，分别为 fixedValueFvPatchFieldsFwd.H、fixedValueFvPatchField.H、fixedValueFvPatch-Field.C、fixedValueFvPatchFields.H、fixedValueFvPatchFields.C 和 fixedValueFvPatchFields.dep，其中".dep"文件为编译后产生的依赖文件（dependency），其余文件在下文逐一介绍。

1．fixedValueFvPatchFieldsFwd.H

文件中的内容如图 4-27 所示。

其中 26～27 行是 C++中的预处理指令（包括第 48 行的"#endif"），用于加快编译速度。下文分析其余代码，按图 4-27 中的行号逐一说明：

● 　29 行：包含 fieldTypes.H。
● 　30 行：表明该边界条件位于命名空间 Foam。
● 　38 行：声明 fixedValueFvPatchField 类。
● 　40 行：声明运行时的边界条件类型识别名称为 fixedValue。

注：38 行中的"template<class Type>"是 OpenFOAM 中的一个类模板，用于声明不同的类。

根据上述分析，fixedValueFvPatchFieldsFwd.H 的作用在于声明该边界条件的类以及名称。所有边界条件的源代码中，均使用"边界条件名 FvPatchFieldsFwd.H"文件来实现这一功能，其中 Fwd 即为 Forward declaration（前向声明），这也是 C++中常用的一种方式，目的在于缩短编译时间。

```
26 #ifndef fixedValueFvPatchFieldsFwd_H
27 #define fixedValueFvPatchFieldsFwd_H
28
29 #include "fieldTypes.H"
30
31 // * * * * * * * * * * * * * * * * * * * * * * * * * * * * * * * * *
   * //
32
33 namespace Foam
34 {
35
36 // * * * * * * * * * * * * * * * * * * * * * * * * * * * * * * * * *
   * //
37
38 template<class Type> class fixedValueFvPatchField;
39
40 makePatchTypeFieldTypedefs(fixedValue);
41
42 // * * * * * * * * * * * * * * * * * * * * * * * * * * * * * * * * *
   * //
43
44 } // End namespace Foam
45
46 // * * * * * * * * * * * * * * * * * * * * * * * * * * * * * * * * *
   * //
47
48 #endif
```

图 4-27　fixedValueFvPatchFieldsFwd.H 文件中的内容

2. fixedValueFvPatchField.H

文件中的内容如图 4-28 所示，其中：

- 55~56 行以及 215~221 行：同样是 C++中的预处理指令。
- 62~72 行：该边界条件位于命名空间 Foam，类为 fixedValueFvPatchField，且该类的公共成员为 fvPatchField<Type>。
- 75 行：public 表示所有成员均为公共成员。

```
55 #ifndef fixedValueFvPatchField_H
56 #define fixedValueFvPatchField_H
57
58 #include "fvPatchField.H"
59
60 // * * * * * * * * * * * * * * * * * * * * * * * * * * * * * * * * *
   * //
61
62 namespace Foam
63 {
64
65 /*---------------------------------------------------------------------------
   *\
66                  Class fixedValueFvPatchField Declaration
67 \*---------------------------------------------------------------------------
   */
68
69 template<class Type>
70 class fixedValueFvPatchField
71 :
72     public fvPatchField<Type>
73 {
74
75 public:
76
77     //- Runtime type information
78     TypeName("fixedValue");
79
80
81     // Constructors
82
83         //- Construct from patch and internal field
84         fixedValueFvPatchField
85         (
86             const fvPatch&,
87             const DimensionedField<Type, volMesh>&
88         );
```

（a）代码 1

图 4-28　fixedValueFvPatchField.H 文件中的内容

```
90        //- Construct from patch, internal field and dictionary
91        fixedValueFvPatchField
92        (
93            const fvPatch&,
94            const DimensionedField<Type, volMesh>&,
95            const dictionary&
96        );
97
98        //- Construct by mapping the given fixedValueFvPatchField<Type>
99        //  onto a new patch
100       fixedValueFvPatchField
101       (
102           const fixedValueFvPatchField<Type>&,
103           const fvPatch&,
104           const DimensionedField<Type, volMesh>&,
105           const fvPatchFieldMapper&
106       );
107
108       //- Construct as copy
109       fixedValueFvPatchField
110       (
111           const fixedValueFvPatchField<Type>&
112       );
113
114       //- Construct and return a clone
115       virtual tmp<fvPatchField<Type> > clone() const
116       {
117           return tmp<fvPatchField<Type> >
118           (
119               new fixedValueFvPatchField<Type>(*this)
120           );
121       }
122
123       //- Construct as copy setting internal field reference
124       fixedValueFvPatchField
125       (
126           const fixedValueFvPatchField<Type>&,
127           const DimensionedField<Type, volMesh>&
128       );
129
```

（b）代码 2

```
130       //- Construct and return a clone setting internal field reference
131       virtual tmp<fvPatchField<Type> > clone
132       (
133           const DimensionedField<Type, volMesh>& iF
134       ) const
135       {
136           return tmp<fvPatchField<Type> >
137           (
138               new fixedValueFvPatchField<Type>(*this, iF)
139           );
140       }
141
142
143    // Member functions
144
145       // Access
146
147          //- Return true if this patch field fixes a value.
148          //  Needed to check if a level has to be specified while solving
149          //  Poissons equations.
150          virtual bool fixesValue() const
151          {
152              return true;
153          }
154
155
156       // Evaluation functions
157
158          //- Return the matrix diagonal coefficients corresponding to the
159          //  evaluation of the value of this patchField with given weights
160          virtual tmp<Field<Type> > valueInternalCoeffs
161          (
162              const tmp<scalarField>&
163          ) const;
164
165          //- Return the matrix source coefficients corresponding to the
166          //  evaluation of the value of this patchField with given weights
167          virtual tmp<Field<Type> > valueBoundaryCoeffs
168          (
169              const tmp<scalarField>&
170          ) const;
```

（c）代码 3

图 4-28　fixedValueFvPatchField.H 文件中的内容（续图）

```
172            //- Return the matrix diagonal coefficients corresponding to the
173            //  evaluation of the gradient of this patchField
174            virtual tmp<Field<Type> > gradientInternalCoeffs() const;
175
176            //- Return the matrix source coefficients corresponding to the
177            //  evaluation of the gradient of this patchField
178            virtual tmp<Field<Type> > gradientBoundaryCoeffs() const;
179
180
181        //- Write
182        virtual void write(Ostream&) const;
183
184
185    // Member operators
186
187        virtual void operator=(const UList<Type>&) {}
188
189        virtual void operator=(const fvPatchField<Type>&) {}
190        virtual void operator+=(const fvPatchField<Type>&) {}
191        virtual void operator-=(const fvPatchField<Type>&) {}
192        virtual void operator*=(const fvPatchField<scalar>&) {}
193        virtual void operator/=(const fvPatchField<scalar>&) {}
194
195        virtual void operator+=(const Field<Type>&) {}
196        virtual void operator-=(const Field<Type>&) {}
197
198        virtual void operator*=(const Field<scalar>&) {}
199        virtual void operator/=(const Field<scalar>&) {}
200
201        virtual void operator=(const Type&) {}
202        virtual void operator+=(const Type&) {}
203        virtual void operator-=(const Type&) {}
204        virtual void operator*=(const scalar) {}
205        virtual void operator/=(const scalar) {}
206 };
```

（d）代码 4

```
215 #ifdef NoRepository
216 #    include "fixedValueFvPatchField.C"
217 #endif
218
219 // * * * * * * * * * * * * * * * * * * * * * * * * * * * * * * * * * * * * *
      * //
220
221 #endif
```

（e）代码 5

图 4-28　fixedValueFvPatchField.H 文件中的内容（续图）

- 78 行：定义名称，表示在边界条件使用时的名称，即 fixedValue。
- 81～140 行：声明 fixedValueFvPatchField 的不同构造函数。
- 150～153 行：声明成员函数 fixesValue，判定边界是否为定值。
- 160～178 行：声明成员函数 valueInternalCoeffs、valueBoundaryCoeffs、gradientInternal-Coeffs、gradientBoundaryCoeffs，其中 tmp 为 OpenFOAM 中的一类模板，可实现调用后自动释放内存，从而节省内存，在程序中应用广泛。
- 182 行：声明成员函数 write，写入功能。
- 187～205 行：重载运算符，使其能完成特定功能、特定类之间的运算。

由此可见，fixedValueFvPatchField.H 这一文件主要声明了 fixedValueFvPatchField 类以及

相关构造函数、成员函数，并重载了运算符。

3. fixedValueFvPatchField.C

该文件用于实例化 fixedValueFvPatchField.H 中声明的函数，是理解该边界条件的核心，文件中的内容如图 4-29 所示。其中 26~30 行的含义可参考前文，35~107 行的构造函数为此前所声明函数的实例化，无特殊之处，本书不作介绍。此处重点分析 valueInternalCoeffs、valueBoundaryCoeffs、gradientInternalCoeffs 与 gradientBoundaryCoeffs 函数，在分析之前，需要先对边界上变量值的计算进行介绍。

```
26 #include "fixedValueFvPatchField.H"
27
28 // * * * * * * * * * * * * * * * * * * * * * * * * * * * * * * * //
29
30 namespace Foam
31 {
32
33 // * * * * * * * * * * * * Member Functions * * * * * * * * * * * * //
34
35 template<class Type>
36 fixedValueFvPatchField<Type>::fixedValueFvPatchField
37 (
38     const fvPatch& p,
39     const DimensionedField<Type, volMesh>& iF
40 )
41 :
42     fvPatchField<Type>(p, iF)
43 {}
44
45
46 template<class Type>
47 fixedValueFvPatchField<Type>::fixedValueFvPatchField
48 (
49     const fvPatch& p,
50     const DimensionedField<Type, volMesh>& iF,
51     const dictionary& dict
52 )
53 :
54     fvPatchField<Type>(p, iF, dict, true)
55 {}
```

（a）代码 1

```
58 template<class Type>
59 fixedValueFvPatchField<Type>::fixedValueFvPatchField
60 (
61     const fixedValueFvPatchField<Type>& ptf,
62     const fvPatch& p,
63     const DimensionedField<Type, volMesh>& iF,
64     const fvPatchFieldMapper& mapper
65 )
66 :
67     fvPatchField<Type>(ptf, p, iF, mapper)
68 {
69     if (&iF && mapper.hasUnmapped())
70     {
71         WarningIn
72         (
73             "fixedValueFvPatchField<Type>::fixedValueFvPatchField\n"
74             "(\n"
75             "    const fixedValueFvPatchField<Type>&,\n"
76             "    const fvPatch&,\n"
77             "    const DimensionedField<Type, volMesh>&,\n"
78             "    const fvPatchFieldMapper&\n"
79             ")\n"
80         )   << "On field " << iF.name() << " patch " << p.name()
81             << " patchField " << this->type()
82             << " : mapper does not map all values." << nl
83             << "    To avoid this warning fully specify the mapping in derived"
84             << " patch fields." << endl;
85     }
86 }
```

（b）代码 2

图 4-29 fixedValueFvPatchField.C 文件中的内容

```
 89 template<class Type>
 90 fixedValueFvPatchField<Type>::fixedValueFvPatchField
 91 (
 92     const fixedValueFvPatchField<Type>& ptf
 93 )
 94 :
 95     fvPatchField<Type>(ptf)
 96 {}
 97
 98
 99 template<class Type>
100 fixedValueFvPatchField<Type>::fixedValueFvPatchField
101 (
102     const fixedValueFvPatchField<Type>& ptf,
103     const DimensionedField<Type, volMesh>& iF
104 )
105 :
106     fvPatchField<Type>(ptf, iF)
107 {}
108
109
110 // * * * * * * * * * * * * * Member Functions  * * * * * * * * * * *
    * //
111
112 template<class Type>
113 tmp<Field<Type> > fixedValueFvPatchField<Type>::valueInternalCoeffs
114 (
115     const tmp<scalarField>&
116 ) const
117 {
118     return tmp<Field<Type> >
119     (
120         new Field<Type>(this->size(), pTraits<Type>::zero)
121     );
122 }
```

（c）代码 3

```
125 template<class Type>
126 tmp<Field<Type> > fixedValueFvPatchField<Type>::valueBoundaryCoeffs
127 (
128     const tmp<scalarField>&
129 ) const
130 {
131     return *this;
132 }
133
134
135 template<class Type>
136 tmp<Field<Type> > fixedValueFvPatchField<Type>::gradientInternalCoeffs()
    const
137 {
138     return -pTraits<Type>::one*this->patch().deltaCoeffs();
139 }
140
141
142 template<class Type>
143 tmp<Field<Type> > fixedValueFvPatchField<Type>::gradientBoundaryCoeffs()
    const
144 {
145     return this->patch().deltaCoeffs()*(*this);
146 }
147
148
149 template<class Type>
150 void fixedValueFvPatchField<Type>::write(Ostream& os) const
151 {
152     fvPatchField<Type>::write(os);
153     this->writeEntry("value", os);
154 }
```

（d）代码 4

图 4-29　fixedValueFvPatchField.C 文件中的内容（续图）

本书 3.2 节已经介绍了 OpenFOAM 中的离散，但未分析边界上的情况。事实上，网格单元的面（三维）或者边（二维）有边界面或边时，控制方程中各项的离散需用到边界上的值。

与第 3 章的离散原理相同的是，边界上的值也可以通过与其相邻的网格插值获得。如图 4-30 所示，边界上变量值以及梯度值可由如下公式计算：

$$\phi_f = A_i \phi_c + A_b \tag{4-2}$$

$$\nabla\phi_f = A_{ig}\phi_c + A_{bg} \tag{4-3}$$

其中，A_i、A_b、A_{ig} 与 A_{bg} 分别表示 valueInternalCoeffs（内值系数）、valueBoundaryCoeffs（边值系数）、gradientInternalCoeffs（梯度内值系数）以及 gradientBoundaryCoeffs（梯度边值系数）函数的返回值，下标 f 与 c 分别表示边界上的网格面以及邻近边界的网格中心。

基于以上原理，逐一分析图 4-29 所示的几个函数：

- 118～120 行：valueInternalCoeffs 的返回值，其中 pTraits 是 primitives 的特征类，而 primitives 是 OpenFOAM 中的基础类之一，包含 Scalar、Tensor、Vector 等常见类。"this->size()"表示边界上的网格面数量（this 为指针），"pTraits<Type>::zero"表示返回值为 0（"pTraits<Type>"并未指定变量的类型，而是根据所设定的变量进行赋值，说明该边界是通用边界，适于各种变量），即 $A_i = 0$。

- 131 行：valueBoundaryCoeffs 的返回值，为"*this"，即给定的值，$A_b = \phi_d$，其中 ϕ_d 为给定的值。

- 138 行：gradientInternalCoeffs 的返回值，为" -pTraits<Type>::one*this->patch().deltaCoeffs()"，其中"deltaCoeff()"为距离系数，如图 4-30 所示，在边界上的定义为 $1/|d_b|$，即网格中心 P 至边界上网格面中心 f_c 的距离的倒数，因此函数的返回值为 $A_{ig} = -1/|d_b|$。

- 145 行：gradientBoundaryCoeffs 的返回值，为"this->patch().deltaCoeffs()*(*this)"，即 $A_{bg} = \phi_d/|d_b|$。

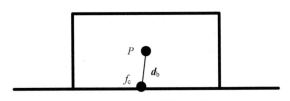

图 4-30　边界网格示意图

综上分析，fixedValue 的值为

$$\phi_f = \phi_d \tag{4-4}$$

$$\nabla\phi_f = -\frac{\phi_c}{|d_b|} + \frac{\phi_d}{|d_b|} \tag{4-5}$$

4. fixedValueFvPatchFields.H

文件中的内容如图 4-31 所示。

```
26 #ifndef fixedValueFvPatchFields_H
27 #define fixedValueFvPatchFields_H
28
29 #include "fixedValueFvPatchField.H"
30 #include "fieldTypes.H"
31
32 // * * * * * * * * * * * * * * * * * * * * * * * * * * * * * * * * //
33
34 namespace Foam
35 {
36
37 // * * * * * * * * * * * * * * * * * * * * * * * * * * * * * * * * //
38
39 makePatchTypeFieldTypedefs(fixedValue);
40
41 // * * * * * * * * * * * * * * * * * * * * * * * * * * * * * * * * //
42
43 } // End namespace Foam
44
45 // * * * * * * * * * * * * * * * * * * * * * * * * * * * * * * * * //
46
47 #endif
```

图 4-31 fixedValueFvPatchFields.H 文件中的内容

由于代码与 fixedValueFvPatchFieldsFwd.H 类似，此处不再赘述。

5. fixedValueFvPatchFields.C

文件中的内容如图 4-32 所示。

```
26 #include "fixedValueFvPatchFields.H"
27 #include "volFields.H"
28 #include "addToRunTimeSelectionTable.H"
29
30 // * * * * * * * * * * * * * * * * * * * * * * * * * * * * * * * * //
31
32 namespace Foam
33 {
34
35 // * * * * * * * * * * * * * Static Data Members * * * * * * * * * * * * //
36
37 makePatchFields(fixedValue);
38
39 // * * * * * * * * * * * * * * * * * * * * * * * * * * * * * * * * //
40
41 } // End namespace Foam
```

图 4-32 fixedValueFvPatchFields.C 文件中的内容

由图 4-32 可见，此部分代码的主要功能在于"makePatchFields(fixedValue)"，即创建边界类型 fixedValue，使其能在计算时使用。

综合以上分析，一个边界条件在创建时基本需要定义 5 个文件，具体功能如下：

- 边界名 FvPatchFieldsFwd.H：前向声明。

- 边界名 FvPatchField.H：声明构造函数与成员函数。
- 边界名 FvPatchField.C：构造函数以及主要成员函数的实例化，用于完成特定边界条件的功能。
- 边界名 FvPatchFields.H：与前向声明基本一致。
- 边界名 FvPatchFields.C：创建边界类型，使其能在计算时调用。

4.2.2　自定义边界条件实例——创建符合抛物线分布的速度边界

在了解边界条件程序结构的基础上，本节将通过一个实例介绍自定义边界条件的方法。

在某些情况下，计算域的进口需要给定非均匀的速度分布，如满足抛物线规律的分布。抛物线的一般方程可写为如下形式：

$$(y-a)^2 = a_1(x-b)^2 + a_2(x-b) + a_3 \tag{4-6}$$

本例中，仅考虑 x 方向的速度 u_1 沿 y 方向的抛物线分布，如下：

$$u_1^2 = a_1(y-b)^2 + a_2(y-b) + a_3 \tag{4-7}$$

在 OpenFOAM 中创建新的边界条件，最方便的方式在于寻找与所需功能最接近的类型，并在此基础上进行修改。上节介绍的 fixedValue 提供了定值边界条件的基础函数，而本节要创建的抛物线分布仍属于定值条件。考虑到 OpenFOAM 提供了另一种基于 fixedValue 的衍生边界——cylindricalInletVelocity，可用于设定圆柱坐标系下的速度分量（径向、切向与轴向速度），与本例所需功能类似。因此，以该边界条件的代码为基础，自定义新的边界条件。

1. 修改名称

在 /home/ 用户名 /OpenFOAM 路径下创建名为 app 的文件夹，将 /src/finiteVolume/ fields/fvPatchFields/derived/路径下的 cylindricalInletVelocity 文件夹复制到 app 文件夹内，并将文件夹以及文件名中的 cylindricalInletVelocity 改为 parabolicInletVelocity。

随后，逐一打开 ".H" 以及 ".C" 文件，利用图 4-33 所示的查找与替换功能，将所有 cylindricalInletVelocity 替换为 parabolicInletVelocity。

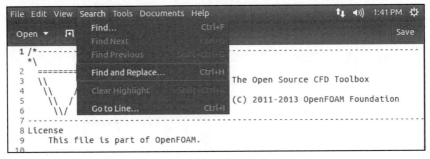

图 4-33　文本查找与替换功能

2. 声明抛物线方程中的参数

对 parabolicInletVelocityFvPatchVectorField.H 进行修改，将其中的 Private data 部分改为图 4-34 所示的形式，其中 "b_" "a1_" "a2_" 以及 "a3_" 分别对应式（4-7）中的系数 b、a_1、a_2 以及 a_3。

```
87 class parabolicInletVelocityFvPatchVectorField
88 :
89     public fixedValueFvPatchVectorField
90 {
91    // Private data
92
93        //- Parabolic coefficients, (u_x)^2=a_1(x-b)^2+a_2(x-b)+a_3
94
95        autoPtr<DataEntry<scalar> > b_;
96        autoPtr<DataEntry<scalar> > a1_;
97        autoPtr<DataEntry<scalar> > a2_;
98        autoPtr<DataEntry<scalar> > a3_;
```

图 4-34　Private data 部分的修改

注：头文件中包含如下两行代码，使程序可以调用 fixedValue 边界的相关函数，并可使用数据输入功能 DataEntry，确保用户在使用该边界条件时可以输入式（4-7）中的各个系数。

```
#include "fixedValueFvPatchFields.H"
#include "DataEntry.H"
```

此外，由图 4-34 中的 89 行可见，该边界条件沿用了 fixedValueFvPatchVectorField 类，说明是 fixedValue 的衍生边界条件。

3. 实例化构造函数

对 parabolicInletVelocityFvPatchVectorField.C 进行修改，实例化构造函数，如图 4-35 所示。

```
33 // * * * * * * * * * * * * * * * Constructors  * * * * * * * * * * * * * //
34
35 Foam::parabolicInletVelocityFvPatchVectorField::
36 parabolicInletVelocityFvPatchVectorField
37 (
38        const fvPatch& p,
39        const DimensionedField<vector, volMesh>& iF
40 )
41 :
42        fixedValueFvPatchField<vector>(p, iF),
43        b_(),
44        a1_(),
45        a2_(),
46        a3_()
47 {}
48
49 Foam::parabolicInletVelocityFvPatchVectorField::
50 parabolicInletVelocityFvPatchVectorField
51 (
52        const parabolicInletVelocityFvPatchVectorField& ptf,
53        const fvPatch& p,
54        const DimensionedField<vector, volMesh>& iF,
55        const fvPatchFieldMapper& mapper
56 )
57 :
58        fixedValueFvPatchField<vector>(ptf, p, iF, mapper),
59        b_(ptf.b_().clone().ptr()),
60        a1_(ptf.a1_().clone().ptr()),
61        a2_(ptf.a2_().clone().ptr()),
62        a3_(ptf.a3_().clone().ptr())
63 {}
```

（a）代码 1

图 4-35　实例化构造函数

```
65 Foam::parabolicInletVelocityFvPatchVectorField::
66 parabolicInletVelocityFvPatchVectorField
67 (
68      const fvPatch& p,
69      const DimensionedField<vector, volMesh>& iF,
70      const dictionary& dict
71 )
72 :
73      fixedValueFvPatchField<vector>(p, iF, dict),
74      b_(DataEntry<scalar>::New("b", dict)),
75      a1_(DataEntry<scalar>::New("a1", dict)),
76      a2_(DataEntry<scalar>::New("a2", dict)),
77      a3_(DataEntry<scalar>::New("a3", dict))
78 {}
79
80
81 Foam::parabolicInletVelocityFvPatchVectorField::
82 parabolicInletVelocityFvPatchVectorField
83 (
84      const parabolicInletVelocityFvPatchVectorField& ptf
85 )
86 :
87      fixedValueFvPatchField<vector>(ptf),
88      b_(ptf.b_().clone().ptr()),
89      a1_(ptf.a1_().clone().ptr()),
90      a2_(ptf.a2_().clone().ptr()),
91      a3_(ptf.a3_().clone().ptr())
92 {}
93
94
95 Foam::parabolicInletVelocityFvPatchVectorField::
96 parabolicInletVelocityFvPatchVectorField
97 (
98      const parabolicInletVelocityFvPatchVectorField& ptf,
99      const DimensionedField<vector, volMesh>& iF
100 )
101 :
102      fixedValueFvPatchField<vector>(ptf, iF),
103      b_(ptf.b_().clone().ptr()),
104      a1_(ptf.a1_().clone().ptr()),
105      a2_(ptf.a2_().clone().ptr()),
106      a3_(ptf.a3_().clone().ptr())
107 {}
```

（b）代码 2

图 4-35　实例化构造函数（续图）

4. 实例化成员函数

成员函数主要指 updateCoeffs 和 write 两个函数，如图 4-36 所示。上一节已介绍 fixedValue 中各种系数的计算方法，由于本例定义边界是 fixedValue 的衍生类型，无须再次实例化各系数，仅需定义具体物理量的计算公式[式（4-7）]，然后由 updateCoeffs 函数将计算后的物理量代入 fixedValue 边界中的系数函数，实现系数的实时更新。图 4-36 中：

● 114～117 行：用于检查是否已更新系数，若已更新，则不运行后面的代码。

● 119～123 行：t 为计算中的时刻，这几行的主要作用是将当前时刻的 b_ 等的值（由用户设置的边界条件读入，如图 4-35 所示的 73～77 行）赋给变量 b 等，由于计算中边界条件中给定的各系数并不更改，因此 b 等变量均为定值。

● 127 行：速度分布的表达式，与式（4-7）一致，其中 "patch().Cf()" 表示边界上网格的中心点位置矢量，"component(vector::Y)()" 是 OpenFOAM 中提供的一种获取矢量分量的方法，因此 "patch().Cf().component(vector::Y)()" 表示坐标 y。

4
Chapter

```
112 void Foam::parabolicInletVelocityFvPatchVectorField::updateCoeffs()
113 {
114     if (updated())
115     {
116         return;
117     }
118
119     const scalar t = this->db().time().timeOutputValue();
120     const scalar b = b_->value(t);
121     const scalar a1 = a1_->value(t);
122     const scalar a2 = a2_->value(t);
123     const scalar a3 = a3_->value(t);
124
125
126
127     scalarField ux = a1*sqr(patch().Cf().component(vector::Y)()-b)+a2*(patch
    ().Cf().component(vector::Y)()-b)+a3;
128
129
130
131     operator==(vector(1,0,0)*ux);
132
133     fixedValueFvPatchField<vector>::updateCoeffs();
134 }
135
136
137 void Foam::parabolicInletVelocityFvPatchVectorField::write(Ostream& os) const
138 {
139     fvPatchField<vector>::write(os);
140
141     b_->writeData(os);
142     a1_->writeData(os);
143     a2_->writeData(os);
144     a3_->writeData(os);
145     writeEntry("value", os);
146 }
```

图 4-36　实例化成员函数

- 131 行：上一节介绍 fixedValue 边界时已提及，在该边界中重载了各运算符。此处是给定边界上的速度值，由于代码中 ux 为标量场，而速度为矢量场，因此需乘以矢量之后转换为矢量场，"vector(1,0,0)*ux" 即表示 $U = (u_1, 0, 0)$。

- 133 行：调用 fixedValue 边界的 updateCoeffs 函数，更新边界上的值。

- 137～146 行：write 函数。在介绍 write 函数之前，有必要理解 OpenFOAM 中的 Dictionaries（字典）。事实上，读者在第 2 章的算例中已经大量接触过字典的用法。OpenFOAM 中的数值格式设置（fvSchemes）、求解控制设置（fvSolution）、计算控制设置（controlDict）都是通过字典的读写来完成的。例如，在湍流模型设置时采用如下字典：

RASModel   kEpsilon;

字典是一个整体，包含关键词（keyword）与数据条目（dataEntry），格式如下：

关键词数据条目 1　数据条目 2　…　数据条目 N

当然，大部分情况下采用"关键词+1 个数据条目"的形式。OpenFOAM 通过读取关键词来获取紧随其后的数据条目。

理解字典之后，再看 write 函数，该函数用于输出，其功能是将边界条件的相关内容写入计算结果中特定的位置。

- 139 行：调用 fvPatchField 的 write 函数。

- 141～145 行：输出，有多种方式可以实现输出，包括 writeData、writeEntry 以及 writeKeyword，关于不同方式的具体效果，将在下文由实例来分析。

5. 修改 Make 文件夹中的 files 以及 options 文件

程序写完之后需要通过编译器进行编译才能使用，在 OpenFOAM 中程序都以一种规范的格式来架构，每个程序的源代码放置在以这个程序命名的文件夹中，文件结构如图 4-37 所示。OpenFOAM 采用 wmake 脚本进行编译，该脚本基于 make 但相比 make 更加多样且简单好用。Make 文件夹中包含了 wmake 编译需要的相关文件，其中 files 包含了所编译的源代码的名称、位置以及编译后程序的名称；options 则包含两部分，其一为包含的头文件的路径，其二为链接的库文件的位置。

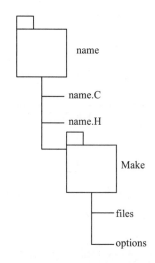

图 4-37　OpenFOAM 程序的文件结构

将/src/finiteVolume/路径下的 Make 文件夹复制到本例主目录下，并修改其中的文件并保存。

files 修改为如下形式：

```
parabolicInletVelocityFvPatchVectorField.C
LIB = $(FOAM_USER_LIBBIN)/libparabolicInletVelocity
```

其中，第一行为边界条件的主源文件所在路径及名称，若未指定文件路径，则默认位于 Make 文件夹同级目录中；第二行为指定程序编译后所在的库，此处为用户自定义边界类型，将其设置为$(FOAM_USER_LIBBIN)，即用户自定义库，libparabolicInletVelocity 表示库的名称，一般采用"lib 边界条件名称"的形式。

options 修改为如图 4-38 所示的形式。

其中，1～4 行是包含的头文件的路径；6～9 行是所链接的库的名称。

注：options 文件中，尾行之前均需使用"\"表示继续。

```
1 EXE_INC = \
2    -I$(LIB_SRC)/triSurface/lnInclude \
3    -I$(LIB_SRC)/meshTools/lnInclude \
4    -I$(LIB_SRC)/finiteVolume/lnInclude \
5
6 LIB_LIBS = \
7    -lOpenFOAM \
8    -ltriSurface \
9    -lmeshTools
```

图 4-38　修改 options 文件

6. 编译程序

OpenFOAM 提供了多种编译方式，具体见表 4-3。

表 4-3　wmake 编译类型

代码	类型释义
wmake lib	创建静态链接库
wmake	创建可执行程序
wmake libso	创建动态链接库
wmake libo	创建静态链接对象文件库
wmake jar	创建 JAVA 程序
wmake exe	创建独立的应用

由于 OpenFOAM 在计算过程中需实时调用所编译的边界条件，采用 wmake libso 创建动态链接库后，使用更为方便。对于大部分自定义的边界、湍流模型、壁面函数等，均建议用户使用该形式。

将上述文件修改后保存，在本例主目录下执行如下命令进行编译：

wmake libso

程序完成编译时，终端输出的信息如图 4-39 所示。

```
Making dependency list for source file parabolicInletVelocityFvPatchVectorField.
C
SOURCE=parabolicInletVelocityFvPatchVectorField.C ;  g++ -m64 -Dlinux64 -DWM_DP
-Wall -Wextra -Wno-unused-parameter -Wold-style-cast -Wnon-virtual-dtor -O3  -DN
oRepository -ftemplate-depth-100 -I/home/huangxianbei/OpenFOAM/OpenFOAM-2.3.0/sr
c/triSurface/lnInclude -I/home/huangxianbei/OpenFOAM/OpenFOAM-2.3.0/src/meshTool
s/lnInclude -I/home/huangxianbei/OpenFOAM/OpenFOAM-2.3.0/src/finiteVolume/lnIncl
ude  -IlnInclude -I. -I/home/huangxianbei/OpenFOAM/OpenFOAM-2.3.0/src/OpenFOAM/l
nInclude -I/home/huangxianbei/OpenFOAM/OpenFOAM-2.3.0/src/OSspecific/POSIX/lnInc
lude  -fPIC -c $SOURCE -o Make/linux64GccDPOpt/parabolicInletVelocityFvPatchVec
torField.o
'/home/huangxianbei/OpenFOAM/huangxianbei-2.3.0/platforms/linux64GccDPOpt/lib/li
bparabolicInletVelocity.so' is up to date.
```

图 4-39　parabolicInletVelocity 边界条件编译时的终端输出

由图 4-39 的最后两行可见 "'...libparabolicInletVelocity.so' is up to data"，表明编译后创建了 libparabolicInletVelocity.so 库，这与 Make 文件夹中 files 文件设置的名称（libparabolicInletVelocity）保持一致。

LIB = $(FOAM_USER_LIBBIN)/libparabolicInletVelocity

7．应用新定义的边界条件

在 $FOAM_RUN/tutorials 下创建名为 example 的文件夹，从 /tutorials/incompressible/simpleFoam/中将 airFoil2D 文件夹复制到该文件夹，并作如下修改：

● 边界条件。将"0"文件夹内各文件中的 inlet 与 outlet 边界修改为图 4-40 所示的形式。需要注意的是，使用 parabolicInletVelocity 边界条件时，其中的系数后均须加 constant 以表示不随时间变化。

```
inlet
{
    type            calculated;
}

outlet
{
    type             calculated;
}
```

（a）nut 文件

```
inlet
{
    type            parabolicInletVelocity;
    b constant 0;
    a1 constant 1;
    a2 constant 1;
    a3 constant 1;
    value uniform (25.75 3.62 0);
}

outlet
{
    type            zeroGradient;
}
```

（b）U 文件

```
inlet
{
    type            zeroGradient;
}

outlet
{
    type            fixedValue;
    value           uniform  0;
}
```

（c）p 文件

```
inlet
{
    type            fixedValue;
    value           uniform 0.14;
}

outlet
{
    type            fixedValue;
    value           uniform 0.14;
}
```

（d）nuTilda 文件

图 4-40　修改边界条件

● 计算控制设置。由于只是验证边界条件是否生效，将/system/controlDict 改为图 4-41 所示的形式，仅计算一步之后即停止计算并输出结果。最后一行的"libs( );"表示加载动态链接库，其中 libOpenFOAM.so 是 OpenFOAM 的动态链接总库，而 libparabolicInletVelocity.so 为新定义的边界条件的动态链接库。

```
application      simpleFoam;

startFrom        startTime;

startTime        0;

stopAt           endTime;

endTime          1;

deltaT           1;

writeControl     timeStep;

writeInterval    1;

purgeWrite       0;

writeFormat      ascii;

writePrecision   6;

writeCompression off;

timeFormat       general;

timePrecision    6;

runTimeModifiable true;

libs ("libOpenFOAM.so" "libparabolicInletVelocity.so");
```

图 4-41　修改 controlDict

8. 新边界条件的验证

在算例主目录下执行 simpleFoam 命令，待计算结束后执行 paraFoam 打开 ParaView。为观察进口的速度分布，按图 4-42 创建 PlotOverLine，其属性设置如图 4-43 所示。单击 Apply 按钮后，速度分布如图 4-44 所示。显然，速度分布为抛物线型，说明自定义边界条件已经生效。

图 4-42　基于 $t = 1$ s 时刻创建 PlotOverLine

9. write 函数中不同输出类型的分析

前文提及，write 存在多种类型，分别为 writeData、writeEntry 以及 writeKeyword。无论

何种形式，在此处 write 的功能都是将边界的相关信息写入计算结果对应变量的边界。打开"1"
文件夹中的 U，并找到 inlet 边界上的信息，如图 4-45 所示。

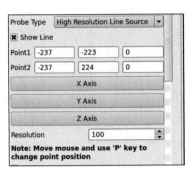

（a）设置 1   （b）设置 2

图 4-43   PlotOverLine 的 Properties 设置

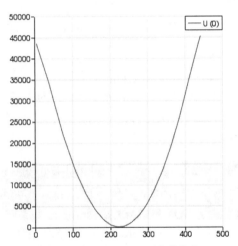

图 4-44   PlotOverLine 速度分布

```
10746 boundaryField
10747 {
10748     inlet
10749     {
10750         type            parabolicInletVelocity;
10751         b               constant 0;
10752         a1              constant 1;
10753         a2              constant 1;
10754         a3              constant 1;
10755         value           nonuniform List<vector>
10756 134
10757 (
10758 (12.3519 0 0)
10759 (453.354 0 0)
```

图 4-45   writeData 与 writeEntry 的输出结果

回顾上文中 write 函数中的相关定义，其中 b、a1、a2 与 a3 均使用 writeData，而 value 则使用 writeEntry。根据图 4-45 的结果可以推测：writeData 的功能主要是将变量或参数的设定值（标量）写入到结果中，而 writeEntry 则是将设定的边界上的变量值以列表（List）形式写入到结果中，value 作提示符使用。为证实这一推测，将 parabolicInletVelocity-FvPatchVectorField.C 的 write 函数中 b 的输出修改为如下形式：

writeEntry("b", os);

在算例主目录下重新编译该边界条件并再次运行该算例，随后打开"1"文件夹中的 U，其中 inlet 边界上的信息如图 4-46 所示。显然，此时 b 仅仅作为一个提示符出现在结果中，且其后为进口边界上的速度分布（10752 行开始），与图 4-45 中的 value 一致。因此，为确保能在结果中正确输出用户所设定的边界条件参数，不应使用 writeEntry。

```
10746 boundaryField
10747 {
10748     inlet
10749     {
10750         type            parabolicInletVelocity;
10751         b               nonuniform List<vector>
10752 134
10753 (
10754 (12.3519 0 0)
10755 (453.354 0 0)
```

图 4-46　b 的输出改为 writeEntry 形式后的结果

writeKeyword 用于输出字典的关键词，使用示例如下：

os.writeKeyword("b") << b_ << token::END_STATEMENT << nl;

根据图 4-34 中的声明，本例中 b 的类型为 DataEntry，为数字类型，而 writeKeyword 只能输出字符串。若将 b 的输出改为上文所述的 Keyword 形式，则终端将输出如图 4-47 所示的信息，表明 DataEntry 无法直接转为字符串。

```
note:   no known conversion for argument 2 from 'const Foam::autoPtr<Foam::DataE
ntry<double> >' to 'char'
parabolicInletVelocityFvPatchVectorField.dep:495: recipe for target 'Make/linux6
4GccDPOpt/parabolicInletVelocityFvPatchVectorField.o' failed
make: *** [Make/linux64GccDPOpt/parabolicInletVelocityFvPatchVectorField.o] Erro
r 1
```

图 4-47　b 的输出改为 writeKeyword 形式后终端输出的信息

4.3　OpenFOAM 中的壁面函数

求解湍流所需的网格与雷诺数的指数成正相关，然而大部分流动的雷诺数偏高，导致网格无法满足解析要求，尤其是在近壁面区域。为此，需要通过壁面函数来实现粗糙网格下的近壁区流场预测。

4.3.1　壁面函数理论

在介绍壁面函数之前，有必要先了解壁面律（law of wall）。在典型的湍流（平板湍流、各向同性湍流、槽道流等）近壁区内，速度分布往往如图 4-48 所示呈现 3 个分区。

（1）黏性底层（viscous sublayer），$y^+ \leqslant y_\lambda^+$。在黏性底层内，速度分布满足如下条件：

$$U^+ = y^+ \tag{4-8}$$

其中，平行于壁面的无量纲化速度为

$$U^+ = u_t / u_\tau \tag{4-9}$$

式（4-8）中的 y^+ 为流场内一点到壁面的无量纲化距离，定义为

$$y^+ = y u_\tau / \nu \tag{4-10}$$

其中，y 为该点到壁面的距离，u_τ 为壁面摩擦速度，ν 为流体的运动黏度。

（2）对数律层（log-law layer），$y^+ > y_l^+$。在对数律层内，速度分布满足如下条件：

$$U^+ = \frac{1}{\kappa} \ln y^+ + C \tag{4-11}$$

其中，κ 为 von Karman 常数，通常取为 0.41，C 为常数。

（3）过渡层（buffer layer），$y_\lambda^+ < y^+ \leqslant y_l^+$。关于过渡层内的速度分布，现有的研究尚不能给出确定的数学形式。因此目前的壁面函数，通常只考虑黏性底层与对数律层，即 y^+ 大于某一设定值时，认为流动处于对数律层，反之则为黏性底层。大部分壁面函数的核心思路是，利用对数律层的速度分布，构建其余变量如 ν_t、k、ε 等的近壁区形式，从而修正距离壁面最近的第一层网格上的相关物理量。因此，从此处开始，U^+ 的定义限于第一层网格。

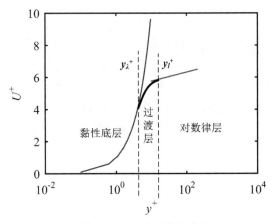

图 4-48　近壁区速度分布

值得注意的是，实际流动中的壁面可能为运动壁面，此时壁面速度不为 0。对于第一层网格，速度需修正为相对壁面的速度，即

$$u_t = \left| u_p - u_w \right| \tag{4-12}$$

其中，下标 p 表示第一层网格中心，w 表示壁面。下文分析壁面函数时，u_t 的定义均依照式（4-12）。

4.3.2 nutWallFunction 程序解读

通过 4.2 节，相信读者对 OpenFOAM 中的程序结构有了一定的认识。本节将基于 nut 壁面函数中的基类——nutWallFunction 的代码，介绍壁面函数的实现。OpenFOAM 中壁面函数的源代码位于 /src/turbulenceModels/incompressible/RAS/derivedFvPatchFields/wallFunctions/，而 nutWallFunction 的源代码则位于上述路径的 /nutWallFunctions/nutWallFunction 中，包含 nutWallFunctionFvPatchScalarField.H、nutWallFunctionFvPatchScalarField.C 以及 nutWallFunction-FvPatchScalarField.dep 三个文件，与 fixedValue 边界条件的源程序一致的是，".dep" 文件是编译产生的依赖文件。

1. nutWallFunctionFvPatchScalarField.H

该文件中的内容如图 4-49 所示，其中：

- 53～54 行以及 179 行：与 fixedValue 程序中的用法相同，为 C++ 中的预处理指令。
- 56 行：包含 fixedValueFvPatchFields.H，程序中将用到 fixedValueFvPatchFields 的相关函数。
- 60～71 行：在命名空间 Foam 下的 incompressible 空间，声明 nutWallFunctionFvPatch-ScalarField 类，该类为 fixedValueFvPatchScalarField 的衍生类。
- 78～87 行：声明壁面函数的相关系数，其中 "Cmu_" 为 C_μ，同标准 k-ε 模型的系数，"kappa_" 为 von Karman 常数 κ，"E_" 为常数 E，见 4.3.3 节；"yPlusLam_" 为 y_λ^+，表示黏性底层的临界 y^+。
- 93 行：声明 checkType 函数，用于检查边界类型，由于壁面函数仅适用于 wall 类型的边界，此函数的目的在于确认所选边界的类型是否为 wall。
- 96 行：声明 calcNut 函数，用于计算 ν_t。
- 99 行：声明 writeLocalEntries 函数，用于输出壁面函数的变量。
- 105 行：声明运行时的壁面函数类型识别 nutWallFunction。
- 111～147 行：声明构造函数。
- 153 行：声明 yPlusLam 函数，用于计算 y_λ^+，注意上面代码中的 "yPlusLam_" 为给定值，无须计算。
- 156 行：声明 yPlus 函数，用于计算壁面上的 y^+。
- 162 行：声明 updateCoeffs 函数，用于更新边界上的系数（如 4.2.1 节中介绍的内值系数等）。
- 168 行：声明 write 函数，输出壁面函数计算结果。

```
53 #ifndef nutWallFunctionFvPatchScalarField_H
54 #define nutWallFunctionFvPatchScalarField_H
55
56 #include "fixedValueFvPatchFields.H"
57
58 // * * * * * * * * * * * * * * * * * * * * * * * * * * * * * * * * //
59
60 namespace Foam
61 {
62 namespace incompressible
63 {
64
65 /*---------------------------------------------------------------------------*\
66                Class nutWallFunctionFvPatchScalarField Declaration
67 \*---------------------------------------------------------------------------*/
68
69 class nutWallFunctionFvPatchScalarField
70 :
71     public fixedValueFvPatchScalarField
72 {
73 protected:
74
75     // Protected data
76
77         //- Cmu coefficient
78         scalar Cmu_;
79
80         //- Von Karman constant
81         scalar kappa_;
82
83         //- E coefficient
84         scalar E_;
85
86         //- Y+ at the edge of the laminar sublayer
87         scalar yPlusLam_;
88
89
90     // Protected Member Functions
91
92         //- Check the type of the patch
93         virtual void checkType();
94
95         //- Calculate the turbulence viscosity
96         virtual tmp<scalarField> calcNut() const = 0;
```

（a）代码 1

```
98          //- Write local wall function variables
99          virtual void writeLocalEntries(Ostream&) const;
100
101
102 public:
103
104     //- Runtime type information
105     TypeName("nutWallFunction");
106
107
108     // Constructors
109
110         //- Construct from patch and internal field
111         nutWallFunctionFvPatchScalarField
112         (
113             const fvPatch&,
114             const DimensionedField<scalar, volMesh>&
115         );
116
117         //- Construct from patch, internal field and dictionary
118         nutWallFunctionFvPatchScalarField
119         (
120             const fvPatch&,
121             const DimensionedField<scalar, volMesh>&,
122             const dictionary&
123         );
124
125         //- Construct by mapping given
126         //  nutWallFunctionFvPatchScalarField
127         //  onto a new patch
128         nutWallFunctionFvPatchScalarField
129         (
130             const nutWallFunctionFvPatchScalarField&,
131             const fvPatch&,
132             const DimensionedField<scalar, volMesh>&,
133             const fvPatchFieldMapper&
134         );
135
136         //- Construct as copy
137         nutWallFunctionFvPatchScalarField
138         (
139             const nutWallFunctionFvPatchScalarField&
140         );
```

（b）代码 2

图 4-49   nutWallFunctionFvPatchScalarField.H 文件中的内容

```
142         //- Construct as copy setting internal field reference
143         nutWallFunctionFvPatchScalarField
144         (
145             const nutWallFunctionFvPatchScalarField&,
146             const DimensionedField<scalar, volMesh>&
147         );
148
149
150     // Member functions
151
152         //- Calculate the Y+ at the edge of the laminar sublayer
153         static scalar yPlusLam(const scalar kappa, const scalar E);
154
155         //- Calculate and return the yPlus at the boundary
156         virtual tmp<scalarField> yPlus() const = 0;
157
158
159     // Evaluation functions
160
161         //- Update the coefficients associated with the patch field
162         virtual void updateCoeffs();
163
164
165     // I-O
166
167         //- Write
168         virtual void write(Ostream&) const;
169 };
170
171
172 // * * * * * * * * * * * * * * * * * * * * * * * * * * * * * * * * * * * //
173
174 } // End namespace incompressible
175 } // End namespace Foam
176
177 // * * * * * * * * * * * * * * * * * * * * * * * * * * * * * * * * * * * //
178
179 #endif
```

（c）代码 3

图 4-49   nutWallFunctionFvPatchScalarField.H 文件中的内容（续图）

2. nutWallFunctionFvPatchScalarField.C

该文件中的内容如图 4-50 所示，其中：

- 26～30 行：包含相关头文件。
- 34～36 行：在命名空间 Foam 下的 incompressible 空间，声明 nutWallFunctionFvPatch-ScalarField 类，该类为 fixedValueFvPatchScalarField 的衍生类。
- 41 行：定义类型与调试（Debug），其中的数字为调试开关，"0"表示关闭，若设定为不等于 0 的任意数字，则表示开启调试。
- 46～57 行：实例化 checkType 函数，若使用壁面函数的边界不是 wall 类型，则在终端输出不为壁面的边界名称，并终止计算。
- 60～65 行：输出壁面函数中的系数，此处采用 writeKeyword 形式。
- 70～149 行：构造函数实例化。
- 154～168 行：实例化 yPlusLam 函数，具体见 4.3.3 的相关公式。
- 171～181 行：实例化 updateCoeffs 函数，检查是否已更新边界上的系数，若边界已更新，则返回值为空，同时调用 calcNut 函数计算涡黏系数并赋值至边界，随后更新边界上的系数，此时调用的 fixedValueFvPatchScalarField::updateCoeffs() 即为 fixedValue 的成员函数。因此，nut 壁面函数可以视为 fixedValue 的一个子类。
- 184～189 行：实例化 write 函数。

```
26 #include "nutWallFunctionFvPatchScalarField.H"
27 #include "fvPatchFieldMapper.H"
28 #include "volFields.H"
29 #include "wallFvPatch.H"
30 #include "addToRunTimeSelectionTable.H"
31
32 // * * * * * * * * * * * * * * * * * * * * * * * * * * * * * * * * //
33
34 namespace Foam
35 {
36 namespace incompressible
37 {
38
39 // * * * * * * * * * * * * * * * * * * * * * * * * * * * * * * * * //
40
41 defineTypeNameAndDebug(nutWallFunctionFvPatchScalarField, 0);
42
43
44 // * * * * * * * * * * * Protected Member Functions * * * * * * * * * * //
45
46 void nutWallFunctionFvPatchScalarField::checkType()
47 {
48     if (!isA<wallFvPatch>(patch()))
49     {
50         FatalErrorIn("nutWallFunctionFvPatchScalarField::checkType()")
51             << "Invalid wall function specification" << nl
52             << "    Patch type for patch " << patch().name()
53             << " must be wall" << nl
54             << "    Current patch type is " << patch().type() << nl << endl
55             << abort(FatalError);
56     }
57 }
58
59
60 void nutWallFunctionFvPatchScalarField::writeLocalEntries(Ostream& os) const
61 {
62     os.writeKeyword("Cmu") << Cmu_ << token::END_STATEMENT << nl;
63     os.writeKeyword("kappa") << kappa_ << token::END_STATEMENT << nl;
64     os.writeKeyword("E") << E_ << token::END_STATEMENT << nl;
65 }
```

（a）代码 1

```
68 // * * * * * * * * * * * * * * Constructors * * * * * * * * * * * * * * //
69
70 nutWallFunctionFvPatchScalarField::nutWallFunctionFvPatchScalarField
71 (
72     const fvPatch& p,
73     const DimensionedField<scalar, volMesh>& iF
74 )
75 :
76     fixedValueFvPatchScalarField(p, iF),
77     Cmu_(0.09),
78     kappa_(0.41),
79     E_(9.8),
80     yPlusLam_(yPlusLam(kappa_, E_))
81 {
82     checkType();
83 }
84
85
86 nutWallFunctionFvPatchScalarField::nutWallFunctionFvPatchScalarField
87 (
88     const nutWallFunctionFvPatchScalarField& ptf,
89     const fvPatch& p,
90     const DimensionedField<scalar, volMesh>& iF,
91     const fvPatchFieldMapper& mapper
92 )
93 :
94     fixedValueFvPatchScalarField(ptf, p, iF, mapper),
95     Cmu_(ptf.Cmu_),
96     kappa_(ptf.kappa_),
97     E_(ptf.E_),
98     yPlusLam_(ptf.yPlusLam_)
99 {
100     checkType();
101 }
```

（b）代码 2

图 4-50　nutWallFunctionFvPatchScalarField.C 文件中的内容

```
104 nutWallFunctionFvPatchScalarField::nutWallFunctionFvPatchScalarField
105 (
106     const fvPatch& p,
107     const DimensionedField<scalar, volMesh>& iF,
108     const dictionary& dict
109 )
110 :
111     fixedValueFvPatchScalarField(p, iF, dict),
112     Cmu_(dict.lookupOrDefault<scalar>("Cmu", 0.09)),
113     kappa_(dict.lookupOrDefault<scalar>("kappa", 0.41)),
114     E_(dict.lookupOrDefault<scalar>("E", 9.8)),
115     yPlusLam_(yPlusLam(kappa_, E_))
116 {
117     checkType();
118 }
119
120
121 nutWallFunctionFvPatchScalarField::nutWallFunctionFvPatchScalarField
122 (
123     const nutWallFunctionFvPatchScalarField& wfpsf
124 )
125 :
126     fixedValueFvPatchScalarField(wfpsf),
127     Cmu_(wfpsf.Cmu_),
128     kappa_(wfpsf.kappa_),
129     E_(wfpsf.E_),
130     yPlusLam_(wfpsf.yPlusLam_)
131 {
132     checkType();
133 }
134
135
136 nutWallFunctionFvPatchScalarField::nutWallFunctionFvPatchScalarField
137 (
138     const nutWallFunctionFvPatchScalarField& wfpsf,
139     const DimensionedField<scalar, volMesh>& iF
140 )
141 :
142     fixedValueFvPatchScalarField(wfpsf, iF),
143     Cmu_(wfpsf.Cmu_),
144     kappa_(wfpsf.kappa_),
145     E_(wfpsf.E_),
146     yPlusLam_(wfpsf.yPlusLam_)
147 {
148     checkType();
149 }
```

（c）代码 3

```
154 scalar nutWallFunctionFvPatchScalarField::yPlusLam
155 (
156     const scalar kappa,
157     const scalar E
158 )
159 {
160     scalar ypl = 11.0;
161
162     for (int i=0; i<10; i++)
163     {
164         ypl = log(max(E*ypl, 1))/kappa;
165     }
166
167     return ypl;
168 }
169
170
171 void nutWallFunctionFvPatchScalarField::updateCoeffs()
172 {
173     if (updated())
174     {
175         return;
176     }
177
178     operator==(calcNut());
179
180     fixedValueFvPatchScalarField::updateCoeffs();
181 }
182
183
184 void nutWallFunctionFvPatchScalarField::write(Ostream& os) const
185 {
186     fvPatchField<scalar>::write(os);
187     writeLocalEntries(os);
188     writeEntry("value", os);
189 }
190
191
192 // * * * * * * * * * * * * * * * * * * * * * * * * * * * * * * * * //
193
194 } // End namespace incompressible
195 } // End namespace Foam
```

（d）代码 4

图 4-50　nutWallFunctionFvPatchScalarField.C 文件中的内容（续图）

结合上述代码的分析，我们可以发现 nutWallFunctionFvPatchScalarField.H 的作用在于声明了壁面函数中常用的几个系数；声明了两个核心函数——yPlusLam 以及 calcNut 分别用于计算黏性底层的临界 y_λ^+ 以及涡黏系数 ν_t；同时还有边界系数更新函数 updateCoeffs。nutWallFunctionFvPatchScalarField.C 的作用在于实例化了 yPlusLam 以及 updateCoeffs 函数。值得注意的是，代码中并未实例化 calcNut 函数，这是因为 nutWallFunction 是所有 nut 函数的基类，即 nutWallFunction 搭建了一个 nut 壁面函数的框架，而不同形式的 nut 壁面函数需要通过各自的代码加以实现，具体见下节。

4.3.3 ν_t 壁面函数

4.3.2 节已经分析了壁面函数的代码，本节至 4.3.6 节将具体介绍各壁面函数的数学原理。读者可结合本书的公式及相应的代码，进一步理解 OpenFOAM 中壁面函数的数学原理及其程序实现方式。

1. nutWallFunction

作为 ν_t 壁面函数的基类，其源程序实例化了两个函数：updateCoeffs 和 yPlusLam。其中 updateCoeffs 用于更新壁面上的系数，yPlusLam 用于计算黏性底层的临界 y_λ^+，如图 4-48 所示。yPlusLam 函数的原理如下所述。

将式（4-11）写为

$$U^+ = \frac{\ln(e^{C\kappa}y^+)}{\kappa} = \frac{\ln(Ey^+)}{\kappa} \tag{4-13}$$

令 $C = 5.57$，则 $E = 9.8$。根据式（4-8）可知，在黏性底层内 U^+ 与 y^+ 相等。为准确获得 y_λ^+ 的值，采用如下单点迭代方法：

$$(y_\lambda^+)_0 = 11 \tag{4-14}$$

$$(y_\lambda^+)_{n+1} = \frac{\ln\left\{\max\left[E(y_\lambda^+)_n, 1\right]\right\}}{\kappa} \tag{4-15}$$

其中下标"0"表示初始值，$n \geqslant 0$ 且为整数，$\max\left[E(y_\lambda^+)_n, 1\right]$ 是为避免出现负值。在 OpenFOAM 中，迭代次数设定为 10。

2. nutUWallFunction

基于速度修正壁面涡黏系数，其源程序主要实例化函数 calcYPlus 与 calcNut，分别用于计算近壁面第一层网格上的 y_p^+ 与 $(\nu_t)_p$。

（1）calcYPlus。对于近壁面第一层网格，将（4-9）与式（4-10）代入式（4-13）可得

$$\frac{\kappa u_t}{u_\tau} = \frac{\kappa}{y_p^+} \underbrace{\frac{y_p u_t}{\nu}}_{Re} = \frac{\kappa Re}{y_p^+} = \ln(Ey_p^+) \tag{4-16}$$

为防止 y_p^+ 为 0，将上式改写为

$$\frac{(\kappa Re + y_p^+)}{y_p^+} = \left[\ln(Ey_p^+) + 1\right] \tag{4-17}$$

因此可得如下单点迭代式：

$$(y_p^+)_0 = y_\lambda^+ \tag{4-18}$$

$$(y_p^+)_{n+1} = \frac{\kappa Re + (y_p^+)_n}{\ln\left[E(y_p^+)_n\right] + 1} \tag{4-19}$$

（2）calcNut。壁面切应力定义为

$$\tau_w = \nu \frac{\partial u_t}{\partial N}\big|_w \neq \nu \frac{|u_p - u_w|}{y_p} \tag{4-20}$$

其中，N 表示垂直壁面方向的坐标。当 $y_p^+ > y_\lambda^+$ 时，引入壁面涡黏系数 $(\nu_t)_p$，令壁面切应力为

$$\tau_w = \left[\nu + (\nu_t)_p\right]\frac{|u_p - u_w|}{y_p} \tag{4-21}$$

根据壁面摩擦速度的定义：

$$u_\tau = \sqrt{\tau_w} \tag{4-22}$$

由式（4-21）可得 ν_t 的计算式：

$$(\nu_t)_p = \frac{y_p u_\tau^2}{|u_p - u_w|} - \nu \tag{4-23}$$

将式（4-10）、式（4-12）及式（4-13）代入式（4-23），则有

$$(\nu_t)_p = \frac{y_p^+ \nu \kappa \overbrace{u_t}^{|u_p - u_w|}}{|u_p - u_w|\ln(Ey_p^+)} - \nu = \nu\left[\frac{y_p^+ \kappa}{\ln(Ey_p^+)} - 1\right] \tag{4-24}$$

式（4-24）即为近壁面网格位于黏性底层之外时的涡黏系数修正公式，而当网格位于黏性底层时不修正。

3．nutkWallFunction

基于湍动能 k 修正壁面涡黏系数，与 nutUWallFunction 一样，其源程序实例化了 yPlus 与 calcNut。

（1）yPlus。研究表明，k 在对数律区为常数：

$$k_p^+ = \frac{1}{\sqrt{C_\mu}} = \frac{k_p}{u_\tau^2} \tag{4-25}$$

其中，C_μ 为常系数，对应 4.3.2 节中的"Cmu_"，通常取为 0.09。将式（4-25）代入式（4-10）则有

$$y_p^+ = \frac{C_\mu^{0.25} y_p \sqrt{k_p}}{\nu} \qquad (4\text{-}26)$$

（2）calcNut。与 nutUWallFunction 一样，$y_p^+ > y_\lambda^+$ 时按照式（4-24）修正 $(\nu_t)_p$，其中 y_p^+ 由式（4-26）计算。当近壁面第一层网格位于黏性底层时，不修正。

4. nutUSpaldingWallFunction

由 Spalding 提出的基于壁面切应力修正壁面涡黏系数，优势在于建立了从黏性底层到对数律层的连续变化的 $y^+ - U^+$ 关系式。其源程序实例化了三个函数：calUTau、yPlus 与 calcNut。

（1）calUTau。该函数用于计算壁面摩擦速度，Spalding 给出的 $y^+ - U^+$ 关系式如下：

$$y^+ = U^+ + \frac{1}{E}\left[e^{\kappa U^+} - 1 - \kappa U^+ - \frac{1}{2}(\kappa U^+)^2 - \frac{1}{6}(\kappa U^+)^3 \right] \qquad (4\text{-}27)$$

如果将 y_p 与 u_t 代入式（4-27），则式（4-27）可写为关于 u_τ 的非线性方程：

$$\frac{u_t}{u_\tau} + \frac{1}{E}\left[e^{\kappa \frac{u_t}{u_\tau}} - 1 - \kappa \frac{u_t}{u_\tau} - \frac{1}{2}\left(\kappa \frac{u_t}{u_\tau}\right)^2 - \frac{1}{6}\left(\kappa \frac{u_t}{u_\tau}\right)^3 \right] - \frac{y_p u_\tau}{\nu} = f(u_\tau) \qquad (4\text{-}28)$$

为求解该方程，OpenFOAM 中采用 Newton-Raphson 迭代法。该方法的迭代求解公式为

$$(u_\tau)_{n+1} = (u_\tau)_n - \frac{f[(u_\tau)]_n}{f'[(u_\tau)]_n} \qquad (4\text{-}29)$$

式（4-28）对 u_τ 求导，则有

$$f'(u_\tau) = -\frac{u_t}{u_\tau^2} + \frac{1}{E}\left[-\kappa \frac{u_t}{u_\tau^2} e^{\kappa \frac{u_t}{u_\tau}} + \kappa \frac{u_t}{u_\tau^2} + \kappa \frac{u_t}{u_\tau} \kappa \frac{u_t}{u_\tau^2} + \frac{1}{2}\left(\kappa \frac{u_t}{u_\tau}\right)^2 \kappa \frac{u_t}{u_\tau^2} \right] - \frac{y_p}{\nu} \qquad (4\text{-}30)$$

令 $\kappa_u = \kappa u_t / u_\tau$ 且 $f_k = e^{\kappa_u} - 1 - \kappa_u(1 + 0.5\kappa_u)$，则式（4-28）写为

$$\frac{u_t}{u_\tau} - \frac{y_p u_\tau}{\nu} + \frac{1}{E}\left[f_k - \frac{1}{6}\kappa_u (\kappa_u)^2 \right] = f(u_\tau) \qquad (4\text{-}31)$$

同时，式（4-30）可写为

$$-\frac{u_t}{u_\tau^2} + \frac{1}{Eu_\tau}\left[-\kappa_u e^{\kappa \frac{u_t}{u_\tau}} + \kappa_u + \kappa_u \kappa_u + \frac{1}{2}(\kappa_u)^2 \kappa_u \right] - \frac{y_p}{\nu} = -\frac{u_t}{u_\tau^2} - \frac{\kappa_u}{Eu_\tau}\underbrace{\left[e^{\kappa \frac{u_t}{u_\tau}} - 1 - \kappa_u - \frac{1}{2}(\kappa_u)^2 \right]}_{f_\kappa} - \frac{y_p}{\nu}$$

$$= -\frac{u_t}{u_\tau^2} - \frac{\kappa_u f_\kappa}{Eu_\tau} - \frac{y_p}{\nu} = f(u_\tau)' \qquad (4\text{-}32)$$

因此，将式（4-31）与式（4-32）代入式（4-29）可得迭代式：

$$(u_\tau)_{n+1} = (u_\tau)_n + \frac{\left\{ \dfrac{u_t}{u_\tau} - \dfrac{y_p u_\tau}{\nu} + \dfrac{1}{E}\left[f_\kappa - \dfrac{1}{6}\kappa_u(\kappa_u)^2 \right] \right\}_n}{\left(\dfrac{u_t}{u_\tau^2} + \dfrac{\kappa_u f_\kappa}{E u_\tau} + \dfrac{y_p}{\nu} \right)_n} \tag{4-33}$$

为实现迭代，将式（4-21）写为

$$\tau_w = \left[\nu + (\nu_t)_p \right]\left| \frac{\partial u_p}{\partial N} \right| \tag{4-34}$$

由此根据式（4-22）可将初始值给定：

$$(u_\tau)_0 = \sqrt{\left[\nu + (\nu_t)_p^o \right]\left| \frac{\partial u_p}{\partial N} \right|} \tag{4-35}$$

其中，$(\nu_t)_p^o$ 表示修正前的涡黏系数，当迭代满足 $\left|(u_\tau)_{n+1} - (u_\tau)_n\right| < 0.01$ 或 $n > 10$ 时，计算停止。

（2）yPlus。y_p^+ 可直接由式（4-10）计算，将壁面第一层网格的数据代入可得

$$y_p^+ = y_p u_\tau / \nu \tag{4-36}$$

其中，u_τ 由 calUTau 函数计算。

（3）calcNut。由式（4-22）与式（4-34）可得 $(\nu_t)_p$ 的计算式：

$$(\nu_t)_p = \frac{u_\tau^2}{\left| \dfrac{\partial u_p}{\partial N} \right|} - \nu \tag{4-37}$$

其中，u_τ 由 calUTau 函数计算。

5．nutLowReWallFunction

nutLowReWallFunction 适于低雷诺数模型的壁面函数。由于低雷诺数下黏性占主导，源程序中的 calcNut 函数直接将 $(\nu_t)_p$ 设置为 0，同时实例化 yPlus 函数。由于 $(\nu_t)_p = 0$，式（4-34）写为

$$\tau_w = \nu\left| \frac{\partial u_p}{\partial N} \right| \tag{4-38}$$

y_p^+ 的计算公式为

$$y_p^+ = y_p u_\tau / \nu = y_p \sqrt{\tau_w} / \nu = \frac{y_p \sqrt{\nu\left| \dfrac{\partial u_p}{\partial N} \right|}}{\nu} \tag{4-39}$$

上述 5 种壁面函数的使用格式一般为

```
边界名
{
    type                nut 壁面函数类型;
    value               uniform 初始值;
}
```

6. nutTabulatedWallFunction

nutTabulatedWallFunction 基于速度修正壁面涡黏系数。与 nutUWallFunction 不同的是，该壁面函数计算近壁区 Reynolds 数，随后根据用户提供的近壁区 $U^+ - Re$ 数据进行插值求得 U^+，最终修正 $(v_t)_p$。其源程序实例化了 3 个主要函数：yPlus、calUPlus 与 calcNut。

（1）yPlus。定义壁面 Reynolds 数：

$$Re = \frac{\left| u_p - u_w \right|}{v} y_p \tag{4-40}$$

将上式代入式（4-10）可得

$$y_p^+ = \frac{Re}{U^+} \tag{4-41}$$

（2）calUPlus。根据式（4-40）计算的 Re 得到 $\log_{10} Re$，随后根据用户给定的 $U^+ - Re$ 数据进行线性插值，得到 U^+。因此，用户在给定 Reynolds 数时，应采用对数值。

（3）calcNut。将式（4-9）与式（4-12）代入式（4-37）可得

$$(v_t)_p = \frac{\left(\dfrac{\left| u_p - u_w \right|}{U^+} \right)^2}{\left| \dfrac{\partial u_p}{\partial N} \right|} - v \tag{4-42}$$

nutTabulatedWallFunction 是利用表格（Table）输入 $U^+ - Re$ 数据，该方法一般用于给定物理量的变化规律，例如随时间的变化。此壁面函数使用格式一般为

```
边界名
{
    type                nutTabulatedWallFunction;
    uPlusTableuPlusWallFunctionData;
    value               uniform 初始值;
}
```

不同于前文所述的几种壁面函数，nutTabulatedWallFunction 所需的 Table 由 wallFunctionTable 实现。wallFunctionTable 是专用于生成壁面函数所需 $U^+ - Re$（Table）的工具，使用前需在算例的/constant 目录下设置 wallFunctionDict 文件（见/applications/utilities/preProcessing/wallFunctionTable），该文件中的内容如图 4-51 所示。

```
tabulatedWallFunction SpaldingsLaw;

invertedTableName uPlusWallFunctionData;

dx              0.2;

x0              -3;

xMax            7;

log10           yes;

SpaldingsLawCoeffs
{
    kappa          0.41;
    E              9.8;
}
```

图 4-51　wallFunctionDict 文件中的内容

其中：

- tabulatedWallFunction 表示分布律，只有 SpaldingsLaw 一种，具体原理见下文。
- invertedTableName 表示 Table 的名称，执行 wallFunctionTable 后将在/constant 中生成所设定名称的文件。
- dx、x0 与 xMax 见下文。
- log10 表示是否采用对数律，由于 calUPlus 函数中采用对数形式，此处应同样采用对数律。
- SpaldingsLawCoeffs 表示 SpaldingLaw 所采用的系数，对应上文的 κ 与 E。
- SpaldingsLaw。为了获得一系列由 Re 确定的 U^+ 值，Re 采用下式计算：

$$Re_0 = 1 \tag{4-43}$$

$$Re_i = \begin{cases} 10^{i \cdot d_x + x_0} & ，采用对数律 \\ i \cdot d_x + x_0 & ，不采用对数律 \end{cases} \tag{4-44}$$

其中，d_x 与 x_0 分别对应图 4-51 的 dx、x0，分别表示递进间隔与初始值，$i = 0,1,2,...$ 为 Re 递进步数，上述取值直至满足 $i \cdot d_x + x_0 > (d_x)_{\max}$，$(d_x)_{\max}$ 为最大值，对应 xMax。

SpaldingsLaw 是基于式（4-27）构建的关于 U^+ 的迭代式。将式（4-41）代入式（4-27）可得

$$f(U^+) = \frac{1}{E}\left[E(U^+)^2 + U^+ e^{\kappa U^+} - U^+ - \kappa(U^+)^2 - \frac{1}{2}\kappa^2(U^+)^3 - \frac{1}{6}\kappa^3(U^+)^4 \right] - Re \tag{4-45}$$

式（4-45）对 U^+ 求导可得

$$f'(U^+) = \frac{1}{E}\left[2EU^+ + e^{\kappa U^+} + \kappa U^+ e^{\kappa U^+} - 1 - 2\kappa U^+ - \frac{3}{2}\kappa^2(U^+)^2 - \frac{2}{3}\kappa^3(U^+)^3 \right] \tag{4-46}$$

将式（4-45）与式（4-46）代入式（4-29）可得 U^+ 的迭代式：

$$\left[(U^+)_{n+1}\right]_i = \left[(U^+)_n\right]_i - \frac{\left\{f\left[(U^+)\right]_n\right\}_i}{\left\{f'\left[(U^+)\right]_n\right\}_i} \tag{4-47}$$

其中，$n = 0, 1, 2, \ldots$。

为完成式（4-47）迭代，给定初始值为

$$\left[(U^+)_0\right]_0 = 1 \tag{4-48}$$

$$\left[(U^+)_0\right]_i = (U^+)_{i-1} \tag{4-49}$$

当满足 $n > 1000$ 或

$$\left|\frac{\left[(U^+)_{n+1}\right]_i - \left[(U^+)_n\right]_i}{\left[(U^+)_{n+1}\right]_i}\right| < 1 \times 10^{-4} \tag{4-50}$$

时，则迭代停止。

根据以上分析，wallFunctionTable 的功能是以 dx、x0 与 xMax 控制 Re 的递进间隔与范围，并根据 Re 与 U^+ 的关系式求出对应的 U^+，最终输出相应数据。

算例中设置好 wallFunctionDict 后，在其主目录下执行 wallFunctionTable 命令，此时将在 /constant 中生成所设定名称的 $U^+ - Re$ 数据，以图 4-51 中的设置为例，将生成名为 uPlusWallFunctionData 的文件，该文件名需与壁面函数中设定的名称保持一致。

除上述几种常用 nut 壁面函数以外，OpenFOAM 还提供了能处理粗糙壁面的壁面函数 nutURoughWallFunction 和 nutkRoughWallFunction，以及处理大气层边界的 nutkAtmRough-WallFunction，其中的基本计算方法与上文介绍的一致，仅存在部分修正（如粗糙度修正等），本书不再详述。

4.3.4 k 壁面函数

OpenFOAM 提供了两种关于湍动能的壁面函数：kqRWallFunction 以及 kLowReWallFunction，源代码位于/src/turbulenceModels/incompressible/RAS/derivedFvPatchFields/wallFunctions/kqRWallFunctions。

1. kqRWallFunction

该壁面函数实际上就是 zeroGradient，适于高雷诺数的情况，使用格式一般为

```
边界名
{
    type        kqRWallFunction;
    value       uniform 初始值;
}
```

2. kLowReWallFunction

尽管名称中包含 LowRe，但实际上同时适用于低雷诺数与高雷诺数流动。主要函数为

yPlusLam 和 updateCoeffs，分别用于计算 y_λ^+ 和更新第一层网格上的 k 值，其中 y_λ^+ 的计算见式（4-14）与式（4-15），此处仅介绍 updateCoeffs 函数的原理。

根据式（4-25）可得

$$u_\tau = \sqrt{k_p^o} C_\mu^{0.25} \tag{4-51}$$

其中，k_p^o 表示修正前的壁面湍动能值。

由式（4-36）计算 y_p^+ 后，若满足 $y_p^+ > y_\lambda^+$，则修正式为

$$k_p = u_\tau^2 \left[\frac{C_k \log_{10}(y_p^+)}{\kappa} + B_k \right] \tag{4-52}$$

其中，$C_k = -0.416$，$B_k = 8.366$。

若 $y_p^+ \leqslant y_\lambda^+$，则修正式为

$$k_p = 2400 u_\tau^2 C_f / C_{\varepsilon 2}^2 \tag{4-53}$$

$$C_f = \left[\frac{1}{(y_p^+ + C)^2} + \frac{2y_p^+}{C^3} - \frac{1}{C^2} \right] \tag{4-54}$$

其中，$C_{\varepsilon 2} = 1.92$，$C = 11$。该壁面函数的使用形式如下：

```
边界名
{
    type        kLowReWallFunction;
    value       uniform 初始值;
}
```

4.3.5　ε 壁面函数

OpenFOAM 提供了两种 ε 壁面函数，即 epsilonWallFunction 和 epsilonLowReWallFunction，位于/src/turbulenceModels/incompressible/RAS/derivedFvPatchFields/wallFunctions/epsilonWallFunctions。

1. epsilonWallFunction

不同于前文所述的壁面函数，epsilonWallFunction 不仅修正第一层网格的 ε，同时还修正 ε 输运方程中的湍动能生成项 G。由于源代码中实例化的函数较多，此处仅介绍其中的原理，不再逐一分析各函数。

对于标准 k-ε 模型，ε 的输运方程如下：

$$\frac{\partial \varepsilon}{\partial t} + \frac{\partial \langle u \rangle_i \varepsilon}{\partial x_i} = C_1 \frac{G\varepsilon}{k} + \frac{\partial}{\partial x_i}\left[\left(\nu + \frac{\nu_t}{\sigma_\varepsilon} \right) \frac{\partial \varepsilon}{\partial x_i} \right] - C_2 \frac{\varepsilon^2}{k} \tag{4-55}$$

其中，$G = -\langle u_i u_j \rangle \left(\partial \langle u \rangle_i / \partial x_j \right)$ 为湍动能生成率。假定壁面附近湍流满足局部平衡（local equilibrium），即湍动能生成率与耗散率平衡 $G_p = \varepsilon_p$。G 定义中的 $\langle u_i u_j \rangle$ 为湍流应力（雷诺应

力），在壁面附近以切应力为主，因此：

$$G_p^o \approx \tau_w \frac{\partial u_t}{\partial N}\big|_w \tag{4-56}$$

其中，G_p^o 表示修正前的生成率。根据式（4-20）可知

$$\frac{\partial u_t}{\partial N}\big|_w = \frac{u_\tau}{\kappa y_p} \tag{4-57}$$

代入式（4-56）可得

$$G_p^o \approx \tau_w \frac{u_\tau}{\kappa y_p} \tag{4-58}$$

根据局部平衡假设，并将式（4-22）以及式（4-51）代入式（4-58）可得

$$\varepsilon_p = \frac{C_\mu^{0.75} k_p^{1.5}}{\kappa y_p} \tag{4-59}$$

为获得 G_p 的计算式，将式（4-21）与式（4-51）代入式（4-58）可得

$$G_p = (\nu + \nu_t) \frac{|u_p - u_w|}{y_p} C_\mu^{0.25} \frac{\sqrt{k_p}}{\kappa y_p} \tag{4-60}$$

该壁面函数的使用形式如下：

```
边界名
{
    type            epsilonWallFunction;
    value           uniform 初始值;
}
```

2. epsilonLowReWallFunction

尽管名称中包含 LowRe，该壁面函数同样适于高、低雷诺数。与 epsilonWallFunction 一样不仅修正第一层网格的 ε，还修正近壁面的湍动能生成项 G_p。主要函数为 yPlusLam 和 updateCoeffs，其中 y_λ^+ 的计算见式（4-14）与式（4-15），此处仅介绍 updateCoeffs 函数的原理。

由式（4-36）计算 y_p^+ 后，当 $y_p^+ > y_\lambda^+$ 时，ε_p 采用式（4-59）修正；当 $y_p^+ \leqslant y_\lambda^+$ 时，采用如下公式修正：

$$\varepsilon_p = \frac{2k_p \nu}{y_p^2} \tag{4-61}$$

G_p 则沿用式（4-60）计算。该壁面函数的使用形式如下：

```
边界名
{
    type            epsilonLowReWallFunction;
```

```
    value            uniform 初始值;
}
```

4.3.6 ω 壁面函数

OpenFOAM 仅提供了一种 ω 壁面函数——omegaWallFunction。该壁面函数是半经验性质的公式，分别计算黏性底层与对数律层的 ω，并认为第一层网格上的值为二者平方和的均方根。与 epsilonWallFunction 类似，不仅修正第一层网格的 ω，还修正 ω 输运方程中的湍动能生成项 G。具体如下所述。

黏性底层的 ω 计算式：

$$\omega_v = \frac{6\nu}{\beta_1 y_p^2} \tag{4-62}$$

其中，β_1 为 k-ω 模型的系数，取为 0.075。

对数律层的 ω 计算式：

$$\omega_l = \frac{\sqrt{k_p}}{C_\mu^{0.25}\kappa y_p} \tag{4-63}$$

第一层网格上的 ω 修正公式：

$$\omega_p = \sqrt{\omega_v^2 + \omega_l^2} \tag{4-64}$$

G_p 按照式（4-60）进行修正。该壁面函数的使用形式如下：

```
边界名
{
    type             omegaWallFunction;
    value            uniform 初始值;
}
```

4.3.7 自定义壁面函数类型实例——三层壁面函数

壁面函数一般将近壁区分为两层，即黏性底层与对数律层。为考虑过渡层，可以使用如下所示的三层壁面函数：

$$U^+ = \begin{cases} y^+, & y^+ \leqslant 5 \\ A\ln(y^+)+B, & 5<y^+ \leqslant 30 \\ \kappa^{-1}\ln(Ey^+), & y^+ > 30 \end{cases} \tag{4-65}$$

其中，$A = \left[\kappa^{-1}\ln(30E)-5\right]/\ln(6)$，$B = 5 - A\ln(5)$。将式（4-13）代入式（4-24）可得

$$(\nu_t)_p = \nu\left[\frac{y_p^+}{U^+}-1\right] \tag{4-66}$$

因此将式（4-66）代入式（4-65）可得涡黏系数的表达式：

$$
(\nu_t)_p = \begin{cases}
0, & y^+ \leqslant 5 \\[2mm]
\nu \left[\dfrac{y_p^+}{A\ln(y^+)+B} - 1 \right], & 5 < y^+ \leqslant 30 \\[4mm]
\nu \left[\dfrac{y_p^+}{\kappa^{-1}\ln(Ey^+)} - 1 \right], & y^+ > 30
\end{cases}
\tag{4-67}
$$

与 4.2.2 节类似，为实现上述壁面函数，同样寻找最接近的程序进行修改。根据 4.3.3 节，最接近的为 nutUwallfunction。

1. 复制文件

将 /src/turbulenceModels/incompressible/RAS/derivedFvPatchFields/wallFunctions/ 路径下的 nutUWallFuntion 文件夹复制到 /home/用户名/OpenFOAM/app，随后将文件夹名称修改为 trilayernutUwallfunction，并将 nutUWallFunction.H 与 nutUWallFunction.C 改名为 trilayernutUWallfunction.H 与 trilayernutUWallfunction.C。最后，使用文本替换功能将文件内的 nutUWallFunction 替换为 trilayernutUWallfunction。

2. 修改成员函数

根据 4.3.3 节，nutUWallFunction 中已实例化了 calcYPlus 函数用于计算 y_p^+，因此仅需修改 trilayernutUWallfunction.C 中的 calcNut 函数以实现新的壁面函数。首先分析修改前的代码，如图 4-52 所示。

```
41 tmp<scalarField> nutUWallFunctionFvPatchScalarField::calcNut() const
42 {
43     const label patchi = patch().index();
44
45     const turbulenceModel& turbModel =
46         db().lookupObject<turbulenceModel>("turbulenceModel");
47     const fvPatchVectorField& Uw = turbModel.U().boundaryField()[patchi];
48     const scalarField magUp(mag(Uw.patchInternalField() - Uw));
49     const tmp<volScalarField> tnu = turbModel.nu();
50     const volScalarField& nu = tnu();
51     const scalarField& nuw = nu.boundaryField()[patchi];
52
53     tmp<scalarField> tyPlus = calcYPlus(magUp);
54     scalarField& yPlus = tyPlus();
55
56     tmp<scalarField> tnutw(new scalarField(patch().size(), 0.0));
57     scalarField& nutw = tnutw();
58
59     forAll(yPlus, facei)
60     {
61         if (yPlus[facei] > yPlusLam_)
62         {
63             nutw[facei] =
64                 nuw[facei]*(yPlus[facei]*kappa_/log(E_*yPlus[facei]) - 1.0);
65         }
66     }
67
68     return tnutw;
69 }
```

图 4-52   trilayernutUWallfunction.C 修改前的 calcNut 函数代码

其中：

- 43 行：边界的 label，用于识别壁面函数的作用对象。
- 45~46 行：turbulenceModel 类，命名为 turbModel 以便调用相关物理量。
- 47 行：边界上的速度，为 fvPatchVectorField 类。
- 48 行：相对速度，$\left|u_p - u_w\right|$。
- 49~50 行：获取并引用 ν，使用 tmp 模板类，用于自动释放内存。
- 51 行：边界上的 ν。
- 53~54 行：调用 calcYPlus 计算 y_p^+ 并引用，tmp 模板类。
- 56~57 行：将边界上的 ν_t 初始化为 0 并引用，tmp 模板类。
- 59~66 行：当 $y_p^+ > y_\lambda^+$ 时，基于式（4-24）修正 ν_t。
- 68 行：返回修正后的 ν_t 值。

根据以上分析可知，为实现三层壁面函数，只需按式（4-67）修改图 4-52 中的 forAll 循环部分即可。修改后的代码如图 4-53 所示。

```
59    forAll(yPlus, facei)
60    {
61        if (yPlus[facei] > 5 && yPlus[facei]<=30)
62        {
63            scalar A = (log(30*E_)/kappa_-5)/log(6.0);
64            scalar B = 5-A*log(5.0);
65 nutw[facei] =
66                nuw[facei]*(yPlus[facei] /(A*log(yPlus[facei])+B) - 1.0);
67        }
68 else if (yPlus[facei] > 30)
69        {
70            nutw[facei] =
71                nuw[facei]*(yPlus[facei]*kappa_/log(E_*yPlus[facei]) -
   1.0);
72        }
73
74    }
```

图 4-53   trilayernutUWallfunction.C 修改后的 forAll 循环

3. 编译

将/src/turbulenceModels/incompressible/RAS 中的 Make 文件夹复制到该程序的主目录下，并将 files 文件中的代码修改为如下形式：

```
trilayernutUWallfunctionFvPatchScalarField.C
LIB = $(FOAM_USER_LIBBIN)/libtrilayernutUwallfunction
```

options 文件中 EXE_INC 部分的代码修改为如下形式：

```
EXE_INC = \
    -I$(LIB_SRC)/turbulenceModels \
    -I$(LIB_SRC)/transportModels \
    -I$(LIB_SRC)/finiteVolume/lnInclude \
    -I$(LIB_SRC)/meshTools/lnInclude \
    -I$(LIB_SRC)/turbulenceModels/incompressible/RAS/lnInclude
```

保存文件后，在主目录下执行 wmake libso 命令，建立该壁面函数的动态链接库。

4．算例验证

槽道流是 CFD 的经典算例，常用于湍流模型与边界条件的检验。图 4-54 为槽道流示意图，几何模型在 3 个方向 x、y、z 的尺寸分别为 6.18m、2m 以及 6.18m。流动沿 x 方向，截面的平均速度为 $U_m = 0.07\text{m/s}$，雷诺数 $Re = U_m h / v = 7000$，其中 h 为槽道半宽，即 1m。两侧（y 方向）为流道壁面，整个流动由压力梯度驱动，槽道内流向速度沿壁面方向对称分布。为便于检验壁面函数的效果，本例中 y_p^+ 约为 13，位于近壁区的过渡层。此外，对比不使用壁面函数的情况，进一步验证壁面函数的效果。

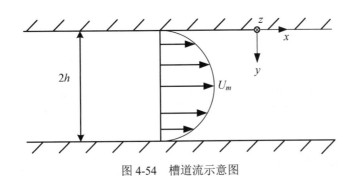

图 4-54　槽道流示意图

（1）算例文件下载。从中国水利水电出版社网站（www.waterpub.com.cn）或万水书苑网站（www.wsbookshow.com）免费下载算例文件 OpenFOAM 例/testWallFunction，将压缩包解压，其中 channelFoam230 为本例所用的求解器。channelFoam 是 OpenFOAM 早期版本中用于槽道流的求解器，后由于版本更新被删除。笔者基于 OpenFOAM 2.1.1 版本中的 channelFoam 求解器进行了调试与优化，主要解决了两方面问题。

1）湍流模型单一问题，原求解器只适于大涡模拟（Large Eddy Simulation，LES），而优化后的求解器可选择雷诺时均（Reynolds-Averaged Navier-Stokes，RANS）模型。

2）版本适配性问题，原求解器在 OpenFOAM 2.3.0 版本无法编译。对于涡黏系数 nut，Ro0_trilayer 是采用新定义壁面函数的算例，而 Ro0_Spalding 算例则使用 Spalding 壁面函数，DNS_DATA 为 DNS 结果。与 4.2.2 节中的算例类似，为使用新定义的壁面函数，在 /system/controlDict 中调用了动态数据库：

    libs ("libOpenFOAM.so" "libtrilayernutUwallfunction.so") ;

此外，对于 Ro0_trilayer 中需采用壁面函数的边界 bottomWall 以及 topWall，0/nut 中已设置为如下形式：

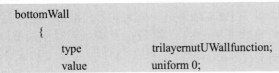

```
bottomWall
    {
        type                trilayernutUWallfunction;
        value               uniform 0;
```

```
    }
    topWall
    {
        type            trilayernutUWallfunction;
        value           uniform 0;
    }
```

k 与 epsilon 中对应壁面同样设置相应的壁面函数。

对于 Ro0_Spalding 算例，则在 0/nut 中设置为如下形式：

```
bottomWall
{
    type            nutUSpaldingWallFunction;
    value           uniform 0;
}
topWall
{
    type            nutUSpaldingWallFunction;
    value           uniform 0;
}
```

k 与 epsilon 的设置同 Ro0_trilayer。

（2）编译与求解。在 channelFoam230 文件夹中，执行 wmake 命令编译求解器。

在 Ro0_trilayer 主目录中执行 channelFoam230 命令，直至计算结束。执行如下命令计算 y_p^+：

```
yPlusRAS -time 500
```

终端内的输出结果如图 4-55 所示，显然网格第一层位于过渡层（$y_p^+ = 13.4852$）。

```
Patch 0 named bottomWall y+ : min: 13.485 max: 13.4853 average: 13.4852
Patch 1 named topWall y+ : min: 13.4851 max: 13.4853 average: 13.4852
Writing yPlus to field yPlus
End
```

图 4-55　Ro0 算例的 y_p^+

注：yPlusRAS 只能对使用壁面函数的壁面进行计算，因此 Ro0_nowallfunction 算例无法用该功能计算 y_p^+。

在 Ro0_Spalding 主目录中执行 channelFoam230。计算结束后，在 Ro0_trilayer 与 Ro0_Spalding 主目录中执行如下命令获取沿壁面方向的速度分布：

```
sample -time 500
```

随后与 DNS 结果（UM.DAT）进行对比，其中 DNS 结果第一列为 y 方向坐标，第二列为无量纲化的时均流向速度 U_1/U_m。在对比时，需将算例的结果除以 U_m 后得到无量纲速度。

注：sample 获得的数据位于算例的/postProcessing/sets/lineY_U.xy 中，其中第一列为 y 坐

标，后三列数据分别为 u_1、u_2、u_3。

　　对比结果如图 4-56 所示，显然，在近壁面（$x = 0 \sim 0.03$ m 以及 $x = 1.97 \sim 2.00$ m）处的速度分布与 DNS 结果一致，而在其余位置与 DNS 略有差异，这是因为本次计算并未对速度作时间平均，用于对比的结果为瞬时值。对比两种壁面函数得到的结果可见，二者基本一致，说明新的壁面函数是准确有效的。

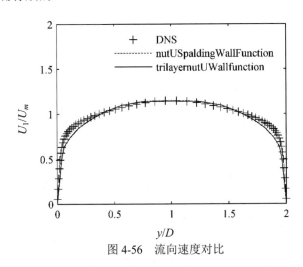

图 4-56　流向速度对比

第**5**章
OpenFOAM 湍流模型

完整的湍流计算，除了网格、数值格式以及边界条件，还需采用合适的湍流模型。湍流模型在 OpenFOAM 中分为 RANS 以及 LES 两大类，而介于 RANS 与 LES 之间的尺度解析模型，如分离涡模拟（Detached Eddy Simulation，DES）与尺度适应模拟（Scale-Adaptive Simulation，SAS），由于其类似于 LES 的尺度解析能力而被归为 LES。两类模型的源代码位于 /src/turbulenceModels/compressible 和 /src/turbulenceModels/incompressible 中，分别用于可压缩流动与不可压缩流动。上述路径下，均包含 LES、RAS 与 turbulenceModel 三个文件夹，分别是 LES、RANS 以及湍流模型的基础程序。

不可压流动与可压流动的湍流模型的原理一致，主要区别在于可压缩流动考虑密度的影响，因此涡黏系数采用动力黏度 μ 的量纲，而不可压流动则采用运动黏度 $\nu = \mu / \rho$ 的量纲。因此，本章仅介绍不可压流动的湍流模型。

注：OpenFOAM 最近几个版本将可压与不可压湍流模型进行了整合，简化了模型分类。

5.1 RANS 模型

RANS 模型是目前最常用的一类湍流模型，其求解效率高且精度一般能满足工程和学术要求。OpenFOAM 提供了种类繁多的 RANS 模型，具体见表 5-1。由表可知，OpenFOAM 对于同类型的模型，往往采用作者名字区分不同模型，如 LamBremhorstKE 是由 Lam 与 Bremhorst 提出的 k-ε 模型。

表 5-1 OpenFOAM 中的 RANS 模型

湍流模型名称	OpenFOAM 命名	备注
层流	laminar	湍流模型的特例，其中 k、ε、v_t 以及雷诺应力均为 0
标准 k-ε	kEpsilon	由 Launder 与 Spalding 提出，适于高雷诺数流动的模型
Realizable k-ε	realizableKE	由 Shih 等提出，在 kEpsilon 的基础上进行修正，引入旋转效应的影响，同时可防止出现正应力为负的情况
RNG k-ε	RNGkEpsilon	由 Yakhot 等提出，在 kEpsilon 的基础上引入旋转效应与高应变率的影响
低雷诺数 k-ε	LamBremhorstKE	由 Lam 与 Bremhorst 提出，在 kEpsilon 的基础上引入低雷诺数修正
低雷诺数 k-ε	LaunderSharmaKE	由 Launder 与 Sharma 提出，在 kEpsilon 的基础上引入低雷诺数修正
低雷诺数 k-ε	LienLeschzinerLowRe	由 Lien 与 Leschziner 提出，在 kEpsilon 的基础上引入低雷诺数修正
二阶非线性 k-ε	NonlinearKEShih	由 Shih 等提出，雷诺应力与应变率张量为二阶非线性关系
三阶非线性 k-ε	LienCubicKE	由 Lien 等提出，雷诺应力与应变率张量为三阶非线性关系
三阶非线性低雷诺数 k-ε	LienCubicKELowRe	在 LienCubicKE 的基础上引入低雷诺数修正
k-ω	kOmega	由 Wilcox 提出，考虑了低雷诺数修正
SST k-ω	kOmegaSST	结合了 kEpsilon 与 kOmega 模型的优点，考虑了湍流切应力的输运特性
k-k_l-ω	kkLOmega	由 Walters 与 Cokljat 提出，在 kOmega 的基础上引入层流动能 k_l 的输运方程，可体现转捩
q-ζ	qZeta	由 Dafa'Alla 与 Gibson 提出，在 LaunderSharmaKE 的基础上，用 $q = \sqrt{k}$ 替代湍动能 k，ζ 为 q 的耗散率，构建相应的输运方程，可降低近壁区网格需求
S-A	SpalartAllmaras	专为气动领域设计的模型，考虑了低雷诺数修正
v^2-f	v2f	由 Lien 与 Kalitzin 修正的 v2f 模型，并使用 Davidson 等提出的方法限制涡黏系数
雷诺应力模型	LaunderGibsonRSTM	由 Gibson 与 Launder 提出
雷诺应力模型	LRR	由 Lauder、Reece 与 Rodi 提出

注 低雷诺数 k-ε 模型并非只适于低雷诺数的情况，而是考虑了雷诺数较低情况下模型可能存在的预测失真情况。一般情况下，壁面附近由于速度较低，其局部雷诺数较低，此时尤其需要进行修正以充分体现该区域的流动特征。

由于 RANS 模型种类繁多，本书难以逐一介绍，仅以其中最常用的标准 k-ε 模型为例，讲述 OpenFOAM 中 RANS 模型是如何实现的。

Chapter 5

5.1.1 turbulenceModel

/src/turbulenceModels/incompressible/turbulenceModel/ 路 径 下 包 含 了 3 个 文 件，其 中 turbulenceModelDoc.H 文件用于 Doxygen 编译以生成依赖关系图，关于 Doxygen 的相关内容，将在本书第 7 章作介绍。本节重点讲解另外两个文件，turbulenceModel.C 与 turbulenceModel.H。除上述文件外，该路径下还包含 derivedFvPatchFields、laminar 以及 lnInclude 文件夹，分别为部分边界条件、层流模型以及编译该部分程序所链接的包含文件，有兴趣的读者可自行查阅相关代码，此处仅说明层流模型的问题。由表 5-1 可见，RANS 模型中包含了 laminar，即层流模型，而此处又出现了 laminar，是否重复编译？实则不然，RANS 模型下的 laminar 是在 RASModel 命名空间下定义的，而此处的 laminar 是在 turbulenceModel 命名空间下定义的，这一处理的目的在于使部分仅适于 RANS 模型的求解器（如 simpleFoam）可选择 laminar（属于 RASModel），而另一方面，laminar 可以作为一个单独的类型（与 LES、RANS 一样，作为一种模拟类型），确保普适性的求解器（如 pimpleFoam）可选择该模型（属于 turbulenceModel）。

1. turbulenceModel.H

该文件中的内容如图 5-1 所示，其中：

- 43～44 行以及 245 行：为 C++中的预处理指令。
- 46～50 行：包含几何场、变量场、系数矩阵等 CFD 基本要素的头文件。
- 51 行：nearWallDist.H 用于计算第一层网格中心至壁面的距离，常用于湍流模型的修正以及边界条件。
- 52 行：autoPtr.H 用于智能指针，关于智能指针的各种用法，请读者自行查阅 C++相关书籍，本书不作介绍。
- 53 行：runTimeSelectionTables.H 是为了使模型能够在使用时被选择。
- 57 行、63 行：命名空间层级为 Foam-incompressible。
- 61 行：前向声明，fvMesh 类。
- 70 行：声明 turbulenceModel 类，结合 57 行与 63 行可知，该类是 Foam-incompressible 命名空间下的类。
- 72 行：使湍流模型具备标准的输入和输出。
- 79 行："runTime_" 为流场的物理时间。
- 80 行：fvMesh 类，具体见 3.2.1 节，用于获取存储于 "mesh_" 的变量。
- 82 行：速度场 "U_"。
- 83 行：通量场 "phi_"，多用于数值格式，见 3.2.2 节。
- 85 行：输运模型，具体类型与相关设置见 2.1.1 节。
- 88 行：第一层网格中心至壁面的距离 "y_"，用于壁面函数等。
- 91～99 行：禁用逐位复制与逐位赋值。

```
43 #ifndef turbulenceModel_H
44 #define turbulenceModel_H
45
46 #include "primitiveFieldsFwd.H"
47 #include "volFieldsFwd.H"
48 #include "surfaceFieldsFwd.H"
49 #include "fvMatricesFwd.H"
50 #include "incompressible/transportModel/transportModel.H"
51 #include "nearWallDist.H"
52 #include "autoPtr.H"
53 #include "runTimeSelectionTables.H"
54
55 // * * * * * * * * * * * * * * * * * * * * * * * * * * * * * * *
   * //
56
57 namespace Foam
58 {
59
60 // Forward declarations
61 class fvMesh;
62
63 namespace incompressible
64 {
65
66 /*---------------------------------------------------------------------------
   *\
67                        Class turbulenceModel Declaration
68 \*---------------------------------------------------------------------------
   */
69
70 class turbulenceModel
71 :
72     public regIOobject
73 {
74
75 protected:
76
77     // Protected data
78
79         const Time& runTime_;
80         const fvMesh& mesh_;
81
82         const volVectorField& U_;
83         const surfaceScalarField& phi_;
84
85         transportModel& transportModel_;
```

（a）代码 1

```
88          nearWallDist y_;
89
90
91 private:
92
93     // Private Member Functions
94
95         //- Disallow default bitwise copy construct
96         turbulenceModel(const turbulenceModel&);
97
98         //- Disallow default bitwise assignment
99         void operator=(const turbulenceModel&);
100
101
102 public:
103
104     //- Runtime type information
105     TypeName("turbulenceModel");
106
107
108     // Declare run-time New selection table
109
110         declareRunTimeNewSelectionTable
111         (
112             autoPtr,
113             turbulenceModel,
114             turbulenceModel,
115             (
116                 const volVectorField& U,
117                 const surfaceScalarField& phi,
118                 transportModel& transport,
119                 const word& turbulenceModelName
120             ),
121             (U, phi, transport, turbulenceModelName)
122         );
123
124
125     // Constructors
126
127         //- Construct from components
128         turbulenceModel
129         (
130             const volVectorField& U,
131             const surfaceScalarField& phi,
132             transportModel& transport,
133             const word& turbulenceModelName = typeName
134         );
```

（b）代码 2

图 5-1　turbulenceModel.H 文件中的内容

```
141        static autoPtr<turbulenceModel> New
142        (
143            const volVectorField& U,
144            const surfaceScalarField& phi,
145            transportModel& transport,
146            const word& turbulenceModelName = typeName
147        );
148
149
150    //- Destructor
151    virtual ~turbulenceModel()
152    {}
153
154
155    // Member Functions
156
157        //- Const access to the coefficients dictionary
158        virtual const dictionary& coeffDict() const = 0;
159
160        //- Helper function to return the nam eof the turbulence G field
161        inline word GName() const
162        {
163            return word(type() + ":G");
164        }
165
166        //- Access function to velocity field
167        inline const volVectorField& U() const
168        {
169            return U_;
170        }
171
172        //- Access function to flux field
173        inline const surfaceScalarField& phi() const
174        {
175            return phi_;
176        }
177
178        //- Access function to incompressible transport model
179        inline transportModel& transport() const
180        {
181            return transportModel_;
182        }
183
184        //- Return the near wall distances
185        const nearWallDist& y() const
186        {
187            return y_;
188        }
```

（c）代码 3

```
191        inline tmp<volScalarField> nu() const
192        {
193            return transportModel_.nu();
194        }
195
196        //- Return the turbulence viscosity
197        virtual tmp<volScalarField> nut() const = 0;
198
199        //- Return the effective viscosity
200        virtual tmp<volScalarField> nuEff() const = 0;
201
202        //- Return the turbulence kinetic energy
203        virtual tmp<volScalarField> k() const = 0;
204
205        //- Return the turbulence kinetic energy dissipation rate
206        virtual tmp<volScalarField> epsilon() const = 0;
207
208        //- Return the Reynolds stress tensor
209        virtual tmp<volSymmTensorField> R() const = 0;
210
211        //- Return the effective stress tensor including the laminar stress
212        virtual tmp<volSymmTensorField> devReff() const = 0;
213
214        //- Return the source term for the momentum equation
215        virtual tmp<fvVectorMatrix> divDevReff(volVectorField& U) const = 0;
216
217        //- Return the source term for the momentum equation
218        virtual tmp<fvVectorMatrix> divDevRhoReff
219        (
220            const volScalarField& rho,
221            volVectorField& U
222        ) const = 0;
223
224        //- Solve the turbulence equations and correct the turbulence
       viscosity
225        virtual void correct() = 0;
226
227        //- Read LESProperties or RASProperties dictionary
228        virtual bool read() = 0;
229
230        //- Default dummy write function
231        virtual bool writeData(Ostream&) const
232        {
233            return true;
234        }
235 };
```

（d）代码 4（1）

图 5-1　turbulenceModel.H 文件中的内容（续图）

```
236
237
238 // * * * * * * * * * * * * * * * * * * * * * * * * * * * * * * * *
    * //
239
240 } // End namespace incompressible
241 } // End namespace Foam
242
243 // * * * * * * * * * * * * * * * * * * * * * * * * * * * * * * * *
    * //
244
245 #endif
```

（d）代码 4（2）

图 5-1　turbulenceModel.H 文件中的内容（续图）

- 105 行：声明运行时的类型识别名称 turbulenceModel。
- 110～122 行：声明 declareRunTimeNewSelectionTable 函数，使其能在程序运行时选择。
- 128～134 行：声明构造函数。
- 141～147 行：引用所选的 turbulenceModel 类型，作为选择器使用。
- 151 行：解构函数。
- 158 行：coeffDict 函数，用于读取 turbulenceModel 的相关字典，关于字典的论述请参考 4.2.2 节。
- 161～164 行：GName 函数，用于返回 G 的名称，一般表示湍动能生成率。
- 167～194 行：函数 U、phi、transport、y 以及 nu，分别返回速度、通量、输运模型、第一层网格距离以及流体的运动黏度系数。
- 197 行：声明函数 nut，表示涡黏系数 ν_t。
- 200 行：声明函数 nuEff，表示有效涡黏系数 $\nu_{t,\text{eff}}$，通常而言 $\nu_{t,\text{eff}} = \nu_t + \nu$，即流体黏性与湍流黏性之和。
- 203 行：声明函数 k，表示湍动能 k。
- 206 行：声明函数 epsilon，表示湍动能耗散率 ε。
- 209 行：声明函数 R，表示雷诺应力张量，对于不同湍流模型，形式存在差异。
- 212 行：声明函数 devReff，表示有效应力张量，一般为雷诺应力与流体黏性应力之和。
- 215～222 行：声明函数 divDevReff 与 divDevRhoReff，表示动量方程中的源项，其中 divDevReff 不考虑密度，而 divDevRhoReff 考虑密度。
- 225 行：声明 correct 函数，用于求解湍流模型的方程（如湍动能输运方程）并修正涡黏系数，不同湍流模型存在较大差异，是湍流模型的核心函数。
- 228 行：声明 read 函数，用于读取 LESProperties 或 RASProperties 文件。
- 231～234 行：输出函数 writeData。

2. turbulenceModel.C

该文件中的内容如图 5-2 所示，其中：

- 26～29 行：包含 turbulenceModel.H、vol<Field 类>、surface<Field 类>、边界等要素。
- 32～35 行：命名空间层级为 Foam-incompressible。

```
26 #include "turbulenceModel.H"
27 #include "volFields.H"
28 #include "surfaceFields.H"
29 #include "wallFvPatch.H"
30
31 // * * * * * * * * * * * * * * * * * * * * * * * * * * * * * * * //
32 namespace Foam
33 {
34 namespace incompressible
35 {
36
37 // * * * * * * * * * * * * * * Static Data Members * * * * * * * * * * * * //
38
39 defineTypeNameAndDebug(turbulenceModel, 0);
40 defineRunTimeSelectionTable(turbulenceModel, turbulenceModel);
41
42 // * * * * * * * * * * * * * * * * Constructors * * * * * * * * * * * * * * //
43
44 turbulenceModel::turbulenceModel
45 (
46     const volVectorField& U,
47     const surfaceScalarField& phi,
48     transportModel& transport,
49     const word& turbulenceModelName
50 )
51 :
52     regIOobject
53     (
54         IOobject
55         (
56             turbulenceModelName,
57             U.time().constant(),
58             U.db(),
59             IOobject::NO_READ,
60             IOobject::NO_WRITE
61         )
62     ),
63     runTime_(U.time()),
64     mesh_(U.mesh()),
65
66     U_(U),
67     phi_(phi),
68     transportModel_(transport),
69     y_(mesh_)
70 {}
```

（a）代码 1

```
75 autoPtr<turbulenceModel> turbulenceModel::New
76 (
77     const volVectorField& U,
78     const surfaceScalarField& phi,
79     transportModel& transport,
80     const word& turbulenceModelName
81 )
82 {
83     // get model name, but do not register the dictionary
84     // otherwise it is registered in the database twice
85     const word modelType
86     (
87         IOdictionary
88         (
89             IOobject
90             (
91                 "turbulenceProperties",
92                 U.time().constant(),
93                 U.db(),
94                 IOobject::MUST_READ_IF_MODIFIED,
95                 IOobject::NO_WRITE,
96                 false
97             )
98         ).lookup("simulationType")
99     );
100    Info<< "Selecting turbulence model type " << modelType << endl;
101
102    turbulenceModelConstructorTable::iterator cstrIter =
103        turbulenceModelConstructorTablePtr_->find(modelType);
104
105    if (cstrIter == turbulenceModelConstructorTablePtr_->end())
106    {
107        FatalErrorIn
108        (
109            "turbulenceModel::New(const volVectorField&, "
110            "const surfaceScalarField&, transportModel&, const word&)"
111        )   << "Unknown turbulenceModel type "
112            << modelType << nl << nl
113            << "Valid turbulenceModel types:" << endl
114            << turbulenceModelConstructorTablePtr_->sortedToc()
115            << exit(FatalError);
116    }
117    return autoPtr<turbulenceModel>
118    (
119        cstrIter()(U, phi, transport, turbulenceModelName)
120    );
121 }
```

（b）代码 2

图 5-2　turbulenceModel.C 文件中的内容

```
126 void turbulenceModel::correct()
127 {
128     transportModel_.correct();
129
130     if (mesh_.changing())
131     {
132         y_.correct();
133     }
134 }
135
136
137 // * * * * * * * * * * * * * * * * * * * * * * * * * * * * * * * * * * //
138
139 } // End namespace incompressible
140 } // End namespace Foam
```

(c) 代码 3

图 5-2   turbulenceModel.C 文件中的内容（续图）

● 39 行：定义类型 turbulenceModel 与调试（Debug），此处 "0" 表示关闭，若设定为不等于 0 的任意数字，则表示开启调试。

● 40 行：defineRunTimeNewSelectionTable 函数，使其能在计算时选择。

● 44～70 行：构造函数，其中需要说明的是 54～61 行的 IOobject 部分，这是 OpenFOAM 的输入输出对象，一般通过如下方式构造：

```
IOobject
(
    名称,
    路径,
    注册对象,
    读取设置,
    输出设置,
    是否注册为全局对象
)
```

其中，"名称"即为对象名，"路径"为对象所在路径，"注册对象"表示新对象位于哪个已注册的对象数据库中，OpenFOAM 通过数据库存储 IOobject，读取与输出设置见下文，"是否注册为全局对象"默认值为 true，即数据库内的所有对象均可被已注册的对象数据库调用，而 false 则仅可调用指定的对象。读取与输出均采用 "IOobjet::选项" 形式进行设置，其中读取有 3 个选项，MUST_READ_IF_MODIFIED 表示计算过程中修改后，必须再次读取，MUST_READ 表示必须实时读取，若不存在或不能读取时将报错，NO_READ 表示不读取；输出有两个选项，AUTO_WRITE 表示自动输出，NO_WRITE 表示不输出。

由此可知，54～61 行的对象名称为 turbulenceModelName，位于算例的/constant 路径下，此处 time()是 OpenFOAM 中的注册对象，constant()为路径，表示/constant，U.db()表示该对象位于速度所在注册对象的数据库，读取设置为 NO_READ，输出设置为 NO_WRITE。

● 75～121 行：引用所选的 turbulenceModel 类型，检查所选类型是否为现有的，若是，则求解开始阶段将在终端输出该模型的 simulationType 信息（即 RASModel、LESModel 或 Laminar），若不是，则提示错误信息 Unknown turbulenceModel type，

并输出可选的类型（Valid turbulenceModel types），从而便于用户查找错误。

- 126～134 行：correct 函数，其中 128 行调用的是具体湍流模型中的 correct 函数，130～133 行的循环用于判断网格是否变化（用于动网格），若变化，则近壁距离需重新计算。

综合以上两文件的分析可知，上述两个文件中代码的功能在于定义了命名空间 turbulenceModel，使不同类型的湍流模型可在该空间内定义。同时，提供了湍流模型所需的基本参量、构造函数、错误提示函数等，使湍流模型的编写更为方便。此外，还实例化了 correct 函数，用于调用湍流模型的基本函数 correct，完成湍流模型输运方程的求解以及涡黏系数的更新。

5.1.2 RASModel

/src/turbulenceModels/incompressible/RAS/RASModel 路径下包含了 3 个文件，其中 RASModelDoc.H 文件用于 Doxygen 编译以生成依赖关系图。此处主要介绍 RASModel.H 与 RASModel.C。

RASModel 是 RANS 模型的命名空间（表 5-1 所示的模型均在该命名空间内定义），也是 turbulenceModel 的子命名空间，定义了 RANS 模型所需的基本参数与函数，确保不同模型的正常调用。

1. RASModel.H

该文件中的内容如图 5-3 所示，其中：

- 44～45 行以及 241 行：C++中的预处理指令。
- 47～58 行：包含的头文件，部分与 turbulenceModel.H 中包含的一致，均为保证程序可使用相关功能，其中 bound.H 用于限制标量场，Switch.H 用于布尔运算，fvm.H 以及 fvc.H 用于方程离散，离散的相关内容见 3.2 节。
- 62～71 行：声明 RASModel 为 Foam-incompressible 命名空间下的类。
- 73～74 行：公有类，用于访问 turbulenceModel 与 IOdictionary 中的成员。
- 82 行：布尔运算 "turbulence_"，是否开启湍流模型。
- 85 行：布尔运算 "printCoeffs_"，是否在计算开始阶段在终端输出模型系数。
- 88 行：模型的系数字典 "coeffDict_"。
- 91 行：湍动能 k 的最低值 "kMin_"，用于防止计算中 k 值过低，保证数值稳定性。
- 94 行：湍动能耗散率 ε 的最低值 "epsilonMin_"，用于防止计算中 ε 值过低，保证数值稳定性。
- 97 行：湍动能比耗散率 ω 的最低值 "omegaMin_"，用于防止计算中 ω 值过低，保证数值稳定性。
- 103 行：声明 printCoeffs 函数，用于输出模型系数。
- 106～114 行：禁用逐位复制与逐位赋值。

```
44 #ifndef RASModel_H
45 #define RASModel_H
46
47 #include "incompressible/turbulenceModel/turbulenceModel.H"
48 #include "volFields.H"
49 #include "surfaceFields.H"
50 #include "fvm.H"
51 #include "fvc.H"
52 #include "fvMatrices.H"
53 #include "incompressible/transportModel/transportModel.H"
54 #include "IOdictionary.H"
55 #include "Switch.H"
56 #include "bound.H"
57 #include "autoPtr.H"
58 #include "runTimeSelectionTables.H"
59
60 // * * * * * * * * * * * * * * * * * * * * * * * * * * * * * * * * * * //
61
62 namespace Foam
63 {
64 namespace incompressible
65 {
66
67 /*---------------------------------------------------------------------------*\
68                         Class RASModel Declaration
69 \*---------------------------------------------------------------------------*/
70
71 class RASModel
72 :
73     public turbulenceModel,
74     public IOdictionary
75 {
76
77 protected:
78
79     // Protected data
80
81         //- Turbulence on/off flag
82         Switch turbulence_;
83
84         //- Flag to print the model coeffs at run-time
85         Switch printCoeffs_;
```

（a）代码 1

```
88         dictionary coeffDict_;
89
90         //- Lower limit of k
91         dimensionedScalar kMin_;
92
93         //- Lower limit of epsilon
94         dimensionedScalar epsilonMin_;
95
96         //- Lower limit for omega
97         dimensionedScalar omegaMin_;
98
99
100    // Protected Member Functions
101
102        //- Print model coefficients
103        virtual void printCoeffs();
104
105
106 private:
107
108    // Private Member Functions
109
110        //- Disallow default bitwise copy construct
111        RASModel(const RASModel&);
112
113        //- Disallow default bitwise assignment
114        void operator=(const RASModel&);
115
116
117 public:
118
119    //- Runtime type information
120    TypeName("RASModel");
```

（b）代码 2

图 5-3　RASModel.H 文件中的内容

```
125         declareRunTimeSelectionTable
126         (
127             autoPtr,
128             RASModel,
129             dictionary,
130             (
131                 const volVectorField& U,
132                 const surfaceScalarField& phi,
133                 transportModel& transport,
134                 const word& turbulenceModelName
135             ),
136             (U, phi, transport, turbulenceModelName)
137         );
138
139
140     // Constructors
141
142         //- Construct from components
143         RASModel
144         (
145             const word& type,
146             const volVectorField& U,
147             const surfaceScalarField& phi,
148             transportModel& transport,
149             const word& turbulenceModelName = turbulenceModel::typeName
150         );
151
152
153     // Selectors
154
155         //- Return a reference to the selected RAS model
156         static autoPtr<RASModel> New
157         (
158             const volVectorField& U,
159             const surfaceScalarField& phi,
160             transportModel& transport,
161             const word& turbulenceModelName = turbulenceModel::typeName
162         );
163
164
165     //- Destructor
166     virtual ~RASModel()
167     {}
```

（c）代码 3

```
174         //- Return the lower allowable limit for k (default: SMALL)
175         const dimensionedScalar& kMin() const
176         {
177             return kMin_;
178         }
179
180         //- Return the lower allowable limit for epsilon (default: SMALL)
181         const dimensionedScalar& epsilonMin() const
182         {
183             return epsilonMin_;
184         }
185
186         //- Return the lower allowable limit for omega (default: SMALL)
187         const dimensionedScalar& omegaMin() const
188         {
189             return omegaMin_;
190         }
191
192         //- Allow kMin to be changed
193         dimensionedScalar& kMin()
194         {
195             return kMin_;
196         }
197
198         //- Allow epsilonMin to be changed
199         dimensionedScalar& epsilonMin()
200         {
201             return epsilonMin_;
202         }
203
204         //- Allow omegaMin to be changed
205         dimensionedScalar& omegaMin()
206         {
207             return omegaMin_;
208         }
209
210         //- Const access to the coefficients dictionary
211         virtual const dictionary& coeffDict() const
212         {
213             return coeffDict_;
214         }
```

（d）代码 4

图 5-3 RASModel.H 文件中的内容（续图）

```
217        //- Return the effective viscosity
218        virtual tmp<volScalarField> nuEff() const
219        {
220            return tmp<volScalarField>
221            (
222                new volScalarField("nuEff", nut() + nu())
223            );
224        }
225
226        //- Solve the turbulence equations and correct the turbulence
    viscosity
227        virtual void correct();
228
229        //- Read RASProperties dictionary
230        virtual bool read();
231 };
232
233
234 // * * * * * * * * * * * * * * * * * * * * * * * * * * * * * * * *
    * //
235
236 } // End namespace incompressible
237 } // End namespace Foam
238
239 // * * * * * * * * * * * * * * * * * * * * * * * * * * * * * * * *
    * //
240
241 #endif
```

（e）代码 5

图 5-3　RASModel.H 文件中的内容（续图）

- 120 行：声明运行时的识别类型名称 RASModel。
- 125~137 行：声明 declareRunTimeNewSelectionTable 函数，使其能在程序运行时选择。
- 143~150 行：声明 RASModel 构造函数。
- 156~162 行：引用所选的 RASModel 类型，检查所选 RANS 模型是否为现有的。
- 166 行：解构函数。
- 175~190 行：const 函数 kMin、epsilonMin 与 omegaMin，返回值为 91~97 行的"kMin_""epsilonMin_"与"omegaMin_"，不可更改。
- 193~208 行：函数 kMin、epsilonMin 与 omegaMin，与 175~190 行解释一致，不同的是其值可更改。
- 211~214 行：coeffDict 函数，用于获取模型系数，借助 230 行的 read 函数实现模型系数的读取。
- 227 行：声明 correct 函数，用于求解湍流模型的方程以及修正涡黏系数。
- 230 行：声明 read 函数，用于读取算例/constant/RASProperties 中的字典。

2. RASModel.C

该文件中的内容如图 5-4 所示，其中：

- 26 行：包含 RASModel.H。
- 27 行：包含 addToRunTimeSelectionTable.H，保证程序运行时可选择模拟类型 RASModel 以及该类型下定义的各种 RANS 模型。
- 31~34 行：命名空间层级为 Foam-incompressible。
- 38 行：定义类型 RASModel 与调试（Debug），此处"0"表示关闭，若设定为不等于 0 的任意数字，则表示开启调试。

```
26 #include "RASModel.H"
27 #include "addToRunTimeSelectionTable.H"
28
29 // * * * * * * * * * * * * * * * * * * * * * * * * * * * * * *
   * //
30
31 namespace Foam
32 {
33 namespace incompressible
34 {
35
36 // * * * * * * * * * * * * * * * * * * * * * * * * * * * * * *
   * //
37
38 defineTypeNameAndDebug(RASModel, 0);
39 defineRunTimeSelectionTable(RASModel, dictionary);
40 addToRunTimeSelectionTable(turbulenceModel, RASModel, turbulenceModel);
41
42 // * * * * * * * * * * * * Protected Member Functions * * * * * * * * *
   * //
43
44 void RASModel::printCoeffs()
45 {
46     if (printCoeffs_)
47     {
48         Info<< type() << "Coeffs" << coeffDict_ << endl;
49     }
50 }
```

（a）代码 1

```
55 RASModel::RASModel
56 (
57     const word& type,
58     const volVectorField& U,
59     const surfaceScalarField& phi,
60     transportModel& transport,
61     const word& turbulenceModelName
62 )
63 :
64     turbulenceModel(U, phi, transport, turbulenceModelName),
65
66     IOdictionary
67     (
68         IOobject
69         (
70             "RASProperties",
71             U.time().constant(),
72             U.db(),
73             IOobject::MUST_READ_IF_MODIFIED,
74             IOobject::NO_WRITE
75         )
76     ),
77
78     turbulence_(lookup("turbulence")),
79     printCoeffs_(lookupOrDefault<Switch>("printCoeffs", false)),
80     coeffDict_(subOrEmptyDict(type + "Coeffs")),
81
82     kMin_("kMin", sqr(dimVelocity), SMALL),
83     epsilonMin_("epsilonMin", kMin_.dimensions()/dimTime, SMALL),
84     omegaMin_("omegaMin", dimless/dimTime, SMALL)
85 {
86     kMin_.readIfPresent(*this);
87     epsilonMin_.readIfPresent(*this);
88     omegaMin_.readIfPresent(*this);
89
90     // Force the construction of the mesh deltaCoeffs which may be needed
91     // for the construction of the derived models and BCs
92     mesh_.deltaCoeffs();
93 }
```

（b）代码 2

图 5-4　RASModel.C 文件中的内容

```
 98 autoPtr<RASModel> RASModel::New
 99 (
100     const volVectorField& U,
101     const surfaceScalarField& phi,
102     transportModel& transport,
103     const word& turbulenceModelName
104 )
105 {
106     // get model name, but do not register the dictionary
107     // otherwise it is registered in the database twice
108     const word modelType
109     (
110         IOdictionary
111         (
112             IOobject
113             (
114                 "RASProperties",
115                 U.time().constant(),
116                 U.db(),
117                 IOobject::MUST_READ_IF_MODIFIED,
118                 IOobject::NO_WRITE,
119                 false
120             )
121         ).lookup("RASModel")
122     );
123
124     Info<< "Selecting RAS turbulence model " << modelType << endl;
125
126     dictionaryConstructorTable::iterator cstrIter =
127         dictionaryConstructorTablePtr_->find(modelType);
128
129     if (cstrIter == dictionaryConstructorTablePtr_->end())
130     {
131         FatalErrorIn
132         (
133             "RASModel::New"
134             "("
135                 "const volVectorField&, "
136                 "const surfaceScalarField&, "
137                 "transportModel&, "
138                 "const word&"
139             ")"
```

```
140         )   << "Unknown RASModel type "
141             << modelType << nl << nl
142             << "Valid RASModel types:" << endl
143             << dictionaryConstructorTablePtr_->sortedToc()
144             << exit(FatalError);
145     }
146
147     return autoPtr<RASModel>
148     (
149         cstrIter()(U, phi, transport, turbulenceModelName)
150     );
151 }
```

（c）代码 3

图 5-4　RASModel.C 文件中的内容（续图）

```
156 void RASModel::correct()
157 {
158     turbulenceModel::correct();
159 }
160
161
162 bool RASModel::read()
163 {
164     //if (regIOobject::read())
165
166     // Bit of trickery : we are both IOdictionary ('RASProperties') and
167     // an regIOobject from the turbulenceModel level. Problem is to distinguish
168     // between the two - we only want to reread the IOdictionary.
169
170     bool ok = IOdictionary::readData
171     (
172         IOdictionary::readStream
173         (
174             IOdictionary::type()
175         )
176     );
177     IOdictionary::close();
178
179     if (ok)
180     {
181         lookup("turbulence") >> turbulence_;
182
183         if (const dictionary* dictPtr = subDictPtr(type() + "Coeffs"))
184         {
185             coeffDict_ <<= *dictPtr;
186         }
187
188         kMin_.readIfPresent(*this);
189         epsilonMin_.readIfPresent(*this);
190         omegaMin_.readIfPresent(*this);
191
192         return true;
193     }
194     else
195     {
196         return false;
197     }
198 }
```

```
203 } // End namespace incompressible
204 } // End namespace Foam
```

（d）代码 4

图 5-4　RASModel.C 文件中的内容（续图）

- 39 行：defineRunTimeSelectionTable 函数，确保在计算时能选择各种 RANS 模型。
- 40 行：addToRunTimeSelectionTable 函数，确保在计算时能选择模拟类型 RASModel。
- 44～50 行：printCoeffs 函数，如果在/constant/RASProperties 中将 printCoeffs 设置为 on，则输出模型系数计算开始时在终端输出模型系数。
- 55～93 行：构造函数。
- 66～76 行：5.1.1 节已介绍 IOobject，注册的 RASProperties 对象位于/constant，在注册对象之后，其中的一些字典就可以通过查找来读取。

- 78～80 行：查找字典的几种方式，其中 lookup 表示查找对应字典中的关键词以获取数据，若未找到，则计算时将报错，此处表示 turbulence 为 RASProperties 文件中必须设置的字典，lookupOrDefault 表示类似 lookup，不同之处在于若未找到关键词，则使用预设的默认值，此处 printCoeffs 默认设置为 false，subOrEmptyDict 表示查找次级字典，此处查找 "RANS 模型 Coeffs{}" 中的内容，如采用 $k\text{-}\varepsilon$ 模型，则为 kEpsilonCoeffs{}。

- 82～84 行：定义 "kMin_" "epsilonMin_" 与 "omegaMin_"，以 "kMin_" 为例，kMin 表示变量的名字，sqr(dimVelocity) 表示速度量纲的平方，即湍动能的量纲，SMALL 为 OpenFOAM 中预设的值，几个常用的值如下（双精度）：

  ➢ GREAT，1×10^{15}
  ➢ VGREAT，1×10^{300}
  ➢ ROOTVGREAT，1×10^{150}
  ➢ SMALL，1×10^{-15}
  ➢ VSMALL，1×10^{-300}
  ➢ ROOTVSMALL，1×10^{-150}

- 86～88 行：读取 RASProperties 文件中的字典，若有 kMin、epsilonMin 以及 omegaMin 的值，将用设定值替换上文的 SMALL 值。

- 92 行：网格的距离系数，用于湍流模型或相关的边界条件。

- 98～151 行：引用所选的 RASModel 类型，检查所选 RANS 模型是否为现有的，若是，则求解开始阶段将在终端输出所选择的 RANS 模型（Selecting RAS turbulence model），若不是，则提示错误信息 Unknown RASModel type，并输出可选的类型（Valid RASModel types），从而便于用户查找错误。

- 156～158 行：correct 函数，此处为虚函数，需在具体湍流模型中进行实例化。

- 162～198 行：read 函数，用于读取 RASProperties 文件中的字典。

综合上文分析，本节所分析代码的主要作用在于创建了一个命名空间 RASModel，便于 RANS 模型在计算时调用，同时定义了湍动能 k、湍动能耗散率 ε 以及湍动能比耗散率 ω 的最低值，防止这些变量过低而导致计算出错或发散。此外，还创建了 I/O 对象，使程序具备了读取/输出湍流模型系数等的能力。

5.1.3　标准 $k\text{-}\varepsilon$ 模型程序解析

标准 $k\text{-}\varepsilon$ 模型的源代码位于/src/turbulenceModels/incompressible/RAS/kEpsilon，主要包含 kEpsilon.H 以及 kEpsilon.C 两个文件。在介绍代码之前，有必要了解标准 $k\text{-}\varepsilon$ 模型的具体形式。

为使雷诺时均化的 N-S 方程组封闭，需要求解其中的涡黏系数。标准 $k\text{-}\varepsilon$ 模型通过引入湍动能 k 以及湍动能耗散率 ε 两个标量的输运方程，建立起涡黏系数与两变量的关系。输运方程形式如下：

$$\frac{\partial k}{\partial t} + \frac{\partial \langle u \rangle_i k}{\partial x_i} = G + \frac{\partial}{\partial x_i}\left[(\nu + \nu_t)\frac{\partial k}{\partial x_i}\right] - \varepsilon \tag{5-1}$$

$$\frac{\partial \varepsilon}{\partial t} + \frac{\partial \langle u \rangle_i \varepsilon}{\partial x_i} = C_1 \frac{G\varepsilon}{k} + \frac{\partial}{\partial x_i}\left[\left(\nu + \frac{\nu_t}{\sigma_\varepsilon}\right)\frac{\partial \varepsilon}{\partial x_i}\right] - C_2 \frac{\varepsilon^2}{k} \tag{5-2}$$

其中，各个常系数分别为 $C_1 = 1.44$，$C_2 = 1.92$，$\sigma_\varepsilon = 1.3$。G 代表湍动能生成项，定义为

$$G = -\langle u_i u_j \rangle \frac{\partial \langle u \rangle_j}{\partial x_i} = 2\nu_t S_{ij} S_{ij} \tag{5-3}$$

其中，$S_{ij} = \left(\partial \langle u \rangle_i / \partial x_j + \partial \langle u \rangle_j / \partial x_i\right)/2$ 为应变率张量。为简化方程表达，OpenFOAM 中通常使用下式：

$$D_{k\text{eff}} = \nu_{t,\text{eff}} = \nu + \nu_t \tag{5-4}$$

$$D_{\varepsilon\text{eff}} = \nu + \frac{\nu_t}{\sigma_\varepsilon} \tag{5-5}$$

从而式（5-1）与式（5-2）可改写为

$$\frac{\partial k}{\partial t} + \frac{\partial \langle u \rangle_i k}{\partial x_i} = G + \frac{\partial}{\partial x_i}\left(D_{k\text{eff}}\frac{\partial k}{\partial x_i}\right) - \varepsilon \tag{5-6}$$

$$\frac{\partial \varepsilon}{\partial t} + \frac{\partial \langle u \rangle_i \varepsilon}{\partial x_i} = C_1 \frac{G\varepsilon}{k} + \frac{\partial}{\partial x_i}\left(D_{\varepsilon\text{eff}}\frac{\partial \varepsilon}{\partial x_i}\right) - C_2 \frac{\varepsilon^2}{k} \tag{5-7}$$

根据输运方程所得 k 以及 ε，涡黏系数可由下式计算：

$$\nu_t = C_\mu \frac{k^2}{\varepsilon} \tag{5-8}$$

其中，$C_\mu = 0.09$。

以上即为标准 k-ε 模型的数学表达，接下来具体分析该模型在 OpenFOAM 中的实现。

1. kEpsilon.H

该文件中的内容如图 5-5 所示，其中：

- 49～50 行以及 183 行：C++中的预处理指令。
- 52 行：包含 RASModel.H。
- 56～61 行：该湍流模型是在 Foam-incompressible-RASModels 命名空间下定义的。
- 67～69 行：kEpsilon 类作为 RASModel 的子类。
- 78~81 行：模型系数，"Cmu_"对应 C_μ，"C1_"对应 C_1，"C2_"对应 C_2，"sigmaEps"对应 σ_ε。
- 86～88 行：变量 k、ε 与 ν_t，注意各量的类型，其中 78～81 行的模型系数由于是常

系数，类型采用 dimensionedScalar，而 k、ε 与 ν_t 均为标量场，类型为 volScalarField。

- 93 行：运行时的识别类型名称 kEpsilon。
- 98～105 行：构造函数。
- 109 行：解构函数。
- 116～119 行：nut 函数，返回"nut_"。
- 112～137 行：DkEff 与 DepsilonEff 函数，分别对应式（5-4）与式（5-5）中的定义。
- 140～143 行：k 函数，返回"k_"。
- 146～149 行：epsilon 函数，返回"epsilon_"。
- 152 行：声明函数 R，雷诺应力张量，对于不同湍流模型，形式存在差异。
- 155 行：声明函数 devReff，有效应力张量，一般为雷诺应力与流体黏性应力之和。
- 158～165 行：声明函数 divDevReff 与 divDevRhoReff，动量方程中的项，其中 divDevReff 不考虑密度，而 divDevRhoReff 考虑密度。
- 168 行：声明 correct 函数。
- 171 行：声明 read 函数。

```
49 #ifndef kEpsilon_H
50 #define kEpsilon_H
51
52 #include "RASModel.H"
53
54 // * * * * * * * * * * * * * * * * * * * * * * * * * * * * * * * * * //
55
56 namespace Foam
57 {
58 namespace incompressible
59 {
60 namespace RASModels
61 {
62
63 /*---------------------------------------------------------------------------*\
64                          Class kEpsilon Declaration
65 \*---------------------------------------------------------------------------*/
66
67 class kEpsilon
68 :
69     public RASModel
70 {
71
72 protected:
73
74     // Protected data
75
76         // Model coefficients
77
78             dimensionedScalar Cmu_;
79             dimensionedScalar C1_;
80             dimensionedScalar C2_;
81             dimensionedScalar sigmaEps_;
82
83
84         // Fields
85
86             volScalarField k_;
87             volScalarField epsilon_;
88             volScalarField nut_;
```

（a）代码 1

图 5-5　kEpsilon.H 文件中的内容

```
90 public:
91
92      //- Runtime type information
93      TypeName("kEpsilon");
94
95      // Constructors
96
97          //- Construct from components
98          kEpsilon
99          (
100             const volVectorField& U,
101             const surfaceScalarField& phi,
102             transportModel& transport,
103             const word& turbulenceModelName = turbulenceModel::typeName,
104             const word& modelName = typeName
105         );
106
107
108     //- Destructor
109     virtual ~kEpsilon()
110     {}
111
112
113     // Member Functions
114
115         //- Return the turbulence viscosity
116         virtual tmp<volScalarField> nut() const
117         {
118             return nut_;
119         }
120
121         //- Return the effective diffusivity for k
122         tmp<volScalarField> DkEff() const
123         {
124             return tmp<volScalarField>
125             (
126                 new volScalarField("DkEff", nut_ + nu())
127             );
128         }
129
130         //- Return the effective diffusivity for epsilon
131         tmp<volScalarField> DepsilonEff() const
132         {
133             return tmp<volScalarField>
134             (
135                 new volScalarField("DepsilonEff", nut_/sigmaEps_ + nu())
136             );
137         }
```

（b）代码 2

```
139         //- Return the turbulence kinetic energy
140         virtual tmp<volScalarField> k() const
141         {
142             return k_;
143         }
144
145         //- Return the turbulence kinetic energy dissipation rate
146         virtual tmp<volScalarField> epsilon() const
147         {
148             return epsilon_;
149         }
150
151         //- Return the Reynolds stress tensor
152         virtual tmp<volSymmTensorField> R() const;
153
154         //- Return the effective stress tensor including the laminar stress
155         virtual tmp<volSymmTensorField> devReff() const;
156
157         //- Return the source term for the momentum equation
158         virtual tmp<fvVectorMatrix> divDevReff(volVectorField& U) const;
159
160         //- Return the source term for the momentum equation
161         virtual tmp<fvVectorMatrix> divDevRhoReff
162         (
163             const volScalarField& rho,
164             volVectorField& U
165         ) const;
166
167         //- Solve the turbulence equations and correct the turbulence
    viscosity
168         virtual void correct();
169
170         //- Read RASProperties dictionary
171         virtual bool read();
172 };
173
174
175 // * * * * * * * * * * * * * * * * * * * * * * * * * * * * * * * * //
176
177 } // End namespace RASModels
178 } // End namespace incompressible
179 } // End namespace Foam
180
181 // * * * * * * * * * * * * * * * * * * * * * * * * * * * * * * * * //
182
183 #endif
```

（c）代码 3

图 5-5　kEpsilon.H 文件中的内容（续图）

2. kEpsilon.C

该文件中的内容如图 5-6 所示，其中：

- 26 行：包含 kEpsilon.H。
- 27 行：包含 addToRunTimeSelectionTable.H，保证程序运行时可选择标准 k-ε 模型。
- 29 行：包含 backwardsCompatibilityWallFunctions.H，用于自动创建诸如 k、epsilon、omega 等变量（如 105 行的 autoCreateK），使其能够向下兼容壁面函数。
- 33～38 行：命名空间层级为 Foam-incompressible-RASModel。
- 42 行：定义类型 kEpsilon 与调试（Debug），此处 "0" 表示关闭，若设定为不等于 0 的任意数字，则表示开启调试。
- 43 行：调用 addToRunTimeSelectionTable 函数，确保在计算时能选择 RASModel 类型下的 kEpsilon 模型。
- 47～139 行：构造函数，详见下文。
- 58～65 行：C_μ，值为 0.09，其中 lookupOrAddToDict 是 dimensioned<类型>（如 dimensionedScalar）的构造方式之一，表示根据字典构造的量。若未设置量纲，则默认为无量纲数。Cmu 为 C_μ 在字典中的名称，当字典中未找到该名称时（RASModel.C 中并未创建该字典），将 Cmu 添加为字典并设置默认值为 0.09，"coeffDict_" 表示将字典添加至 RASModel.C 中第 80 行创建的次级字典 coeffs 中。相比于 RASModel.C 中利用 IOobject 创建字典，这种处理方式的优势在于可以直接添加字典。
- 67～75 行：将字典 C1 添加至 "coeffDict_"，值为 1.44，对应 C_1。
- 76～84 行：将字典 C2 添加至 "coeffDict_"，值为 1.92，对应 C_2。
- 85～93 行：将字典 sigmaEps 添加至 "coeffDict_"，值为 1.3，对应 σ_ε。
- 95～106 行：用 IOobject 构造 "k_"，名称为 k，路径为计算数据所保存的时刻（请读者回顾第 2 章的算例，计算结果是以保存的时刻命名的文件夹），保存于已注册的 "mesh_" 对象数据库，读取设置为 NO_READ，输出设置为 AUTO_WRITE，autoCreateK 如前文所述，为保证 k 能够向下兼容壁面函数，在该函数中的变量设置为 MUST_READ，因此 k 的实际读取设置并非 NO_READ，而是 MUST_READ。
- 107～118 行：用 IOobject 构造 "epsilon_"，名称为 epsilon，其余同 "k_"。
- 119～130 行：用 IOobject 构造 "nut_"，名称为 nut，其余同 "k_"。
- 132 行：bound 函数用于限制变量，防止过小而导致某些运算中出现除以 0 的情况，同时也防止某些情况下运算出现极大值，保证数值稳定性，此处表示 $k \geqslant k_{\min}$。
- 133 行：$\varepsilon \geqslant \varepsilon_{\min}$。
- 135 行：计算涡黏系数，见式（5-8）。
- 138 行：输出系数。

```
26 #include "kEpsilon.H"
27 #include "addToRunTimeSelectionTable.H"
28
29 #include "backwardsCompatibilityWallFunctions.H"
30
31 // * * * * * * * * * * * * * * * * * * * * * * * * * * * * * * * * * * *
   * //
32
33 namespace Foam
34 {
35 namespace incompressible
36 {
37 namespace RASModels
38 {
39
40 // * * * * * * * * * * * * * Static Data Members * * * * * * * * * * * *
   * //
41
42 defineTypeNameAndDebug(kEpsilon, 0);
43 addToRunTimeSelectionTable(RASModel, kEpsilon, dictionary);
44
45 // * * * * * * * * * * * * * * * Constructors * * * * * * * * * * * * *
   * //
46
47 kEpsilon::kEpsilon
48 (
49     const volVectorField& U,
50     const surfaceScalarField& phi,
51     transportModel& transport,
52     const word& turbulenceModelName,
53     const word& modelName
54 )
55 :
56     RASModel(modelName, U, phi, transport, turbulenceModelName),
57
58     Cmu_
59     (
60         dimensioned<scalar>::lookupOrAddToDict
61         (
62             "Cmu",
63             coeffDict_,
64             0.09
65         )
66     ),
```

（a）代码 1

```
67     C1_
68     (
69         dimensioned<scalar>::lookupOrAddToDict
70         (
71             "C1",
72             coeffDict_,
73             1.44
74         )
75     ),
76     C2_
77     (
78         dimensioned<scalar>::lookupOrAddToDict
79         (
80             "C2",
81             coeffDict_,
82             1.92
83         )
84     ),
85     sigmaEps_
86     (
87         dimensioned<scalar>::lookupOrAddToDict
88         (
89             "sigmaEps",
90             coeffDict_,
91             1.3
92         )
93     ),
94
95     k_
96     (
97         IOobject
98         (
99             "k",
100            runTime_.timeName(),
101            mesh_,
102            IOobject::NO_READ,
103            IOobject::AUTO_WRITE
104        ),
105        autoCreateK("k", mesh_)
106    ),
```

（b）代码 2

图 5-6　kEpsilon.C 文件中的内容

```
107     epsilon_
108     (
109         IOobject
110         (
111             "epsilon",
112             runTime_.timeName(),
113             mesh_,
114             IOobject::NO_READ,
115             IOobject::AUTO_WRITE
116         ),
117         autoCreateEpsilon("epsilon", mesh_)
118     ),
119     nut_
120     (
121         IOobject
122         (
123             "nut",
124             runTime_.timeName(),
125             mesh_,
126             IOobject::NO_READ,
127             IOobject::AUTO_WRITE
128         ),
129         autoCreateNut("nut", mesh_)
130     )
131 {
132     bound(k_, kMin_);
133     bound(epsilon_, epsilonMin_);
134
135     nut_ = Cmu_*sqr(k_)/epsilon_;
136     nut_.correctBoundaryConditions();
137
138     printCoeffs();
139 }
```

（c）代码 3

```
144 tmp<volSymmTensorField> kEpsilon::R() const
145 {
146     return tmp<volSymmTensorField>
147     (
148         new volSymmTensorField
149         (
150             IOobject
151             (
152                 "R",
153                 runTime_.timeName(),
154                 mesh_,
155                 IOobject::NO_READ,
156                 IOobject::NO_WRITE
157             ),
158             ((2.0/3.0)*I)*k_ - nut_*twoSymm(fvc::grad(U_)),
159             k_.boundaryField().types()
160         )
161     );
162 }
163
164
165 tmp<volSymmTensorField> kEpsilon::devReff() const
166 {
167     return tmp<volSymmTensorField>
168     (
169         new volSymmTensorField
170         (
171             IOobject
172             (
173                 "devRhoReff",
174                 runTime_.timeName(),
175                 mesh_,
176                 IOobject::NO_READ,
177                 IOobject::NO_WRITE
178             ),
179             -nuEff()*dev(twoSymm(fvc::grad(U_)))
180         )
181     );
182 }
```

（d）代码 4

图 5-6　kEpsilon.C 文件中的内容（续图）

```
185 tmp<fvVectorMatrix> kEpsilon::divDevReff(volVectorField& U) const
186 {
187     return
188     (
189       - fvm::laplacian(nuEff(), U)
190       - fvc::div(nuEff()*dev(T(fvc::grad(U))))
191     );
192 }
193
194
195 tmp<fvVectorMatrix> kEpsilon::divDevRhoReff
196 (
197     const volScalarField& rho,
198     volVectorField& U
199 ) const
200 {
201     volScalarField muEff("muEff", rho*nuEff());
202
203     return
204     (
205       - fvm::laplacian(muEff, U)
206       - fvc::div(muEff*dev(T(fvc::grad(U))))
207     );
208 }
209
210
211 bool kEpsilon::read()
212 {
213     if (RASModel::read())
214     {
215         Cmu_.readIfPresent(coeffDict());
216         C1_.readIfPresent(coeffDict());
217         C2_.readIfPresent(coeffDict());
218         sigmaEps_.readIfPresent(coeffDict());
219
220         return true;
221     }
222     else
223     {
224         return false;
225     }
226 }
```

（e）代码 5

```
229 void kEpsilon::correct()
230 {
231     RASModel::correct();
232
233     if (!turbulence_)
234     {
235         return;
236     }
237
238     volScalarField G(GName(), nut_*2*magSqr(symm(fvc::grad(U_))));
239
240     // Update epsilon and G at the wall
241     epsilon_.boundaryField().updateCoeffs();
242
243     // Dissipation equation
244     tmp<fvScalarMatrix> epsEqn
245     (
246         fvm::ddt(epsilon_)
247       + fvm::div(phi_, epsilon_)
248       - fvm::laplacian(DepsilonEff(), epsilon_)
249      ==
250         C1_*G*epsilon_/k_
251       - fvm::Sp(C2_*epsilon_/k_, epsilon_)
252     );
253
254     epsEqn().relax();
255
256     epsEqn().boundaryManipulate(epsilon_.boundaryField());
257
258     solve(epsEqn);
259     bound(epsilon_, epsilonMin_);
260
261
262     // Turbulent kinetic energy equation
263     tmp<fvScalarMatrix> kEqn
264     (
265         fvm::ddt(k_)
266       + fvm::div(phi_, k_)
267       - fvm::laplacian(DkEff(), k_)
268      ==
269         G
270       - fvm::Sp(epsilon_/k_, k_)
271     );
272
273     kEqn().relax();
274     solve(kEqn);
275     bound(k_, kMin_);
```

（f）代码 6

图 5-6   kEpsilon.C 文件中的内容（续图）

```
278    // Re-calculate viscosity
279    nut_ = Cmu_*sqr(k_)/epsilon_;
280    nut_.correctBoundaryConditions();
281 }
282
283
284 // * * * * * * * * * * * * * * * * * * * * * * * * * * * * * * //
285
286 } // End namespace RASModels
287 } // End namespace incompressible
288 } // End namespace Foam
```

（g）代码 7

图 5-6　kEpsilon.C 文件中的内容（续图）

- 144～162 行：计算雷诺应力，对于 RANS 模型，雷诺应力写为如下形式：

$$\tau_{\text{RANS},ij} = \langle u_i u_j \rangle = \frac{2}{3} k \delta_{ij} - 2 v_t S_{ij} \tag{5-9}$$

其中，δ_{ij} 为 Kronecker 算子，式（3-13）给出了其张量形式，分量形式可写为

$$\delta_{ij} = \begin{cases} 1, & \text{if } i = j \\ 0, & \text{if } i \neq j \end{cases} \tag{5-10}$$

雷诺应力为对称张量，其类型为 volSymmTensorField，158 行即对应式（5-9），其中 I 即为 Kronecker 算符，twoSymm 表示 $2S_{ij}$，即速度梯度张量求对称张量后乘以 2。由于 RANS 模型在计算过程中无须读取雷诺应力，IOobject 中，R 的读取设置为 NO_READ，输出设置为 NO_WRITE。

- 165～182 行：有效应力张量，对于不可压流动，Reynolds 平均后的 N-S 方程如下：

$$\frac{\partial \langle u \rangle_i}{\partial t} + \frac{\partial}{\partial x_j}\left(\langle u \rangle_i \langle u \rangle_j\right) = -\frac{1}{\rho}\frac{\partial \langle p \rangle}{\partial x_i} + \frac{\partial}{\partial x_j}\left[v\left(\frac{\partial \langle u \rangle_i}{\partial x_j} + \frac{\partial \langle u \rangle_j}{\partial x_i}\right)\right] - \frac{\partial \tau_{\text{RANS},ij}}{\partial x_j} + Y_i \tag{5-11}$$

其中，Y_i 为源项。将式（5-9）以及应变率张量的定义 $S_{ij} = \left(\partial \langle u \rangle_i / \partial x_j + \partial \langle u \rangle_j / \partial x_i\right)/2$ 代入上式可得

$$\frac{\partial \langle u \rangle_i}{\partial t} + \frac{\partial}{\partial x_j}\left(\langle u \rangle_i \langle u \rangle_j\right) = -\frac{1}{\rho}\frac{\partial \langle p \rangle}{\partial x_i} + \frac{\partial}{\partial x_j}(2vS_{ij}) + \frac{\partial(2v_t S_{ij})}{\partial x_j} - \frac{2}{3}\frac{\partial(k\delta_{ij})}{\partial x_j} + Y_i \tag{5-12}$$

进一步将等式右边后三项移动至等式左边：

$$\frac{\partial \langle u \rangle_i}{\partial t} + \frac{\partial}{\partial x_j}\left(\langle u \rangle_i \langle u \rangle_j\right) - \underbrace{\overset{v_{t,\text{eff}}}{\overbrace{(v + v_t)}}\frac{\partial}{\partial x_j}(2S_{ij})}_{\text{devReff}} + \frac{2}{3}\frac{\partial(k\delta_{ij})}{\partial x_j} = -\frac{1}{\rho}\frac{\partial \langle p \rangle}{\partial x_i} + Y_i \tag{5-13}$$

由此可见，devReff 函数的返回值实际上是式（5-13）中等式左边第三项，并未包含第四项。第四项通常被合并到压力项中，即

$$\frac{\partial \langle u \rangle_i}{\partial t} + \frac{\partial}{\partial x_j}\left(\langle u \rangle_i \langle u \rangle_j\right) - \frac{\partial}{\partial x_j}(\text{devReff}) = -\frac{1}{\rho}\frac{\partial}{\partial x_i}\left(\langle p \rangle + \frac{2}{3}\rho k\right) + Y_i \tag{5-14}$$

显然，在实际计算中得到的压力为修正后的 $\langle p \rangle'$。在程序中，式（5-14）可写为

$$\frac{\partial \langle u \rangle_i}{\partial t} + \frac{\partial}{\partial x_j}\left(\langle u \rangle_i \langle u \rangle_j\right) - \frac{\partial}{\partial x_j}(\text{devReff}) = -\frac{1}{\rho}\frac{\partial \langle p \rangle'}{\partial x_i} + Y_i \tag{5-15}$$

- 185～192 行：有效应力张量的散度，最直接的计算方法是对 devReff 求散度，但由于程序无法直接调用 devReff，需要用其他方法表达。由代码可知该函数的返回值如下：

$$-\nu_{t,\text{eff}}\left(\frac{\partial^2 \langle u \rangle_i}{\partial x_j \partial x_j}\right) - \frac{\partial}{\partial x_j}\left[\nu_{t,\text{eff}}\left(\frac{\partial \langle u \rangle_j}{\partial x_i}\right)^d\right] \tag{5-16}$$

其中上标 d 表示张量的偏分量[见式（3-12）]。

对于不可压流动，由于

$$\frac{\partial \langle u \rangle_i}{\partial x_i} = 0 \tag{5-17}$$

则

$$\left(\frac{\partial \langle u \rangle_j}{\partial x_i}\right)^d = \frac{\partial \langle u \rangle_j}{\partial x_i} \tag{5-18}$$

因此式（5-16）变为

$$-\nu_{t,\text{eff}}\left(\frac{\partial^2 \langle u \rangle_i}{\partial x_j \partial x_j}\right) - \frac{\partial}{\partial x_j}\left[\nu_{t,\text{eff}}\left(\frac{\partial \langle u \rangle_j}{\partial x_i}\right)\right] \Rightarrow -\nu_{t,\text{eff}}\frac{\partial}{\partial x_j}\underbrace{\left(\frac{\partial \langle u \rangle_j}{\partial x_i} + \frac{\partial \langle u \rangle_i}{\partial x_j}\right)}_{2S_{ij}} \Rightarrow \frac{\partial}{\partial x_j}(\text{devReff}) \tag{5-19}$$

由此可见，divDevReff 的返回值仍为 devReff 的散度，此时可将式（5-15）写为

$$\frac{\partial \langle u \rangle_i}{\partial t} + \frac{\partial}{\partial x_j}\left(\langle u \rangle_i \langle u \rangle_j\right) + \text{divDevReff} = -\frac{1}{\rho}\frac{\partial \langle p \rangle'}{\partial x_i} + Y_i \tag{5-20}$$

上式即为求解器中常见的动量方程形式。

- 195～208 行：考虑密度的有效应力张量的散度，用 $\mu_{\text{eff}} = \rho \nu_{t,\text{eff}}$ 替换上式中的 $\nu_{t,\text{eff}}$ 即可。由于不可压流体不涉及密度属性，此函数在计算过程中并不使用。

- 211～226 行：read 函数，用于读取 RASProperties 中的模型系数，其中 readIfPresent 表示从字典中读取，若找到，则将其值赋给该系数，若未找到该字典，则用前文设定的默认值。需要注意的是，若要使用户可以修改湍流模型中的系数，此处应编写相应代码，即 "系数变量名.readIfPresent(CoeffDict());"。对于标准 k-ε 模型，用户在计算设置中可修改 C_μ、C_1、C_2 以及 σ_ε。

- 229～281 行：correct 函数。

- 231 行：调用 RASModel 的 correct 函数。

- 233～236 行：检查 RASProperties 中的 turbulence，若不为 on，则返回空值，即不求解湍流模型的方程。

- 238 行：湍动能生成项，见式（5-3）。

- 241 行：更新边界上的 ε，若计算中使用壁面函数，此处调用的为壁面函数中的 updateCoeffs 函数。

- 244～252 行：见式（5-7）。

- 254 行：松弛 ε 方程系数矩阵，用于定常计算。

- 256 行：对边界上的 ε 离散方程进行限制，令其上的方程解等于边界网格中心点的值。

- 258 行：求解 ε 方程。

- 259 行：$\varepsilon \geqslant \varepsilon_{\min}$。

- 263～271 行：式（5-6）。

- 273 行：松弛 k 方程系数矩阵，用于定常计算。

- 274 行：求解 k 方程。

- 275 行：$k \geqslant k_{\min}$。

- 279 行：更新涡黏系数，式（5-8）。

- 280 行：修正边界值，当使用 nut 壁面函数时，correctBoundaryConditions()调用的是对应壁面函数中的 updateCoeffs 函数。

总体而言，上述代码较为简单且易于理解，但需要注意的是 k 方程与 ε 方程中源项的书写方式。在 ε 方程中采用的源项形式为

```
1_*G*epsilon_/k_ - fvm::Sp(C2_*epsilon_/k_, epsilon_)
```

k 方程中的源项为

```
G- fvm::Sp(epsilon_/k_, k_)
```

其中的问题在于为什么二者的第二项均采用 fvm::Sp 的隐式离散形式，而第一项则为显式离散？根据式（3-90）与式（3-113），离散方程可以写为

$$a_P \phi_P + \sum_N a_N \phi_N = Y_c + Y_1 \phi_P \Rightarrow (a_P - Y_1)\phi_P + \sum_N a_N \phi_N = Y_c \qquad (5\text{-}21)$$

显然，源项隐式离散之后会对系数矩阵的对角线元素产生影响。在数值求解中，为了保证收敛性，系数矩阵应为对角占优阵，且对角占优特征越明显，越有利于收敛。Y_1 为负值（-fvm::Sp）时，系数矩阵的对角线元素增大，收敛性更好。

隐式离散的基本形式为 Sp(rho,phi)，因此代码中将相应项拆分为相乘的变量。对于 ε 方程中源项的第二项，写为

$$-C_2 \frac{\varepsilon^2}{k} = -\mathrm{Sp}\left(C_2 \frac{\varepsilon}{k}, \varepsilon\right) \qquad (5\text{-}22)$$

k 方程的源项第二项则为

$$-\varepsilon = -\mathrm{Sp}\left(\frac{\varepsilon}{k}, k\right) \tag{5-23}$$

以上即为 RANS 中典型的标准 k-ε 模型在 OpenFOAM 中的实现过程，总体而言，模型的程序代码包含如下几个部分。

（1）模型系数的声明与实现，包括字典文件 RASProperties 的读取。

（2）雷诺应力、有效应力张量及其散度的计算，事实上，对于绝大部分涡黏模型，这几个量的程序表达是一致的。

（3）correct 函数，RANS 模型的核心，不同的模型在此处需采用不同的输运方程以及涡黏系数定义，同时需注意源项的处理方式——隐式离散或显式离散。

5.1.4 自定义 RANS 模型——标准 k-ε 模型的 Kato–Launder 修正

RANS 模型种类繁多，其中的修正亦数不胜数。为使读者掌握自定义 RANS 模型的基本方法，本书以标准 k-ε 模型的 Kato-Launder 修正为例进行分析。

Kato-Launder 修正是针对湍动能生成项的修正，主要目的在于降低双方程模型在强加速或减速区域的湍流生成率，如方腔绕流中方腔的后方。修正后的湍动能生成率形式如下：

$$G = \nu_t S \Omega \tag{5-24}$$

其中

$$S = \sqrt{2 S_{ij} S_{ij}} \tag{5-25}$$

$$\Omega = \sqrt{2 \Omega_{ij} \Omega_{ij}} \tag{5-26}$$

$$\Omega_{ij} = \frac{1}{2}\left(\frac{\partial \langle u \rangle_i}{\partial x_j} - \frac{\partial \langle u \rangle_j}{\partial x_i}\right) \tag{5-27}$$

对比式（5-3）可知，Kato-Launder 修正的核心在于引入了旋转率张量 Ω_{ij}。为保证收敛性，将式（5-24）改写为

$$G = \min(\nu_t S \Omega, \nu_t S^2) \tag{5-28}$$

由于该修正基于标准 k-ε 模型提出，可以将 kEpsilon 的代码作为模板进行修改。具体步骤如下所述。

1. 复制文件

将/src/turbulenceModels/incompressible/RAS 路径下的 kEpsilon 文件夹复制到/home/用户名/OpenFOAM/app，随后将文件夹名称修改为 KatoLaunderkEpsilon，并将 kEpsilon.H 与 kEpsilon.C 的文件名改为 KatoLaunderkEpsilon.H 与 KatoLaunderkEpsilon.C；最后，使用文本替换功能将文件中的 kEpsilon 替换为 KatoLaunderkEpsilon。

2. 修改 correct 函数

如前文所述，对于涡黏模型，雷诺应力 R 等函数的定义一致，无须修改。本例仅修改 correct

函数中生成项的代码。原代码为

```
volScalarField G(GName(), nut_*2*magSqr(symm(fvc::grad(U_))));
```

修改后代码为

```
volScalarFieldG(GName(),min(nut_*2*mag(symm(fvc::grad(U_)))*mag(skew(fvc::grad(U_))),nut_*2*magSqr
(symm(fvc::grad(U_)))));
```

其中，2*mag(symm(fvc::grad(U_))与 2*mag(skew(fvc::grad(U_))分别对应式（5-25）及式（5-26）的定义。回顾 3.1.2 节内容，旋转率张量的定义实际应为-skew(fvc::grad(U_))，但由于此处直接求 mag，正负号并不影响结果，因此省略负号。

3. 编译

将/src/turbulenceModels/incompressible/RAS 路径下的 Make 文件夹复制到该模型的主目录中，并将 files 文件中的代码修改为如下形式：

```
KatoLaunderkEpsilon.C
LIB = $(FOAM_USER_LIBBIN)/libKatoLaunderkEpsilon
```

options 文件中 EXE_INC 部分代码修改为如下形式：

```
EXE_INC = \
    -I$(LIB_SRC)/turbulenceModels \
    -I$(LIB_SRC)/transportModels \
    -I$(LIB_SRC)/finiteVolume/lnInclude \
    -I$(LIB_SRC)/meshTools/lnInclude \
    -I$(LIB_SRC)/turbulenceModels/incompressible/RAS/lnInclude
```

在本模型的主目录下执行 wmake libso 命令建立其动态链接库。

4. 算例设置

方腔绕流同样是 CFD 的经典算例。图 5-7 为方腔绕流示意图，其中雷诺数为 $Re = U_{in}D/\nu = 21357$。本例将分别采用 KatoLaunderkEpsilon 以及 kEpsilon 模型对该算例进行计算。

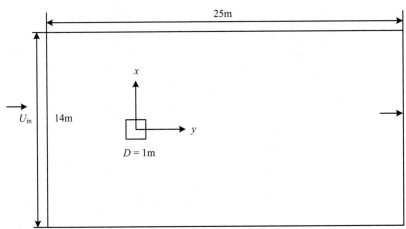

图 5-7　方腔绕流示意图

从中国水利水电出版社网站（www.waterpub.com.cn）或万水书苑网站（www.wsbookshow.com）免费下载算例文件 OpenFOAM 例/testRANSmodel，将其中的 3 个压缩包解压。其中 kepsilon 与 KatoLaunderkepsilon 为对应模型的算例，实验数据取自文献[32]，为 y 向湍流脉动均方根，共有两列数据，第一列为无量纲化坐标 x/D，第二列为无量纲化的脉动均方根 $\sqrt{\langle u_2 u_2 \rangle}/U_{\text{in}}$。

OpenFOAM 中 UPrime2Mean 即为雷诺应力，其中对应的分量如下：

$$\text{UPrime2Mean} = \begin{pmatrix} \langle u_1 u_1 \rangle & \langle u_1 u_2 \rangle & \langle u_1 u_3 \rangle \\ & \langle u_2 u_2 \rangle & \langle u_2 u_3 \rangle \\ & & \langle u_3 u_3 \rangle \end{pmatrix} \tag{5-29}$$

式中之所以出现空白部分是由于 OpenFOAM 中 symmTensor 只包含 6 个分量。

实验数据为无量纲化的数据，需对（5-29）中的数据进行无量化处理，以 $\langle u_2 u_2 \rangle$ 为例：

$$v_{\text{rms}} = \sqrt{\langle u_2 u_2 \rangle}/U_{\text{in}} \tag{5-30}$$

由 KatoLaunderkepsilon/system/controlDict 可见，为使用新定义的湍流模型，需要调用动态数据库：

```
libs ("libOpenFOAM.so" "libKatoLaunderkEpsilon.so") ;
```

为计算 UPrime2Mean，在/system/controlDict 的 functions 部分还作了如图 5-8 所示的设置。

```
55    fieldAverage1
56    {
57        type            fieldAverage;
58        functionObjectLibs ( "libfieldFunctionObjects.so" );
59        enabled         true;
60        //cleanRestart    true;
61        outputControl   outputTime;
62        timeStart       500;
63        timeEnd         1000;
64
65
66
67
68
69        fields
70        (
71            U
72            {
73                mean        on;
74                prime2Mean  on;
75                base        time;
76            }
77
78
79            p
80            {
81                mean        on;
82                prime2Mean  off;
83                base        time;
84            }
85        );
86    }
```

图 5-8   流场时间平均设置

图 5-8 还设置了压力的平均时间，尽管本例并未对比该量，但考虑到压力是常用于流动分

析的物理量，此处给出其平均时间的设置方式供读者参考。

此外，KatoLaunderkepsilon/constant/RASProperties 中设置为

```
RASModel            KatoLaunderkEpsilon;
turbulence          on;
printCoeffs         on;
KatoLaunderkEpsilonCoeffs
{
};
```

其中，KatoLaunderkEpsilonCoeffs 部分为空，表示模型系数采用默认值。

5. 结果对比

两算例均在各自主目录下执行 pimpleFoam 进行计算，若需要并行，则读者可自行设置并行计算。为节省读者时间，计算结果已置于相应算例的文件夹中。计算完成后，分别在两算例主目录下执行：

```
sample -time 1000
```

获取沿方腔中心线（center2）分布的速度及雷诺应力，其余位置请读者自行对比，本例仅对比该位置。/postProcessing/sets/1000 目录下的 center2_UPrime2Mean.xy 即为 center2 上的雷诺应力分布，其中第一列为 x 坐标，2～7 列分别对应 $\langle u_1 u_1 \rangle$、$\langle u_1 u_2 \rangle$、$\langle u_1 u_3 \rangle$、$\langle u_2 u_2 \rangle$、$\langle u_2 u_3 \rangle$ 与 $\langle u_3 u_3 \rangle$。两模型计算结果与试验的对比如图 5-9 所示，其中 x 轴表示沿圆柱中心至流动下游的无量纲距离。显然，Kato-Launder 修正一定程度上改善了计算结果，但仍存在一定偏差。

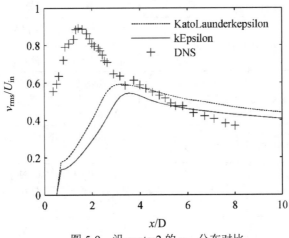

图 5-9　沿 center2 的 v_{rms} 分布对比

事实上，若采用尺度解析模型，如下文 5.2 节介绍的 LES 模型，则可大幅提升计算效果。此处不再进行进一步分析，有兴趣的读者可自行采用不同模型计算，并对比不同位置的速度或雷诺应力分布。

5.2   LES 模型

不同于 RANS 模型的 Reynolds 平均处理，LES 通过滤波将湍流运动区分为大涡与小涡，其中大涡由 N-S 方程直接求解，而小涡一般由亚格子（Sub-Grid Scale，SGS）应力模型模化。OpenFOAM 同样提供了种类繁多的 LES 模型，具体见表 5-2。

表 5-2   OpenFOAM 中的 LES 模型

湍流模型名称	OpenFOAM 命名	备注
Smagorinsky	Smagorinsky	经典的 Smagorinsky 模型，属涡黏模型
修正的 Smagorinsky	Smagorinsky 2	与 Smagorinsky 模型的区别在于 SGS 应力与应变率张量之间为非线性关系
DES	SpalartAllmaras	分离涡模拟，基于 SpalartAllmaras 模型，属涡黏模型
DDES	SpalartAllmarasDDES	延迟分离涡模拟（Delayed Detached Eddy Simulation，DDES），属涡黏模型
IDDES	SpalartAllmarasIDDES	改进的延迟分离涡模拟（Improved Delayed Detached Eddy Simulation），属涡黏模型
谱涡黏	spectEddyVisc	基于谱理论的涡黏 SGS 模型
一方程	oneEqEddy	基于 SGS 湍动能输运方程的涡黏 SGS 模型
混合 Smagorinsky	mixedSmagorinsky	Smagorinsky 模型与尺度相似模型的耦合，将 SGS 应力中的 Leonard 项直接求解，其余部分用 Smagorinsky 模型模化
LRR 差分 SGS 应力	LRRDiffStress	基于 SGS 应力偏微分方程的涡黏 SGS 模型，参照雷诺应力模型中的 LRR 模型，但去掉了耗散率的输运方程
SAS	kOmegaSSTSAS	尺度适应模型（Scale Adaptive Simulation），属涡黏模型
动态均匀 Smagorinsky	homogeneousDynSmagorinsky	基于 Lilly 提出的动态方法求解 Smagorinsky 模型系数，但不同之处在于该系数为全场平均，即各点系数一致
动态均匀一方程	homogeneousDynOneEqEddy	基于 Lilly 提出的动态方法求解 oneEqEddy 模型系数，该系数为全场平均，即各点系数一致
动态拉格朗日	dynLagrangian	根据拉格朗日平均动态求解模型系数，属涡黏 SGS 模型
Deardorff差分 SGS 应力	DeardorffDiffStress	基于 SGS 应力偏微分方程的涡黏 SGS 模型

从严格意义上讲，SAS 与 DES 均不属于 LES 范畴，而应当是混合 RANS/LES 模型，但考虑到这两类模型接近 LES 的尺度解析能力，OpenFOAM 将其归于 LES 中。

由于模型种类繁多，本书难以逐一介绍，仅以适于不可压流动的 Smagorinsky 模型为例，讲述 OpenFOAM 中 LES 模型如何实现。

5.2.1　LESModel

5.1.2 节已介绍了 RASModel 的程序，与之类似的，LESModel 也是在 turbulenceModel 的基础上实现的。/src/turbulenceModels/incompressible/LES/LESModel 路径下包含了 3 个文件，其中 LESModelDoc.H 文件用于 Doxygen 编译以生成依赖关系图。此处主要介绍 LESModel.H 与 LESModel.C。

1. LESModel.H

该文件中的内容如图 5-10 所示，其中：

- 50～51 以及 244 行：C++中的预处理指令。
- 53～61 行：包含的头文件，与 RASModel.H 相比，主要不同在于包含了 incompressibleLESdelta.H，用于 LES 滤波。
- 65～74 行：声明 LESModel 为 Foam-incompressible 命名空间下的类。
- 76～77 行：公有类，用于访问 turbulenceModel 与 IOdictionary 中的成员。
- 84 行：布尔运算"printCoeffs_"，用于确定是否在计算开始阶段在终端输出模型系数。
- 85 行：模型的系数字典"coeffDict_"。
- 87 行：亚格子（Sub-Grid Scale，SGS）湍动能 k_{sgs} 的最低值"kMin_"，用于防止计算中 k_{sgs} 值过低，保证数值稳定性。
- 89 行：滤波尺度"delta_"，此部分内容将在 5.2.3 介绍。
- 95 行：声明 printCoeffs 函数，用于输出模型系数。
- 98～106 行：禁用逐位复制与逐位赋值。
- 112 行：声明运行时的识别类型名称 LESModel。
- 117～129 行：声明 declareRunTimeNewSelectionTable 函数，使其能在程序运行时选择。
- 135～142 行：声明 LESModel 构造函数。
- 148～154 行：引用所选的 LESModel 类型，作为选择器使用。
- 158 行：解构函数。
- 169～172 行：coeffDict 函数，用于读取模型系数的相关字典。
- 175～178 行：const 函数 kMin，返回值为 87 行的"kMin_"，不可更改。
- 181～184 行：函数 kMin，与上文一致，不同的是其值可更改。
- 187～190 行：delta 函数，获取滤波尺度。
- 194 行：声明函数 nuSgs，表示涡黏系数，即 v_{sgs}。

```
50 #ifndef incompressibleLESModel_H
51 #define incompressibleLESModel_H
52
53 #include "incompressible/turbulenceModel/turbulenceModel.H"
54 #include "incompressible/LES/incompressibleLESdelta/incompressibleLESdelta.H"
55 #include "fvm.H"
56 #include "fvc.H"
57 #include "fvMatrices.H"
58 #include "incompressible/transportModel/transportModel.H"
59 #include "bound.H"
60 #include "autoPtr.H"
61 #include "runTimeSelectionTables.H"
62
63 // * * * * * * * * * * * * * * * * * * * * * * * * * * * * * * * //
64
65 namespace Foam
66 {
67 namespace incompressible
68 {
69
70 /*---------------------------------------------------------------------------*\
71                        Class LESModel Declaration
72 \*---------------------------------------------------------------------------*/
73
74 class LESModel
75 :
76     public turbulenceModel,
77     public IOdictionary
78 {
79
80 protected:
81
82     // Protected data
83
84         Switch printCoeffs_;
85         dictionary coeffDict_;
86
87         dimensionedScalar kMin_;
88
89         autoPtr<Foam::LESdelta> delta_;
```

（a）代码1

```
95        virtual void printCoeffs();
96
97
98 private:
99
100     // Private Member Functions
101
102        //- Disallow default bitwise copy construct
103        LESModel(const LESModel&);
104
105        //- Disallow default bitwise assignment
106        LESModel& operator=(const LESModel&);
107
108
109 public:
110
111     //- Runtime type information
112     TypeName("LESModel");
113
114
115     // Declare run-time constructor selection table
116
117        declareRunTimeSelectionTable
118        (
119            autoPtr,
120            LESModel,
121            dictionary,
122            (
123                const volVectorField& U,
124                const surfaceScalarField& phi,
125                transportModel& transport,
126                const word& turbulenceModelName
127            ),
128            (U, phi, transport, turbulenceModelName)
129        );
130
131
132     // Constructors
133
134        //- Construct from components
135        LESModel
136        (
137            const word& type,
138            const volVectorField& U,
139            const surfaceScalarField& phi,
140            transportModel& transport,
141            const word& turbulenceModelName = turbulenceModel::typeName
142        );
```

（b）代码2

图 5-10　LESModel.H 中的内容

```
148        static autoPtr<LESModel> New
149        (
150            const volVectorField& U,
151            const surfaceScalarField& phi,
152            transportModel& transport,
153            const word& turbulenceModelName = turbulenceModel::typeName
154        );
155
156
157    //- Destructor
158    virtual ~LESModel()
159    {}
160
161
162    // Member Functions
163
164        // Access
165
166            //- Const access to the coefficients dictionary,
167            //  which provides info. about choice of models,
168            //  and all related data (particularly model coefficients).
169            virtual const dictionary& coeffDict() const
170            {
171                return coeffDict_;
172            }
173
174            //- Return the lower allowable limit for k (default: SMALL)
175            const dimensionedScalar& kMin() const
176            {
177                return kMin_;
178            }
179
180            //- Allow kMin to be changed
181            dimensionedScalar& kMin()
182            {
183                return kMin_;
184            }
185
186            //- Access function to filter width
187            virtual const volScalarField& delta() const
188            {
189                return delta_();
190            }
191
192
193        //- Return the SGS viscosity.
194        virtual tmp<volScalarField> nuSgs() const = 0;
```

（c）代码 3

```
197        virtual tmp<volScalarField> nuEff() const
198        {
199            return tmp<volScalarField>
200            (
201                new volScalarField("nuEff", nuSgs() + nu())
202            );
203        }
204
205        //- Return the sub-grid stress tensor.
206        virtual tmp<volSymmTensorField> B() const = 0;
207
208
209        // RAS compatibility functions for the turbulenceModel base class
210
211            //- Return the turbulence viscosity
212            virtual tmp<volScalarField> nut() const
213            {
214                return nuSgs();
215            }
216
217            //- Return the Reynolds stress tensor
218            virtual tmp<volSymmTensorField> R() const
219            {
220                return B();
221            }
222
223
224        //- Correct Eddy-Viscosity and related properties.
225        //  This calls correct(const tmp<volTensorField>& gradU) by supplying
226        //  gradU calculated locally.
227        virtual void correct();
228
229        //- Correct Eddy-Viscosity and related properties
230        virtual void correct(const tmp<volTensorField>& gradU);
231
232        //- Read LESProperties dictionary
233        virtual bool read();
234 };
```

（d）代码 4（1）

图 5-10　LESModel.H 中的内容（续图）

```
239 } // End namespace incompressible
240 } // End namespace Foam
241
242 // * * * * * * * * * * * * * * * * * * * * * * * * * * * * * * *
    * //
243
244 #endif
```

（d）代码 4（2）

图 5-10　LESModel.H 中的内容（续图）

- 197 行～203 行：nuEff 函数，表示有效涡黏系数，返回值为 $\nu_{sgs}+\nu$，思路与 5.1.3 节的 kEpsilon 模型一致。
- 206 行：声明 B 函数，表示 SGS 应力张量，用于区别于 RANS 模型的雷诺应力。
- 212～221 行：nut 与 R 函数，分别返回 nuSgs 与 B，该处理是为了保持湍流模型变量名称的统一。
- 227 行：声明 correct 函数，调用的是 230 行声明的 correct 函数。
- 230 行：声明 correct 函数，不同于前者的声明，此处的输入变量为速度梯度张量。
- 233 行：声明 read 函数，用于读取算例/constant/LESProperties 中的字典。

2. LESModel.C

该文件中的内容如图 5-11 所示，其中：

- 26 行：包含 LESModel.H。
- 27 行：包含 addToRunTimeSelectionTable.H，保证程序运行时可选择模拟类型 LESModel 以及该类型下定义的各种 LES 模型。
- 31～34 行：命名空间层级为 Foam-incompressible。
- 38 行：定义类型 LESModel 与调试（Debug），此处"0"表示关闭，若设定为不等于 0 的任意数字，则表示开启调试。
- 39 行：defineRunTimeSelectionTable 函数，确保在计算时能选择各种 LES 模型。
- 40 行：addToRunTimeSelectionTable 函数，确保在计算时能选择模拟类型 LESModel。
- 44～50 行：printCoeffs 函数，如果在/constant/LESProperties 中将 printCoeffs 设置为 on，则输出模型系数计算开始时在终端输出模型系数。
- 55～89 行：构造函数。
- 66～76 行：IOobject，注册的 LESProperties 对象位于/constant，在注册对象之后，其中的一些字典就可以通过查找来读取。
- 78 行：查找字典 printCoeffs，若未找到，则采用默认值 false。
- 79 行：查找次级字典"LES 模型 Coeffs{}"中的内容。
- 81 行："kMin_"通过查找字典 kMin 获得，值预设为 SMALL，即 1×10^{-15}。
- 82 行："delta_"通过查找字典 delta 获得，不同的滤波尺度计算方式得到的滤波尺度不同。
- 84 行：读取 LESProperties 文件中的 kMin，如果找到，将用设定值替换上文的 SMALL 值。

● 88 行：网格的距离系数，用于湍流模型或相关的边界条件。

```
26 #include "LESModel.H"
27 #include "addToRunTimeSelectionTable.H"
28
29 // * * * * * * * * * * * * * * * * * * * * * * * * * * * * * * * //
30
31 namespace Foam
32 {
33 namespace incompressible
34 {
35
36 // * * * * * * * * * * * * * Static Data Members * * * * * * * * * * * * //
37
38 defineTypeNameAndDebug(LESModel, 0);
39 defineRunTimeSelectionTable(LESModel, dictionary);
40 addToRunTimeSelectionTable(turbulenceModel, LESModel, turbulenceModel);
41
42 // * * * * * * * * * * * Protected Member Functions * * * * * * * * * //
43
44 void LESModel::printCoeffs()
45 {
46     if (printCoeffs_)
47     {
48         Info<< type() << "Coeffs" << coeffDict_ << endl;
49     }
50 }
```

（a）代码 1

```
55 LESModel::LESModel
56 (
57     const word& type,
58     const volVectorField& U,
59     const surfaceScalarField& phi,
60     transportModel& transport,
61     const word& turbulenceModelName
62 )
63 :
64     turbulenceModel(U, phi, transport, turbulenceModelName),
65
66     IOdictionary
67     (
68         IOobject
69         (
70             "LESProperties",
71             U.time().constant(),
72             U.db(),
73             IOobject::MUST_READ_IF_MODIFIED,
74             IOobject::NO_WRITE
75         )
76     ),
77
78     printCoeffs_(lookupOrDefault<Switch>("printCoeffs", false)),
79     coeffDict_(subOrEmptyDict(type + "Coeffs")),
80
81     kMin_("kMin", sqr(dimVelocity), SMALL),
82     delta_(LESdelta::New("delta", U.mesh(), *this))
83 {
84     kMin_.readIfPresent(*this);
85
86     // Force the construction of the mesh deltaCoeffs which may be needed
87     // for the construction of the derived models and BCs
88     mesh_.deltaCoeffs();
89 }
```

（b）代码 2

图 5-11　LESModel.C 中的内容

```
 94 autoPtr<LESModel> LESModel::New
 95 (
 96     const volVectorField& U,
 97     const surfaceScalarField& phi,
 98     transportModel& transport,
 99     const word& turbulenceModelName
100 )
101 {
102     // get model name, but do not register the dictionary
103     // otherwise it is registered in the database twice
104     const word modelType
105     (
106         IOdictionary
107         (
108             IOobject
109             (
110                 "LESProperties",
111                 U.time().constant(),
112                 U.db(),
113                 IOobject::MUST_READ_IF_MODIFIED,
114                 IOobject::NO_WRITE,
115                 false
116             )
117         ).lookup("LESModel")
118     );
119
120     Info<< "Selecting LES turbulence model " << modelType << endl;
121
122     dictionaryConstructorTable::iterator cstrIter =
123         dictionaryConstructorTablePtr_->find(modelType);
```

```
125     if (cstrIter == dictionaryConstructorTablePtr_->end())
126     {
127         FatalErrorIn
128         (
129             "LESModel::New"
130             "("
131                 "const volVectorField&, "
132                 "const surfaceScalarField& ,"
133                 "transportModel&, "
134                 "const word&"
135             ")"
136         )   << "Unknown LESModel type "
137             << modelType << nl << nl
138             << "Valid LESModel types:" << endl
139             << dictionaryConstructorTablePtr_->sortedToc()
140             << exit(FatalError);
141     }
142
143     return autoPtr<LESModel>
144     (
145         cstrIter()(U, phi, transport, turbulenceModelName)
146     );
147 }
```

（c）代码 3

图 5-11　LESModel.C 中的内容（续图）

```
152 void LESModel::correct(const tmp<volTensorField>&)
153 {
154     turbulenceModel::correct();
155     delta_().correct();
156 }
157
158
159 void LESModel::correct()
160 {
161     correct(fvc::grad(U_));
162 }
163
164
165 bool LESModel::read()
166 {
167     //if (regIOobject::read())
168
169     // Bit of trickery : we are both IOdictionary ('RASProperties') and
170     // an regIOobject from the turbulenceModel level. Problem is to distinguish
171     // between the two - we only want to reread the IOdictionary.
172
173     bool ok = IOdictionary::readData
174     (
175         IOdictionary::readStream
176         (
177             IOdictionary::type()
178         )
179     );
180     IOdictionary::close();
```

```
182     if (ok)
183     {
184         if (const dictionary* dictPtr = subDictPtr(type() + "Coeffs"))
185         {
186             coeffDict_ <<= *dictPtr;
187         }
188
189         delta_().read(*this);
190
191         kMin_.readIfPresent(*this);
192
193         return true;
194     }
195     else
196     {
197         return false;
198     }
199 }
200
201
202 // * * * * * * * * * * * * * * * * * * * * * * * * * * * * * * * * * * //
203
204 } // End namespace incompressible
205 } // End namespace Foam
```

（d）代码 4

图 5-11　LESModel.C 中的内容（续图）

- 94～147 行：引用所选的 LESModel 类型，检查所选 LES 模型是否为现有的，若是，则求解开始阶段将在终端输出所选择的 LES 模型（Selecting LES turbulence model），若不是，则提示错误信息 Unknown LESModel type，并输出可选的类型（Valid LESModel types），从而便于用户查找错误。

- 152～156 行：correct 函数，此处为虚函数，需在具体湍流模型中进行实例化。
- 159～162 行：correct 函数，调用 152～156 行的函数。
- 165～199 行：read 函数，用于读取 LESProperties 文件中的字典。

综合上文分析，本节所分析代码的主要作用在于创建了一个命名空间 LESModel，便于 LES 模型在计算时调用，同时定义了 SGS 湍动能 k_{sgs} 的最低值，防止这些变量过低而导致计算出错或发散。此外，还创建了 I/O 对象，使程序具备了读取/输出湍流模型系数、滤波尺度等的能力。

5.2.2 滤波方式

为了区分大涡与小涡，需要对 N-S 方程进行处理，根据处理方式的不同，可以将 LES 方法分为三个主要方面：滤波法、正则化 Navier-Stokes 法和总体平均法。滤波法是最常用的 LES 方法，其实质是通过引入滤波算子，运用卷积运算来获得大涡的相关物理量。根据滤波算子的性质，又可分为时间滤波与空间滤波。OpenFOAM 中采用的是空间滤波。

空间滤波是一种卷积运算，如式（5-31）所示：

$$\bar{\phi}(x,t) = \int_{-\infty}^{+\infty} \phi(\xi,t)G(x-\xi)\mathrm{d}\xi \tag{5-31}$$

其中，$\bar{\phi}(x,t)$ 表示滤波后的量，x 表示滤波后的空间坐标，$\phi(\xi,t)$ 为滤波前的量，t 为时间，$G(x-\xi)$ 为滤波算子，ξ 表示滤波前的空间坐标。作为大涡模拟的滤波算子，满足以下条件：

$$\int_{-\infty}^{+\infty} G(x-\xi)\mathrm{d}(x-\xi) = 1 \tag{5-32}$$

物理量通过滤波分为两部分，一部分为滤波后的，称为可解量（resolved），另一部分为残余量（residual），定义为

$$\phi' = \phi - \bar{\phi} \tag{5-33}$$

大涡模拟中常用的滤波算子有盒式滤波（也叫 Top-hat 滤波）和高斯滤波。

- 盒式滤波：

$$G(x-\xi) = \begin{cases} \dfrac{1}{\bar{\Delta}}, & |x-\xi| \leqslant \dfrac{\bar{\Delta}}{2} \\ 0, & 其他 \end{cases} \tag{5-34}$$

其中，$\bar{\Delta}$ 表示滤波尺度。

- 高斯滤波：

$$G(x-\xi) = \left(\frac{6}{\pi\bar{\Delta}^2}\right)^{1/2} \exp\left[-\frac{6(x-\xi)^2}{\bar{\Delta}^2}\right] \tag{5-35}$$

OpenFOAM 中提供了 3 种滤波方式，即 laplace、anisotropic 和 simple，源代码位于 /src/turbulenceModels/LES/LESfilters。由于其中代码较为简单，此处仅介绍滤波的原理，不再介绍其实现方式，读者可按照下文涉及的公式分析相关代码。

1. laplace 滤波

laplace 滤波的原理是将 $\phi(\xi,t)$ 写为 Taylor 级数：

$$\phi(\xi,t)=\phi(x,t)+(\xi-x)\frac{\partial\phi(x,t)}{\partial x}+\frac{1}{2}(\xi-x)^2\frac{\partial^2\phi(x,t)}{\partial x^2}+... \tag{5-36}$$

将上式代入式（5-31）可得

$$\overline{\phi}(\xi,t)=\int_{-\infty}^{+\infty}\left[\phi(x,t)+(\xi-x)\frac{\partial\phi(x,t)}{\partial x}+\frac{1}{2}(\xi-x)^2\frac{\partial^2\phi(x,t)}{\partial x^2}+...\right]G(x-\xi)\mathrm{d}\xi \tag{5-37}$$

将上式中的 $\phi(x,t)$ 移出积分符号可得

$$\overline{\phi}(\xi,t)=\phi(x,t)+\frac{\partial\phi(x,t)}{\partial x}\int_{-\infty}^{+\infty}(\xi-x)G(x-\xi)\mathrm{d}\xi+\frac{\partial^2\phi(x,t)}{\partial x^2}\int_{-\infty}^{+\infty}\left[\frac{1}{2}(\xi-x)^2\right]G(x-\xi)\mathrm{d}\xi+$$
$$...+\frac{\partial^n\phi(x,t)}{\partial x^n}\int_{-\infty}^{+\infty}\left[\frac{1}{n!}(\xi-x)^n\right]G(x-\xi)\mathrm{d}\xi \tag{5-38}$$

令 $\xi-x=z$ ，则上式写为

$$\overline{\phi}(\xi,t)=\phi(x,t)+\frac{\partial\phi(x,t)}{\partial x}\int_{-\infty}^{+\infty}zG(-z)\mathrm{d}z+\frac{\partial^2\phi(x,t)}{\partial x^2}\int_{-\infty}^{+\infty}\left[\frac{1}{2}z^2\right]G(-z)\mathrm{d}z+$$
$$...+\frac{\partial^n\phi(x,t)}{\partial x^n}\int_{-\infty}^{+\infty}\left[\frac{1}{n!}(z)^n\right]G(-z)\mathrm{d}z \tag{5-39}$$

对于滤波算子，满足

$$G(\xi)=G(-\xi) \tag{5-40}$$

通常而言，Taylor 级数取到 2 阶：

$$\overline{\phi}(\xi,t)=\phi(x,t)+\frac{\partial\phi(x,t)}{\partial x}\int_{-\infty}^{+\infty}zG(z)\mathrm{d}z+\frac{\partial^2\phi(x,t)}{\partial x^2}\int_{-\infty}^{+\infty}\left[\frac{1}{2}z^2\right]G(z)\mathrm{d}z \tag{5-41}$$

分别将式（5-34）与式（5-35）代入上式，可见结果一致：

$$\overline{\phi}(\xi,t)=\phi(x,t)+\frac{\partial^2\phi(x,t)}{\partial x^2}\frac{\overline{\Delta}^2}{24} \tag{5-42}$$

滤波尺度取为

$$\overline{\Delta}=\sqrt[3]{V} \tag{5-43}$$

其中，V 为网格的体积。将式（5-42）中等式右边第二项的分母定义为滤波尺度系数 widthCoeff，

则取值 24 时，表示盒式滤波或高斯滤波；取值 64 时，表示球形盒式滤波。值得注意的是，widthCoeff 取不同的值均可计算，但任意取值时无法找到已有的滤波方式与之对应，此时可认为是不同滤波方式组成的混合滤波。

显然，在 OpenFOAM 中，滤波并不是利用式（5-32）的卷积形式进行显式滤波计算的，而是通过上述变换将滤波量与滤波尺度联系起来。因此，式（5-42）的形式既可以认为是盒式滤波的结果，也可以认为是高斯滤波的结果。

值得注意的是，式（5-43）仅适于三维网格，对于二维网格，滤波尺度应该为网格面积的平方根。然而，laplace 滤波中并未考虑二维的情况，因此仅适用于三维计算。

以 dynOneEqEddy 模型为例，使用 laplace 滤波时，/constant/LESProperties 中的相关设置示例如下：

```
dynOneEqEddyCoeffs
{
    filter          laplace;
    laplaceCoeff
    {
        widthCoeff 24;
    }
}
```

2. anisotropic 滤波

不同于 laplace 在各方向采用同一滤波尺度，anisotropic 滤波可以在不同方向采用不同尺度进行滤波。滤波后的量定义为

$$\overline{\phi} = \phi + \boldsymbol{x}_c \cdot \sum_f \boldsymbol{S}_f \nabla \phi \tag{5-44}$$

其中，$\boldsymbol{x}_c$ 为网格单元中心的位置矢量，满足

$$(C_c)_i = \frac{1}{(C_w)_i} \underbrace{\left(\frac{2V}{\sum_f (\boldsymbol{S}_f)} \right)_i}_{\overline{\Delta}_i} \tag{5-45}$$

其中，$\sum_f (\boldsymbol{S}_f)$ 表示 $\boldsymbol{S}_f$ 在网格单元各网格面上求和，下标 $i=1,2,3$ 表示 x, y, z 三个方向，C_w 表示尺度系数（widthCoeff）。

事实上，anisotropic 可看作 laplace 滤波的非均匀形式。回顾 3.2.2.2 节拉普拉斯项的离散，体积分可以转换为面积分，则式（5-43）右边第二项即为转换为面积分之后的形式：

$$\int_V \nabla \cdot (\nabla \phi) \mathrm{d}V = \sum_f \boldsymbol{S}_f \cdot (\nabla \phi)_f \tag{5-46}$$

而 anisotropic 滤波之所以采用式（5-44）的形式而非式（5-42），原因在于当 ϕ 为标量时，

$\partial^2 \phi(x,t)/\partial x^2$ 为标量，无法体现在三个方向上的非均匀性。

与 laplace 滤波一致，当 $(C_w)_i$ 取 24 时，表示相应方向采用盒式滤波或高斯滤波。同样的，widthCoeff 各分量取不同的值均可计算，但任意取值时可视为混合滤波方式。

以 dynOneEqEddy 为例，当使用 laplace 滤波时，设置示例如下：

```
dynOneEqEddyCoeffs
{
    filter          anisotropic;
    anisotropic Coeff
    {
        widthCoeff (24 24 24);
    }
}
```

3. simple 滤波

此滤波即为盒式滤波。根据文献[43]，盒式滤波实际上即为物理量在一定区域内的平均。为推导这一规律，假定一维计算域，如图 5-12 所示，w 与 e 点到 c 点距离相同。

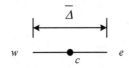

图 5-12　一维计算域示意图

根据式（5-31），滤波是一种积分运算，若将其分为 wc 和 ce 两段，则有

$$\overline{\phi}(x,t) = \int_{-\infty}^{0} \phi(\xi,t)G(x-\xi)\mathrm{d}\xi + \int_{0}^{+\infty} \phi(\xi,t)G(x-\xi)\mathrm{d}\xi \tag{5-47}$$

根据中心差分，ce 段上某一点的速度可写为

$$\phi(\xi) = \phi_c + \frac{2\xi}{\overline{\Delta}}(\phi_e - \phi_c) \tag{5-48}$$

其中，ξ 表示滤波前的坐标，以 c 为原点。将上式与式（5-34）代入式（5-31）可得

$$\overline{\phi}_{ce} = \int_{0}^{+\infty} \phi(\xi,t)G(x-\xi)\mathrm{d}\xi = \int_{0}^{\frac{\overline{\Delta}}{2}} \phi(\xi,t)G(x-\xi)\mathrm{d}\xi = \frac{\int_{0}^{\frac{\overline{\Delta}}{2}} \left[\phi_c + \frac{2\xi}{\overline{\Delta}}(\phi_e - \phi_c) \right] \mathrm{d}\xi}{\overline{\Delta}} \tag{5-49}$$

$$= \frac{\phi_c \xi + \dfrac{\xi^2(\phi_e - \phi_c)}{\overline{\Delta}} \Big|_{0}^{\frac{\overline{\Delta}}{2}}}{\overline{\Delta}} = \frac{\phi_e + \phi_c}{4}$$

同样的，*wc* 段为

$$\bar{\phi}_{wc} = \frac{\phi_w + \phi_c}{4} \qquad (5\text{-}50)$$

因此，滤波后的量写为

$$\bar{\phi} = \bar{\phi}_{ce} + \bar{\phi}_{wc} = \frac{\phi_w + 2\phi_c + \phi_e}{4} \qquad (5\text{-}51)$$

由于 *c* 位于 *w* 与 *e* 中间，有 $\phi_c = (\phi_w + \phi_e)/2$，因此上式写为

$$\bar{\phi} = \frac{\phi_w + \phi_e}{2} \qquad (5\text{-}52)$$

由此可见，盒式滤波后的物理量实际上是 *w* 与 *e* 点物理量的平均值。对于三维网格，则是网格面上物理量的平均值：

$$\bar{\phi} = \frac{\sum_f |S_f| \phi_f}{\sum_f |S_f|} \qquad (5\text{-}53)$$

以 dynOneEqEddy 为例，当使用 simple 滤波时，设置如下：

```
dynOneEqEddyCoeffs
{
    filter simple;
}
```

前文所述的 3 种滤波方式均为显式滤波，即通过滤波运算来获得滤波后的变量。然而，滤波运算会导致计算量的提高，尤其是对于 dynOneEqEddy 这类需要进行二次滤波计算的模型。因此，包括 OpenFOAM 在内的很多 CFD 软件都把网格尺度滤波作为 LES 的第一次滤波，即认为计算域网格上的物理量已经经过一次网格滤波（也称隐式滤波），无须进行任何操作。

由此可见，上述 3 中滤波方式只适用于需要二次滤波的模型，包括 dynLagrangian、dynOneEqEddy、homogeneousDynOneEqEddy 与 homogeneousDynSmagorinsky 模型，而其余模型无须设置滤波方式，而仅需设置滤波尺度。此外，在一般情况下，二次滤波的滤波尺度为网格滤波尺度的 2 倍，此时 laplace 与 anisotropic 滤波的 widthCoeff 设置为 6 时，表示二次滤波采用盒式或高斯滤波。

5.2.3 滤波尺度

滤波尺度与网格尺度直接相关，OpenFOAM 提供了多种滤波尺度形式，即 cubeRootVol、maxDeltaxyz、smooth 和 Prandtl，源代码位于/src/turbulenceModels/LES/LESdeltas。此外，为提高近壁面模拟的可靠性，还可使用 vanDriest 修正，其源代码位于/src/turbulenceModels/compressible/LES 和/src/turbulenceModels/incompressible/LES。本节同样仅介绍滤波尺度计算公

式，其中代码较为简单，请读者参照下文公式进行分析。

1. cubeRootVol

cubeRootVol 是最常用的滤波尺度计算方法，直接采用网格的平均尺度，上文介绍的 laplace 滤波即采用该方法[见式（5-43）]。当网格为三维时，采用式（5-43）计算；当网格为二维时，根据 3.3.2 节内容可知，OpenFOAM 将自动把网格在 z 方向拉伸一定高度 δ，此时滤波尺度 $\overline{\Delta} = \sqrt{V/\delta}$。

值得注意的是，cubeRootVol 还提供了一个滤波尺度系数 deltaCoeff（记为 $C_{\overline{\Delta}}$），因此滤波尺度的计算公式最终写为

$$\overline{\Delta} = \begin{cases} C_{\overline{\Delta}} \sqrt[3]{V} & \text{三维} \\ C_{\overline{\Delta}} \sqrt{V/\delta} & \text{二维} \end{cases} \tag{5-54}$$

采用该方法时，LESProperties 中的相关设置示例如下：

```
delta                cubeRootVol;
cubeRootVolCoeffs
{
    deltaCoeff        1;
}
```

2. maxDeltaxyz

当网格在各方向的尺寸相差较大时，可以使用 maxDeltaxyz，该方法选取网格各方向尺寸中的最大值。考虑到网格的不规则性，对于某一网格，采用下式计算该网格各网格面法向的尺度：

$$h_f = \left| \frac{\boldsymbol{S}_f}{|\boldsymbol{S}_f|} \left[\frac{\boldsymbol{S}_f}{|\boldsymbol{S}_f|} \cdot (\boldsymbol{x}_c - \boldsymbol{x}_f) \right] \right| \tag{5-55}$$

maxDeltaxyz 同样提供了滤波尺度系数 deltaCoeff（$C_{\overline{\Delta}}$），滤波尺度最终写为

$$\overline{\Delta} = C_{\overline{\Delta}} \max(h_f) \tag{5-56}$$

然而，国内外研究中对 maxDeltaxyz 的定义为

$$\overline{\Delta} = \max(\overline{\Delta}_1, \overline{\Delta}_2, \overline{\Delta}_3) \tag{5-57}$$

对于方形网格，满足

$$\overline{\Delta}_1 = \overline{\Delta}_2 = \overline{\Delta}_3 = 2h_f \tag{5-58}$$

因此，实际滤波尺度应为式（5-55）的两倍，即 $C_{\overline{\Delta}} = 2$。采用该方法时，LESProperties 中的相关设置示例如下：

```
delta                maxDeltaxyz;
maxDeltaxyzCoeffs
{
    deltaCoeff        2;
}
```

3. smooth

smooth 是在 cubeRootVol 与 maxDeltaxyz 的基础上发展起来的方法。smooth 方法考虑了局部网格的变化，使相邻网格的滤波尺度不超过一定的比例（通常不超过 1.15）。采用该方法时，需要选择一个基本的滤波方式——cubeRootVol 或 maxDeltaxyz，然后设置基本滤波方式的系数和最大比例。LESProperties 中的相关设置示例如下：

```
delta                  smooth;
smoothCoeffs
{
    delta              cubeRootVol;
    cubeRootVolCoeffs
    {
        deltaCoeff        1;
    }
    maxDeltaRatio    1.1;
}
```

其中 maxDeltaRatio 表示滤波尺度变化比例。

4. Prandtl

基于 Prandtl 混合长度的滤波尺度修正，旨在提高 LES 模型的近壁区计算效果，该方法同样基于 cubeRootVol 或 maxDeltaxyz。在近壁面，滤波尺度与网格中心至壁面的距离之间近似为如下关系：

$$\kappa y = C_S \overline{\Delta}^o \tag{5-59}$$

其中，$\overline{\Delta}^o$ 表示根据 cubeRootVol 或 maxDeltaxyz 方法计算的滤波尺度，C_S 为 Smagorinsky 模型系数。该方法最终修正公式为：

$$\overline{\Delta} = \min\left(\overline{\Delta}^o, \frac{\kappa y}{C_S}\right) \tag{5-60}$$

根据式（5-60）可知，当距离壁面较近时 $\kappa y / C_S < \overline{\Delta}^o$，此时将滤波尺度修正为 $\kappa y / C_S$；而当距离壁面较远时 $\kappa y / C_S > \overline{\Delta}^o$，此时滤波尺度不作修正。

采用该方法时，同样需要选择一个基本的滤波方式，此时在 LESProperties 中的相关设置示例如下：

```
delta                    Prandtl;
Prandtl Coeffs
{
    delta                cubeRootVol;
    cubeRootVolCoeffs
    {
        deltaCoeff         1;
    }
```

```
    kappa      0.41;
  Cdelta      0.158;
  }
```

其中，kappa 为 κ，Cdelta 为 C_S。

5．vanDriest

为了提高近壁面模拟的准确性，Moin 与 Kim 提出采用 van Driest 壁面衰减函数，此时滤波尺度按如下公式计算：

$$\overline{\Delta} = \overline{\Delta}^o \left[1 - \exp(-y^+ / A^+) \right] \tag{5-61}$$

其中，A^+ 为常数，一般取为 26。在距离壁面较远的位置，滤波尺度接近 $\overline{\Delta}^o$，表明式（5-61）主要修正近壁区的尺度。然而，OpenFOAM 并非直接采用上式修正，而是基于 Prandtl 混合长度理论作了一定调整。

将式（5-59）应用于式（5-61），则有近壁区修正公式：

$$\overline{\Delta} = \frac{\kappa y}{C_S} \overline{\Delta}^o \left[1 - \exp(-y^+ / A^+) \right] \tag{5-62}$$

进一步地，参照式（5-60），滤波尺度的最终形式为

$$\overline{\Delta} = \min \left\{ \frac{\kappa y}{C_S} \overline{\Delta}^o \left[1 - \exp(-y^+ / A^+) \right], \overline{\Delta}^o \right\} \tag{5-63}$$

由此可见，OpenFOAM 中的 vanDriest 滤波尺度的计算可以看作 Prandtl 滤波尺度的 vanDriest 修正。

采用该方法时，同样需要选择一个基本的滤波方式，此时在 LESProperties 中的相关设置示例如下：

```
delta              vanDriest;
vanDriestCoeffs
{
    delta          cubeRootVol;
    cubeRootVolCoeffs
    {
        deltaCoeff      1;
    }
    Aplus          26;
    Cdelta         0.158;
}
```

其中，Aplus 为 A^+，Cdelta 为 C_S。

5.2.4　Smagorinsky 模型程序解析

Smagorinsky 模型的源代码位于/src/turbulenceModels/incompressible/LES/Smagorinsky，主

要包含 Smagorinsky.H 和 Smagorinsky.C 两个文件。在介绍代码之前，有必要了解 Smagorinsky 模型的具体形式。

对于 Smagonrinsky 模型，涡黏系数定义为

$$\nu_{sgs} = (C_S \overline{\Delta})^2 \overline{S} \tag{5-64}$$

其中，$\overline{S}$ 为滤波后的特征应变率张量，满足 $\overline{S} = (2\overline{S}_{ij}\overline{S}_{ij})^{1/2}$ 且 $\overline{S}_{ij} = (\partial \overline{u}_i / \partial x_j + \partial \overline{u}_j / \partial x_i)/2$ 为滤波后的应变率张量。研究表明，各向同性湍流中 $C_S = 0.17$。

OpenFOAM 并未采用式（5-64）的定义，而是采用 SGS 湍动能 k_{sgs} 来计算。SGS 湍动能的生成率与耗散率分别定义为

$$G_{sgs} = \nu_{sgs} \overline{S}^2 \tag{5-65}$$

$$\varepsilon_{sgs} = C_e \frac{k_{sgs}^{1.5}}{\overline{\Delta}} \tag{5-66}$$

根据混合长度理论，涡黏系数可写为

$$\nu_{sgs} = u_c l_c = \underbrace{C_k \sqrt{k_{sgs}}}_{u_c} \underbrace{\overline{\Delta}}_{l_c} \tag{5-67}$$

其中，u_c 与 l_c 分别表示特征速度与特征尺度。上式即为 Smagorinsky 模型的涡黏系数计算式。

联立式（5-64）与式（5-67）可得

$$k_{sgs} = \frac{C_S^4 \overline{\Delta}^2 \overline{S}^2}{C_k^2} \tag{5-68}$$

假定湍流满足局部平衡，即生成率与耗散率相等（$G_{sgs} = \varepsilon_{sgs}$），则由式（5-65）至式（5-67）可得

$$C_k \sqrt{k_{sgs}} \overline{\Delta} \overline{S}^2 = C_e \frac{k_{sgs}^{1.5}}{\overline{\Delta}} \Rightarrow k_{sgs} = \frac{C_k}{C_e} \overline{\Delta}^2 \overline{S}^2 \tag{5-69}$$

将式（5-69）代入式（5-68）可得

$$C_S^2 = C_k \sqrt{\frac{C_k}{C_e}} \tag{5-70}$$

将式（5-70）代入式（5-68）可得 SGS 湍动能计算式：

$$k_{sgs} = \frac{C_k \overline{\Delta}^2 \overline{S}^2}{C_e} \tag{5-71}$$

以上即为 Smagorinsky 模型的数学表达，接下来具体分析该模型在 OpenFOAM 中的实现。

1. Smagorinsky.H

该文件中的内容如图 5-13 所示。其中：

● 53～54 以及 145 行：C++中的预处理指令。

- 56 行：包含 GenEddyVisc.H，文件位于 /src/turbulenceModels/incompressible/LES/ GenEddyVisc，用于涡黏 LES 模型，定义了 ε_{sgs} [epsilon，式（5-66）]、SGS 应力张量（B）、有效 SGS 应力张量（devReff）及其散度（divDevReff 与 divDevRhoReff），具体定义与 5.1.3 中介绍的 kEpsilon.C 中的定义一致。此外，GenEddyVisc 还声明了涡黏系数 ν_{sgs}（nuSgs）、SGS 湍动能 k_{sgs}（k）和模型系数 C_e（ce）。
- 60～73 行：声明 GenEddyVisc 为 Foam-incompressible-LESModels 命名空间下的类，且为 LESModel 的衍生类。
- 77 行：模型系数 "ck_"，即 C_k。
- 83 行：声明 updateSubGridScaleFields 函数，用于计算 ν_{sgs}。

```
53 #ifndef Smagorinsky_H
54 #define Smagorinsky_H
55
56 #include "GenEddyVisc.H"
57
58 // * * * * * * * * * * * * * * * * * * * * * * * * * * * * * * * //
59
60 namespace Foam
61 {
62 namespace incompressible
63 {
64 namespace LESModels
65 {
66
67 /*---------------------------------------------------------------------------*\
68                         Class Smagorinsky Declaration
69 \*---------------------------------------------------------------------------*/
70
71 class Smagorinsky
72 :
73     public GenEddyVisc
74 {
75     // Private data
76
77         dimensionedScalar ck_;
78
79
80     // Private Member Functions
81
82         //- Update sub-grid scale fields
83         void updateSubGridScaleFields(const volTensorField& gradU);
84
85         // Disallow default bitwise copy construct and assignment
86         Smagorinsky(const Smagorinsky&);
87         Smagorinsky& operator=(const Smagorinsky&);
88
89
90 public:
91
92     //- Runtime type information
93     TypeName("Smagorinsky");
```

（a）代码 1

图 5-13　Smagorinsky.H 中的内容

```
 98          Smagorinsky
 99          (
100              const volVectorField& U,
101              const surfaceScalarField& phi,
102              transportModel& transport,
103              const word& turbulenceModelName = turbulenceModel::typeName,
104              const word& modelName = typeName
105          );
106
107
108          //- Destructor
109          virtual ~Smagorinsky()
110          {}
111
112
113          // Member Functions
114
115              //- Return SGS kinetic energy
116              //  calculated from the given velocity gradient
117              tmp<volScalarField> k(const tmp<volTensorField>& gradU) const
118              {
119                  return (2.0*ck_/ce_)*sqr(delta())*magSqr(dev(symm(gradU)));
120              }
121
122              //- Return SGS kinetic energy
123              virtual tmp<volScalarField> k() const
124              {
125                  return k(fvc::grad(U()));
126              }
127
128
129              //- Correct Eddy-Viscosity and related properties
130              virtual void correct(const tmp<volTensorField>& gradU);
131
132              //- Read LESProperties dictionary
133              virtual bool read();
134 };
```

```
139 } // End namespace LESModels
140 } // End namespace incompressible
141 } // End namespace Foam
142
143 // * * * * * * * * * * * * * * * * * * * * * * * * * * * * * * * * *
    * //
144
145 #endif
```

（b）代码 2

图 5-13　Smagorinsky.H 中的内容（续图）

- 86～87 行：禁用逐位复制与逐位赋值。
- 93 行：声明运行时的识别类型名称 Smagorinsky。
- 98～105 行：构造函数。
- 109 行：解构函数。
- 117～120 行：函数 k，返回值按照式（5-71）计算。
- 123～126 行：函数 k，调用 117～120 行的函数。
- 130 行：声明 correct 函数。
- 133 行：声明 read 函数。

2. Smagorinsky.C

该文件中的内容如图 5-14 所示。其中：

- 26 行：包含 Smagorinsky.H。

- 27 行：包含 addToRunTimeSelectionTable.H，保证程序运行时可选择 Smagorinsky 模型。

- 31～36 行：命名空间层级为 Foam-incompressible-LESModel。

```
26 #include "Smagorinsky.H"
27 #include "addToRunTimeSelectionTable.H"
28
29 // * * * * * * * * * * * * * * * * * * * * * * * * * * * * * *
   * //
30
31 namespace Foam
32 {
33 namespace incompressible
34 {
35 namespace LESModels
36 {
37
38 // * * * * * * * * * * * Static Data Members * * * * * * * * * * *
   * //
39
40 defineTypeNameAndDebug(Smagorinsky, 0);
41 addToRunTimeSelectionTable(LESModel, Smagorinsky, dictionary);
42
43 // * * * * * * * * * * * Private Member Functions  * * * * * * * * *
   * //
44
45 void Smagorinsky::updateSubGridScaleFields(const volTensorField& gradU)
46 {
47     nuSgs_  = ck_*delta()*sqrt(k(gradU));
48     nuSgs_.correctBoundaryConditions();
49 }
```

（a）代码 1

```
54 Smagorinsky::Smagorinsky
55 (
56     const volVectorField& U,
57     const surfaceScalarField& phi,
58     transportModel& transport,
59     const word& turbulenceModelName,
60     const word& modelName
61 )
62 :
63     LESModel(modelName, U, phi, transport, turbulenceModelName),
64     GenEddyVisc(U, phi, transport),
65
66     ck_
67     (
68         dimensioned<scalar>::lookupOrAddToDict
69         (
70             "ck",
71             coeffDict_,
72             0.094
73         )
74     )
75 {
76     updateSubGridScaleFields(fvc::grad(U));
77
78     printCoeffs();
79 }
```

（b）代码 2

图 5-14　Smagorinsky.C 中的内容

```
84 void Smagorinsky::correct(const tmp<volTensorField>& gradU)
85 {
86     GenEddyVisc::correct(gradU);
87     updateSubGridScaleFields(gradU());
88 }
89
90
91 bool Smagorinsky::read()
92 {
93     if (GenEddyVisc::read())
94     {
95         ck_.readIfPresent(coeffDict());
96
97         return true;
98     }
99     else
100    {
101        return false;
102    }
103 }
104
105
106 // * * * * * * * * * * * * * * * * * * * * * * * * * * * * * * * * * //
107
108 } // End namespace LESModels
109 } // End namespace incompressible
110 } // End namespace Foam
```

（c）代码 3

图 5-14　Smagorinsky.C 中的内容（续图）

- 40 行：定义类型 Smagorinsky 与调试（Debug），此处"0"表示关闭，若设定为不等于 0 的任意数字，则表示开启调试。

- 41 行：addToRunTimeSelectionTable 函数，确保在计算时能选择 LESModel 类型中的 Smagorinsky 模型。

- 45～49 行：updateSubGridScaleFields 函数，采用式（5-66）计算 ν_{sgs} 并更新边界上的值。

- 54～79 行：构造函数，其中 63 与 64 行分别为 LESModel 与 GenEddyVisc 的构造函数，66～74 行将字典 ck（C_k）添加至"coeffDict_"，值为 0.094，76 行调用 updateSubGridScaleFields 函数，78 行输出模型系数。

- 84～88 行：correct 函数，其中 86 行调用 GenEddyVisc 类的 correct 函数，该函数调用的实际为 LESModel 类的 correct 函数，87 行调用 updateSubGridScaleFields 函数。

- 91～103 行：read 函数，用于读取 LESProperties 中的模型系数，此时先调用 GenEddyVisc 类的 read 函数，读取系数 ce，随后用 readIfPresent 读取系数 ck，若未找到，则分别使用预设值 1.048 与 0.094。将默认值 $C_k = 0.094$ 与 $C_e = 1.048$ 代入式（5-69）可得 $C_S = 0.168 \approx 0.17$，该值与已有研究一致。

以上即为 Smagorinsky 模型的程序实现。总体而言，LES 模型的程序实现包含如下几个部分。

（1）LESModel，定义了 SGS 湍动能 k_{sgs} 的最低值，防止这些变量过低而导致计算出错或发散。此外，还创建了 I/O 对象，使程序具备了读取/输出湍流模型系数、滤波尺度等的能力。

（2）LESfilter 与 LESdelta，分别提供 LES 需要的滤波方式与滤波尺度计算方式。

（3）GenEddyViscosity，用于创建涡黏系数及 SGS 相关张量，适用于涡黏 SGS 模型。

（4）Smagorinsky 模型代码，用于计算涡黏系数并修正边界上的值。

5.2.5　自定义 LES 模型——动态 Smagorinsky 模型

OpenFOAM 提供了 homogeneousDynSmagorinsky，该模型的模型系数尽管随时间变化，但模型系数在计算中取为全场平均，从而导致同一时刻下该系数在整个流场内相等，无法体现湍流的局部效应。为此，本例将介绍如何自定义真正的动态 Smagorinsky 模型。在编写代码之前，首先应了解动态 Smagonrinsky 模型的数学内涵。

SGS 应力定义为

$$\tau_{\mathrm{LES},ij} = \overline{u}_i \overline{u}_j - \overline{u_i u_j} \tag{5-72}$$

Germano 提出对流场进行二次滤波（检验滤波），将 SGS 应力写为检验滤波尺度下的形式：

$$T_{ij} = \overline{\overline{u}}_i \overline{\overline{u}}_j - \overline{\overline{u_i u_j}} \tag{5-73}$$

其中，T_{ij} 为检验滤波尺度 $\overline{\overline{\Delta}}$（满足 $\overline{\overline{\Delta}} = 2\overline{\Delta}$）下的 SGS 应力，"$=$" 表示检验滤波。根据涡黏假设，$\tau_{\mathrm{LES},ij}^d = -\nu_t \overline{S}_{ij} = -2C_{\mathrm{S}}^2 \overline{\Delta}^2 |\overline{S}| \overline{S}_{ij}$，从而 T_{ij} 的偏张量为

$$T_{ij}^d = -2C_{\mathrm{S}}^2 \overline{\overline{\Delta}}^2 |\overline{\overline{S}}| \overline{\overline{S}}_{ij} \tag{5-74}$$

可解应力为

$$L_{ij} = T_{ij} - \overline{\tau}_{\mathrm{LES},ij} = \overline{\overline{u}}_i \overline{\overline{u}}_j - \overline{\overline{u_i u_i}} \tag{5-75}$$

式（5-75）右侧可由流场变量直接求得。可解应力的偏张量如下：

$$L_{ij}^d = T_{ij}^d - \overline{\tau}_{\mathrm{LES},ij}^d \approx 2C_{\mathrm{S}}^2 \overline{\Delta}^2 |\overline{S}| \overline{S}_{ij} - 2C_{\mathrm{S}}^2 \overline{\overline{\Delta}}^2 |\overline{\overline{S}}| \overline{\overline{S}}_{ij} = C_{\mathrm{S}}^2 \left(2\overline{\Delta}^2 |\overline{S}| \overline{S}_{ij} - 2\overline{\overline{\Delta}}^2 |\overline{\overline{S}}| \overline{\overline{S}}_{ij} \right) = C_{\mathrm{S}}^2 M_{ij} \tag{5-76}$$

式（5-76）"$\approx$" 右侧表示模化后的量。Lilly 指出应该令 $C_{\mathrm{S}}^2 M_{ij}$ 与 L_{ij}^d 之间的误差均方根 $(C_{\mathrm{S}}^2 M_{ij} - L_{ij}^d)^2$ 最小，因此，将误差均方根对模型系数求偏导数，令其为 0，可得模型系数：

$$C_{\mathrm{S}}^2 = \frac{M_{ij} L_{ij}}{M_{kl} M_{kl}} \tag{5-77}$$

以上即为动态 Smagorinsky 的相关方程。由于模型系数易出现振荡，为保证数值稳定性，OpenFOAM 在实现动态 Smagorinsky 模型时将式（5-77）改为

$$C_{\mathrm{S}}^2 = \frac{\langle M_{ij} L_{ij} \rangle}{\langle M_{kl} M_{kl} \rangle} = C_D \tag{5-78}$$

其中，"$\langle \ \rangle$" 表示全场平均，此做法相当于使模型系数在同一时刻下仅存在一个数值，不同

位置的模型系数相同，因此 OpenFOAM 将其命名为 homogeneousDynSmagorinsky 模型，其涡黏系数的动态计算式为

$$v_{\mathrm{sgs}} = (C_S \overline{\Delta})^2 \overline{S} = C_D \overline{\Delta}^2 \overline{S} \tag{5-79}$$

类似地，SGS 湍动能同样可以由动态方法求解其中的模型系数。令 $C_I = 2C_k / C_\varepsilon$，则式（5-71）写为

$$k_{\mathrm{sgs}} = \frac{C_I \overline{\Delta}^2 \overline{S}^2}{2} \tag{5-80}$$

根据 SGS 湍动能的定义：

$$k_{\mathrm{sgs}} = \frac{1}{2} \tau_{\mathrm{LES},ii} \tag{5-81}$$

而可解 SGS 湍动能为

$$k_k = \frac{1}{2} T_{ii} - \frac{1}{2} \overline{\tau}_{\mathrm{LES},ii} = \frac{1}{2} L_{ii} = \frac{1}{2} \left(\overline{\overline{u_i}}\,\overline{\overline{u_i}} - \overline{\overline{u_i u_i}} \right) \tag{5-82}$$

若采用式（5-79）对 SGS 湍动能进行模化，则有

$$k_k \approx \frac{C_I \overline{\overline{\Delta}}^2 \overline{\overline{S}}^2}{2} - \frac{C_I \overline{\Delta}^2 \overline{S}^2}{2} = C_I \underbrace{\left(\frac{\overline{\overline{\Delta}}^2 \overline{\overline{S}}^2}{2} - \frac{\overline{\Delta}^2 \overline{S}^2}{2} \right)}_{m} = C_I m \tag{5-83}$$

利用最小二乘法，令式（5-83）与式（5-82）差的平方和最小，最终可得

$$C_I = \frac{k_k}{m} = \frac{k_k \cdot m}{m^2} \tag{5-84}$$

同样的，OpenFOAM 针对式（5-83）的分子、分母分别进行全场平均。以上即为 homogeneousDynSmagorinsky 模型的数学内涵。

动态 Smagorinsky 模型将基于 homogeneousDynSmagorinsky 模型的代码进行修改。

1. 复制文件

将/src/turbulenceModels/incompressible/LES 路径下的 homogeneousDynSmagorinsky 文件夹复制到/home/用户名/OpenFOAM/app，随后将文件夹名称修改为 dynSmagorinsky，并将 homogeneousDynSmagorinsky.H 与 homogeneousDynSmagorinsky.C 的文件名改为 dynSmagorinsky.H 与 dynSmagorinsky.C；最后，使用文本替换功能将文件中的 homogeneousDynSmagorinsky 替换为 dynSmagorinsky。

2. 修改成员函数

如前文所述，homogeneousDynSmagorinsky 模型仅在计算模型系数时采用全场平均。为实现真正的动态模型，本例主要修改 dynSmagorinsky.C 中 cD 与 cI 函数的代码。

（1）将 cD 函数修改为图 5-15 所示的形式。

```
55 volScalarField dynSmagorinsky::cD
56 (
57     const volSymmTensorField& D
58 ) const
59 {
60     const volSymmTensorField MM
61     (
62         sqr(delta())*(filter_(mag(D)*(D)) - 4*mag(filter_(D))*filter_(D))
63     );
64
65     volScalarField MMMM = fvc::average(magSqr(MM));
66
67     MMMM.max(VSMALL);
68
69         tmp<volSymmTensorField> LL =
70             dev(filter_(sqr(U())) - (sqr(filter_(U()))));
71
72         return 0.5*fvc::average(LL && MM)/MMMM;
73
74 }
```

图 5-15　cD 函数代码修改

其中：

● 60～63 行：MM 对应 $M_{ij}/(2\sqrt{2})$，其中 D 对应 $\overline{S}_{ij}$，M_{ij} 的定义见式（5-76）。

● 65 行：MMMM 对应 $M_{ij}M_{ij}/8$，其中 fvc::average 表示在每个网格上，对该网格所有面上的系数值作平均，提升数值稳定性，而在 homogeneousDynSmagorinsky 中采用的是 average，表示全场平均。

● 67 行：$\max(M_{ij}M_{ij}/8, \text{VSMALL})$，防止除 0。

● 69～70 行：LL 对应式（5-76）中的 L_{ij}^d。

● 72 行：函数返回值为 $\sqrt{2}M_{ij}L_{ij}/(M_{kl}M_{kl}) = \sqrt{2}C_D = c_D$。从表面上看，似乎该式与上文所述原理有出入，但实际上，由于程序中涡黏系数定义为 $\nu_{sgs} = c_D \overline{\Delta}^2 \sqrt{\overline{S}_{ij}\overline{S}_{ij}} = \dfrac{c_D}{\sqrt{2}}\overline{\Delta}^2 \overline{S}$（见图 5-15 代码第 50 行），将 $\sqrt{2}C_D = c_D$ 代入上式可得 $\nu_{sgs} = C_D \overline{\Delta}^2 \overline{S}$，与式（5-79）一致。

（2）cI 函数修改为图 5-16 所示的形式。

```
77 volScalarField dynSmagorinsky::cI
78 (
79     const volSymmTensorField& D
80 ) const
81 {
82     const volScalarField mm
83     (
84         sqr(delta())*(4*sqr(mag(filter_(D))) - filter_(sqr(mag(D))))
85     );
86
87     volScalarField mmmm = fvc::average(magSqr(mm));
88     mmmm.max(VSMALL);
89     tmp<volScalarField> KK =
90         0.5*(filter_(magSqr(U())) - magSqr(filter_(U())));
91     return fvc::average(KK*mm)/mmmm;
92
93 }
```

图 5-16　cI 函数代码修改

其中：

- 82～84 行：mm 对应 m，见式（5-83）。
- 87 行：mmmm 对应 m^2，此处同样采用 fvc::average 提升数值稳定性。
- 88 行：$\max(m^2, \text{VMSALL})$，防止除 0。
- 89～90 行：KK，值为 k_k。
- 91 行：函数返回值为 $c_I = C_I$，程序中 SGS 湍动能定义为 $k_{\text{sgs}} = c_I \overline{\Delta}^2 \left| \overline{S}_{ij} \right|^2 = c_I \overline{\Delta}^2 \overline{S}^2 / 2$，由于 $c_I = C_I$，因此程序求解得到的 SGS 湍动能与式（5-80）定义一致。

由于本例将原 homogeneousDynSmagorinsky 模型系数的全场平均改为局部平均，计算过程中系数可能出现较大波动。为保证数值稳定性，采用如下方式限制涡黏系数：

$$\nu_{\text{sgs}}^* = \max(\nu_{\text{sgs}}, -\nu) \qquad (5\text{-}85)$$

其中，ν_{sgs}^* 表示修正后的涡黏系数，ν_{sgs} 表示修正前的涡黏系数。根据上述思路，将 dynSmagorinsky.C 中的 updateSubGridScaleFields 函数修改为图 5-17 所示的形式。

```
45 void dynSmagorinsky::updateSubGridScaleFields
46 (
47     const volSymmTensorField& D
48 )
49 {
50     nuSgs_ = max(cD(D)*sqr(delta())*sqrt(magSqr(D)),-nu());
51     nuSgs_.correctBoundaryConditions();
52 }
```

图 5-17　updateSubGridScaleFields 函数代码修改

此外，由于新代码中采用 fvc:average，cD 与 cI 的数据类型由 dimensionedScalar 变为 volScalarField，因此在 dynSmagorinsky.H 中需作相应修改。

修改前：

```
dimensionedScalar cD(const volSymmTensorField& D) const;
dimensionedScalar cI(const volSymmTensorField& D) const;
```

修改后：

```
volScalarField cD(const volSymmTensorField& D) const;
volScalarField cI(const volSymmTensorField& D) const;
```

3. 编译

将/src/turbulenceModels/incompressible/LES 中的 Make 文件夹复制到该程序的主目录中，并将 files 文件中的代码修改为如下形式：

```
dynSmagorinsky.C
LIB = $(FOAM_USER_LIBBIN)/libdynSmagorinsky
```

将 options 文件中 EXE_INC 部分的代码修改为如下形式：

```
EXE_INC = \
    -I$(LIB_SRC)/turbulenceModels \
    -I$(LIB_SRC)/turbulenceModels/LES/LESdeltas/lnInclude \
```

```
-I$(LIB_SRC)/turbulenceModels/LES/LESfilters/lnInclude \
-I$(LIB_SRC)/transportModels \
-I$(LIB_SRC)/finiteVolume/lnInclude \
-I$(LIB_SRC)/turbulenceModels/incompressible/LES/lnInclude \
-I$(LIB_SRC)/meshTools/lnInclude
```

将上述文件修改后保存，在该模型代码所在的主目录下执行 wmake libso 命令，建立新模型的动态链接库。

4．算例设置

采用槽道流进行验证，具体描述见 4.3.7 节。从中国水利水电出版社网站（www.waterpub.com.cn）或万水书苑网站（www.wsbookshow.com）免费下载算例文件——OpenFOAM 例/testLESmodel，将其中的两个压缩包解压，其中 Smagorinsky 是使用 Smagorinsky 模型的算例，dynSmagorinsky 是使用 dynSmagorinsky 模型的算例。

（1）Smagorinsky 算例中，/constant/LESProperties 中的设置如下：

```
LESModel                Smagorinsky;
delta                   vanDriest;
printCoeffs             on;
SmagorinskyCoeffs
{
}
```

其中滤波尺度采用 vanDriest，模型系数采用默认值，即 $C_k = 0.094$，$C_e = 1.048$。

（2）dynSmagorinsky 算例中，/constant/LESProperties 中的设置如下：

```
LESModel                dynSmagorinsky;
delta                   cubeRootVol;
printCoeffs             on;
dynSmagorinskyCoeffs
{
    filter simple;
}
```

其中滤波尺度采用 cubeRootVol，二次滤波方式为 simple。

此外，/system/controlDict 中需加载新模型的动态库文件：

```
libs ( "libOpenFOAM.so" "libdynSmagorinsky.so" ) ;
```

5．计算与后处理

采用 4.3.7 节算例中的 channelFoam230 求解器，在两个算例的主目录下执行 channelFoam230 进行计算，有条件的读者可采用多核并行。为节省时间，读者也可采用文件夹中提供的结果进行后处理。

在算例主目录下执行 sample -latestTime，获取速度分布，并与 4.3.7 节中提供的 DNS 数据进行对比，DNS 结果第一列为 y 方向坐标，第二列为无量纲化的时均流向速度 U_1/U_m。/postProcessing/sets/10000 目录下的 lineY_UMean.xy 即为沿垂直壁面方向的时均速度分布，其

中第一列为 y 坐标，2～4 列分别对应 U_1、U_2 与 U_3。图 5-18 所示为对比结果，纵坐标为无量纲化的时均流向速度值。显然，动态 Smagorinsky 模型极大地提升了求解精度，基本与 DNS 吻合，证实本例编写的程序是可靠的。

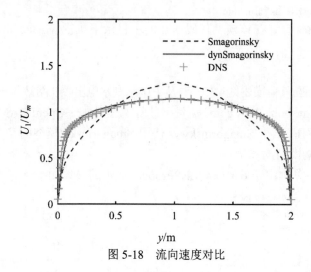

图 5-18　流向速度对比

第**6**章

OpenFOAM 中的 application

前文已介绍过 OpenFOAM 中的基本功能，包括方程的离散与相关格式、边界条件以及湍流模型。要真正实现物理问题的数值求解，则必须通过具体的求解器（solver）来实现。而在求解的前处理或后处理中，还将涉及种类繁多的工具（utility），如设置初始场、移动网格、计算雷诺应力等。上述两类程序，在 OpenFOAM 中统称为应用（application）。本章将针对两类应用进行详细介绍。

6.1 求解器

OpenFOAM 中包含种类繁多的求解器，如前文算例中用到的 simpleFoam 与 interPhaseChangeFoam。每个求解器都为满足特定的物理问题而设计，因此用户在使用时，首先应根据研究对象选择最合适的求解器。根据性质，求解器可分为如图 6-1 所示的几大类别。

由于大部分求解器的程序结构较为相似，本书将以 simpleFoam 求解器为例，介绍其程序实现，其中涉及的数学原理可参考本书第 3 章至第 5 章。

6.1.1 适于不可压流动的 simpleFoam 程序解读

simpleFoam 求解器是基于 SIMPLE 算法的稳态求解器，使用时仅可选择 RANS 模型（表 5-1）且仅用于定常计算。该求解器位于/applications/solvers/incompressible/simpleFoam，主要包含如下文件：

（1）simpleFoam.C：求解器主程序。

（2）createFields.H：创建主程序及其余头文件需要的变量场。

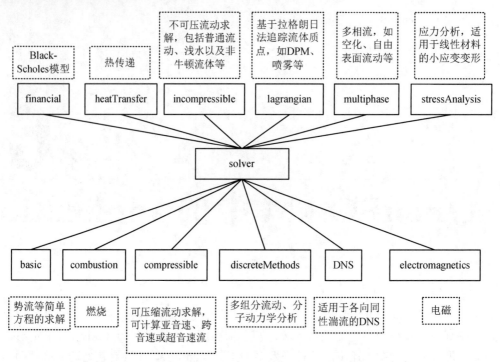

图 6-1　OpenFOAM 中求解器的分类及功能

（3）UEqn.H 与 pEqn.H：速度方程与压力方程，如 3.2.5 节所述，OpenFOAM 中采用的是分离式解法（即压力与速度分离求解），因此分别采用压力与速度两套方程。

1．simpleFoam.C

simpleFoam.C 中的代码如图 6-2 所示，其中：

- 32～36 行：包含的头文件，其中 fvCFD.H 为 CFD 基础文件，包含常数、时间、边界条件等，singlePhaseTransportModel.H 为基于黏度模型的单相输运模型，用于不可压单相流，RASModel.H 为 RANS 模型的基础文件，详见 5.1.2 节，simpleControl.H 为 SIMPLE 算法的相关控制，用于计算过程中的收敛判断，fvIOoptionList.H 为 fvOptions 功能的基础文件，用于实现多坐标系旋转、网格运动等功能。
- 42 行：包含 setRootCase.H，用于检查根目录与算例的路径。
- 43 行：包含 createTime.H，用于创建时间对象 runTime，以便于 controlDict 文件中可控制。
- 44 行：包含 createMesh.H，用于创建对应时刻的网格对象 mesh。
- 45 行：包含 createFields.H，详见后文的分析。
- 46 行：包含 createFvOptions.H，用于读取 fvOptions 的控制参数。
- 47 行：包含 initContinuityErrs.H，用于声明与初始化连续性误差，初始误差为 0。

```
32 #include "fvCFD.H"
33 #include "singlePhaseTransportModel.H"
34 #include "RASModel.H"
35 #include "simpleControl.H"
36 #include "fvIOoptionList.H"
37
38 // * * * * * * * * * * * * * * * * * * * * * * * * * * * * * * * //
39
40 int main(int argc, char *argv[])
41 {
42     #include "setRootCase.H"
43     #include "createTime.H"
44     #include "createMesh.H"
45     #include "createFields.H"
46     #include "createFvOptions.H"
47     #include "initContinuityErrs.H"
48
49     simpleControl simple(mesh);
50
51     // * * * * * * * * * * * * * * * * * * * * * * * * * * * * * * * //
52
53     Info<< "\nStarting time loop\n" << endl;
```

（a）代码 1

```
55     while (simple.loop())
56     {
57         Info<< "Time = " << runTime.timeName() << nl << endl;
58
59         // --- Pressure-velocity SIMPLE corrector
60         {
61             #include "UEqn.H"
62             #include "pEqn.H"
63         }
64
65         turbulence->correct();
66
67         runTime.write();
68
69         Info<< "ExecutionTime = " << runTime.elapsedCpuTime() << " s"
70             << "  ClockTime = " << runTime.elapsedClockTime() << " s"
71             << nl << endl;
72     }
73
74     Info<< "End\n" << endl;
75
76     return 0;
77 }
```

（b）代码 2

图 6-2　simpleFoam.C 中的代码

- 49 行：创建 SIMPLE 算法控制类 simple，构造函数见 simpleControl.H。
- 53 行：在屏幕上输出 Starting time loop，仅出现在计算开始之前，计算中不再出现该提示语。
- 55 行：SIMPLE 算法循环。
- 57 行：在屏幕上输出当前计算时刻（或迭代步），即"Time = 当前时刻"，由于 simpleFoam 仅作稳态计算，此处输出为迭代步。
- 60~63 行：压力-速度耦合修正，使用 Ueqn.H 与 pEqn.H。

- 65 行：求解湍流模型方程并修正涡黏系数，在具体的 RANS 模型中均有 correct 函数（详见 5.1 节），此处即表示调用该函数。
- 67 行：输出结果。
- 69～71 行：在屏幕上输出计算累计耗费的 CPU 时间与 Clock 时间。
- 74 行：求解完成时，在屏幕输出 End。
- 76 行：终止计算。

2. createFields.H

createFields.H 中的代码如图 6-3 所示，其中：

- 1 行：屏幕输出 Reading field p，仅出现在计算开始之前，计算中不再出现该提示语。
- 2～13 行：用 IOobject 构造压力场 p，由于计算中需设定压力的初始条件与边界条件，因此读取设置为 MUST_READ，输出设置为 AUTO_WRITE，即根据 controlDict 设置的输出方式自动输出，关于 IOobject 的详细分析，请回顾 5.1.1 节。
- 15 行：屏幕输出 Reading field U，同样仅出现在计算开始之前，计算中不再出现该提示语。

```
1    Info<< "Reading field p\n" << endl;
2    volScalarField p
3    (
4        IOobject
5        (
6            "p",
7            runTime.timeName(),
8            mesh,
9            IOobject::MUST_READ,
10           IOobject::AUTO_WRITE
11       ),
12       mesh
13   );
14
15   Info<< "Reading field U\n" << endl;
16   volVectorField U
17   (
18       IOobject
19       (
20           "U",
21           runTime.timeName(),
22           mesh,
23           IOobject::MUST_READ,
24           IOobject::AUTO_WRITE
25       ),
26       mesh
27   );
28
29   #include "createPhi.H"
30
31
32   label pRefCell = 0;
33   scalar pRefValue = 0.0;
34   setRefCell(p, mesh.solutionDict().subDict("SIMPLE"), pRefCell, pRefValue);
35
36   singlePhaseTransportModel laminarTransport(U, phi);
37
38   autoPtr<incompressible::RASModel> turbulence
39   (
40       incompressible::RASModel::New(U, phi, laminarTransport)
41   );
```

图 6-3 createFields.H 中的代码

- 16～27 行：用 IOobject 构造速度场 U，读取设置为 MUST_READ，输出设置为 AUTO_WRITE。
- 29 行：包含 createPhi.H，用于创建并初始化通量场 phi。
- 32 行：压力基准网格编号，值设置为 0（3.2.1 节已介绍网格的 List，按照 C++规则从 0 开始编号）。
- 33 行：参考压力，值设置为 0。
- 34 行：设置参照单元，mesh.solutionDict().subDict("SIMPLE"), pRefCell, pRefValue 表示读取算例/system/fvSolution 中 SIMPLE 部分设置的 pRefCell 与 pRefValue，若用户未设置则采用默认值。
- 36 行：单相输运模型中的黏度模型，命名为 laminarTransport。事实上 OpenFOAM 中的黏度模型不包含 laminarTransport，而是 CrossPowerLaw、BirdCarreau、HerschelBulkley、powerLaw 与 Newtonian，具体请读者自行查看/src/transportModels/incompressible/viscosityModel 中的相关文件。此处仅为构造黏度模型，为了让用户在算例的/constant/transportProperties 中设置 transportModel。
- 38～41 行：autoPtr 是 OpenFOAM 中的智能指针，格式为"autoPtr<类名称>对象名称"。此处指针指向 incompressible::RASModel 类，turbulence 为构造的函数名。incompressible::RASModel::New(U, phi, laminarTransport)表示指向选定的 RANS 模型。显然，此部分代码用于选取具体的 RANS 模型，并调用其中的变量。

3. UEqn.H

UEqn.H 中的代码如图 6-4 所示。

```
1    // Momentum predictor
2
3    tmp<fvVectorMatrix> UEqn
4    (
5        fvm::div(phi, U)
6      + turbulence->divDevReff(U)
7      ==
8        fvOptions(U)
9    );
10
11   UEqn().relax();
12
13   fvOptions.constrain(UEqn());
14
15   solve(UEqn() == -fvc::grad(p));
16
17   fvOptions.correct(U);
```

图 6-4 UEqn.H 中的代码

其中：
- 3～9 行：根据 5.1.3 节的分析，式（5-13）写为

$$\frac{\partial \langle u \rangle_i}{\partial t} + \frac{\partial}{\partial x_j}\Big(\langle u \rangle_i \langle u \rangle_j\Big) \underbrace{-(\nu + \nu_t)\frac{\partial}{\partial x_j}(2S_{ij})}_{-\text{turbulence->divDevReff(U)}} = -\frac{1}{\rho}\frac{\partial \langle p \rangle'}{\partial x_i} + \underbrace{Y_i}_{\text{fvOptions(U)}} \qquad (6\text{-}1)$$

此处 turbulence-> divDevReff(U)调用的是相应 RANS 模型中对应的函数（见 5.1.3 节）。因此，对于定常流动，式（6-1）写为

$$\underbrace{\frac{\partial}{\partial x_j}\left(\langle u \rangle_i \langle u \rangle_j\right) - (\nu + \nu_t)\frac{\partial}{\partial x_j}(2S_{ij})}_{\text{UEqn}} = \langle Y \rangle_i - \frac{1}{\rho}\frac{\partial \langle p \rangle}{\partial x_i} \tag{6-2}$$

上式中的 UEqn 部分即为 3～9 行的方程式（即速度方程），该方程为半离散矩阵形式（第 3 行的 fvVectorMatrix 即为矩阵类）。根据 3.2.5 节介绍的 SIMPLE 算法，半离散化的动量方程中压力梯度项暂不离散化，速度方程中不包含该项。由式（3-181），式（6-2）半离散化后为

$$a_P \langle \boldsymbol{u} \rangle_P = \underbrace{-\sum_N a_N \langle \boldsymbol{u} \rangle_N + \langle \boldsymbol{Y} \rangle_P}_{\boldsymbol{H}(\langle \boldsymbol{u} \rangle)} - \nabla \langle p \rangle \tag{6-3}$$

- 11 行：对速度方程引入松弛技术，具体见 3.2.4.8 节。
- 13 行：对速度方程进行限制，保证 fvOptions 功能的顺利实现。
- 15 行：求解式（6-3）。
- 17 行：修正速度值，保证 fvOptions 功能的顺利实现。

4. pEqn.H

pEqn.H 中的代码如图 6-5 所示，其中：

- 2 行：rAU 表示速度方程系数的倒数，即 $\frac{1}{a_P}$。
- 3 行：创建变量 HbyA，令其初始化为速度场。
- 4 行：计算 HbyA，即 $\frac{\boldsymbol{H}(\langle \boldsymbol{u} \rangle)}{a_P}$。
- 5 行：由于 SIMPLE 算法迭代中系数矩阵不断更新，此处将 UEqn 清空，为修正速度做准备。
- 7 行：计算式（3-187）中的伪通量 F_{ps}。
- 9 行：使绝对通量转化为相对通量，尤其是当使用 MRF 时，需要绝对速度到相对速度的转换。
- 11 行：调整通量，使其满足连续性。
- 14 行：网格非正交循环迭代，受 nNonOrthogonalCorrectors 参数控制，当次数设置为 0 时，该循环只进行一次。
- 16～19 行：压力方程，即式（3-187），值得注意的是，代码中的 div(phiHbyA)表示对伪通量 F_{ps} 求和。
- 21 行：设置参考压力的位置与数值。

```
1 {
2     volScalarField rAU(1.0/UEqn().A());
3     volVectorField HbyA("HbyA", U);
4     HbyA = rAU*UEqn().H();
5     UEqn.clear();
6
7     surfaceScalarField phiHbyA("phiHbyA", fvc::interpolate(HbyA) & mesh.Sf());
8
9     fvOptions.makeRelative(phiHbyA);
10
11    adjustPhi(phiHbyA, U, p);
12
13    // Non-orthogonal pressure corrector loop
14    while (simple.correctNonOrthogonal())
15    {
16        fvScalarMatrix pEqn
17        (
18            fvm::laplacian(rAU, p) == fvc::div(phiHbyA)
19        );
20
21        pEqn.setReference(pRefCell, pRefValue);
22
23        pEqn.solve();
24
25        if (simple.finalNonOrthogonalIter())
26        {
27            phi = phiHbyA - pEqn.flux();
28        }
29    }
30
31    #include "continuityErrs.H"
32
33    // Explicitly relax pressure for momentum corrector
34    p.relax();
35
36    // Momentum corrector
37    U = HbyA - rAU*fvc::grad(p);
38    U.correctBoundaryConditions();
39    fvOptions.correct(U);
40 }
```

图 6-5　pEqn.H 中的代码

- 23 行：求解压力方程。

- 25～27 行：计算至非正交修正的最后一步时，按照式（3-188）计算通量。

- 31 行：包含 continuityErrs.H，用于计算连续性误差并在屏幕上输出。

- 34 行：对压力方程引入松弛控制。

- 37 行：采用新的压力修正速度，即式（3-182）。

- 38 行：修正边界上的速度。

- 39 行：当使用 fvOptions 时，进一步修正速度。

综合上文分析，simpleFoam 的求解流程如图 6-6 所示。其余求解器如 pimpleFoam、pisoFoam 等，读者可结合 3.2.5 以及本节的内容进行分析，本书不再赘述。

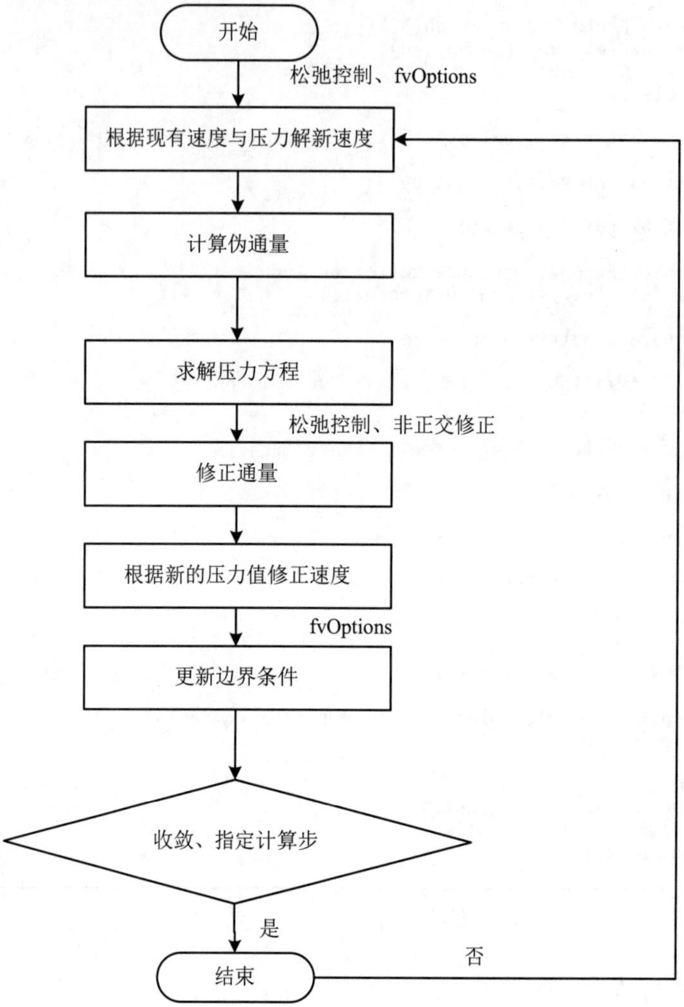

图 6-6　simpleFoam 求解流程

6.1.2　创建旋转槽道流求解器

上一节已分析 simpleFoam 的程序结构，其余求解器从结构上相似，此处不再逐一介绍。为了让读者掌握编写具备特定功能的求解器，弥补 OpenFOAM 官方提供的求解器无法覆盖全部流动情况的缺憾，本节将介绍如何编写适于旋转槽道流的求解器。

旋转槽道流是研究旋转湍流的经典算例之一，其主要特点在于：一定旋转数（$Ro = 2\omega h / U_m$）范围内，旋转将使速度及湍流场分布呈现非对称特征，如图 6-7（b）所示。研究表明，旋转槽道流中的流体均处于旋转坐标系中，且主要动量源项为柯氏力。尽管在旋转系中同时存在离心力，但考虑到槽道流除流向外均为周期性边界且旋转轴位置不定，同时离心力为有势力，因此将其合并至压力项。

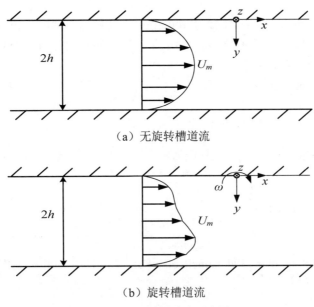

（a）无旋转槽道流

（b）旋转槽道流

图 6-7 两种槽道流示意图

本例将采用大涡模拟进行计算，动量方程为

$$\frac{\partial \overline{u}_i}{\partial t} + \frac{\partial}{\partial x_j}(\overline{u}_i\overline{u}_j) = -\frac{1}{\rho}\frac{\partial \overline{p}}{\partial x_i} + \frac{\partial}{\partial x_j}\left[\nu\left(\frac{\partial \overline{u}_i}{\partial x_j} + \frac{\partial \overline{u}_j}{\partial x_i}\right)\right] - \frac{\partial \tau_{\text{LES},ij}}{\partial x_j} + \boldsymbol{F}_{\text{cor}} + \frac{\text{d}P}{\text{d}x_j} \tag{6-4}$$

其中，$\boldsymbol{F}_{\text{cor}} = -2\boldsymbol{\omega}\times\overline{\boldsymbol{U}}$ 为柯氏力，$\boldsymbol{\omega}$ 为旋转速度矢量，$\dfrac{\text{d}P}{\text{d}x_j}$ 表示驱动流体的压力梯度，与科氏

力一样属于动量源项。

由于 4.3.7 节的例子已使用无旋转的槽道流求解器 channelFoam230，本例将在该求解器的基础上进行修改，添加柯氏力这一动量源项，从而实现旋转槽道流的计算。

从中国水利水电出版社网站（www.waterpub.com.cn）或万水书苑网站（www.wsbookshow.com）免费下载算例文件/OpenFOAM 例/testchannelRotateFoam230，将其中的 3 个压缩包解压，其中 channelFoam230.zip 为用于本例修改的求解器，DNSDATA.ZIP 为 DNS 所得流向速度沿垂直壁面方向的分布，其中第一列为 y 方向坐标，第二列为无量纲化的流向速度 U_1/U_m，dynSmagorinsky.rar 为本例已设置好的算例及计算结果（$t = 10000$ s），所采用的动态 Smagorinsky 模型可见 5.2.5 节的例子。

具体步骤如下所述。

1. 复制文件

将 channelFoam230 文件夹复制到/home/用户名/OpenFOAM/app，随后将文件夹名称修改为 channelRotateFoam230，同时将 channelFoamv230.C 改名为 channelRotateFoam230.C。

2. 修改代码

/channelRotateFoam230/readTransportProperties.H 文件用于读取 transportProperties 中的设置。由于旋转槽道流应设定旋转率，需创建相应条目以便用户设定。在 readTransportProperties.H 中增加如下代码用于读取旋转率 omega：

```
dimensionedVector omega
    (
        transportProperties.lookup("omega")
    );
```

根据上文分析，控制方程中需加入柯氏力作为动量源项。参考式（6-2），式（6-4）可写为

$$\underbrace{\frac{\partial \bar{u}_i}{\partial t} + \frac{\partial}{\partial x_j}(\bar{u}_i\bar{u}_j) \overbrace{- \frac{\partial}{\partial x_j}\left[\nu\left(\frac{\partial \bar{u}_i}{\partial x_j} + \frac{\partial \bar{u}_j}{\partial x_i}\right)\right] - \frac{\partial \tau_{\mathrm{LES},ij}^d}{\partial x_j}}^{\text{sgsModel->divDevBeff(U)}} + 2\boldsymbol{\omega}\times\overline{\boldsymbol{U}}}_{\text{UEqn}} = \frac{\mathrm{d}P}{\mathrm{d}x_j} - \frac{1}{\rho}\frac{\partial \bar{p}}{\partial x_i} \qquad (6\text{-}5)$$

因此将/channelRotateFoam230/channelRotateFoam230.C 中的速度方程改为如下形式：

```
fvVectorMatrix UEqn
(
    fvm::ddt(U)
  + fvm::div(phi, U)
  + sgsModel->divDevBeff(U)
  +2*(omega^U)
  ==
    flowDirection*gradP
);
```

其中，flowDirection 表示流动方向矢量，gradP 为驱动流体的压力梯度数值。

除此之外，还需要在 Make/files 中进行修改，使新求解器可被识别，具体如下：

```
channelRotateFoam230.C
EXE = $(FOAM_USER_APPBIN)/channelRotateFoam230
```

在该程序代码的主目录下执行 wmake 进行编译，完成后，用户在使用时输入 channelRotateFoam230 即可运行该求解器。

注：此处与前几章的例子不同，直接用 wmake 进行编译，这是因为求解器作为可执行程序使用。

3. 算例验证

令 $Ro = 0.3$，则根据槽道尺寸可得 $\boldsymbol{\omega} = (0,0,0.0105)$。在 /dynSmagorinsky/constant/ transportProperties 中作如下设置：

```
omega             omega [ 0 0 -1 0 0 0 0 ] (0 0 0.0105);
```

在/dynSmagorinsky 路径下执行 channelRotateFoam230，有条件的读者可采用多核并行。

此外，为节省时间，读者也可采用文件夹中提供的结果进行后处理。

　　计算结束后，执行 sample -latestTime，获取速度分布，并与本算例中提供的 DNS 数据进行对比，DNS 结果第一列为 y 方向坐标，第二列为无量纲化的时均流向速度 U_1/U_m。/postProcessing/sets/10000 目录下的 lineY_UMean.xy 即为沿垂直壁面方向的时均速度分布，其中第一列为 y 坐标，2～4 列分别对应 U_1、U_2 与 U_3。图 6-8 所示为时均流向速度分布对比，显然，动态 Smagorinsky 模型基本与 DNS 吻合，证实本例编写的程序是准确可靠的。此外，观察速度分布可知，在柯氏力作用下，流向速度沿垂直壁面方向变为非对称分布。

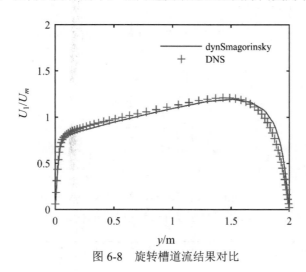

图 6-8　旋转槽道流结果对比

6.2　工具

　　OpenFOAM 提供了形式多样的工具，位于/applications/utilities，包括如下几类：

　　（1）mesh：网格工具，包括网格生成（如 blockMesh 与 snappyHexMesh）、网格操纵（如 createPatch）和网格转换（如 fluentMeshToFoam）等。

　　（2）parallelProcessing：并行计算相关工具，如 decomposePar。

　　（3）postProcessing：后处理工具，如用于湍流中识别涡的 Q、Lambda2，分别对应 Q 与 λ_2 准则。

　　（4）preProcessing：前处理工具，如用于匹配两个算例中场量的 mapFields、用于设置初始值的 setFields 和用于壁面函数的 wallFunctionTable 等。

　　（5）surface：网格面处理工具，如用于网格面节点合并的 surfacePointMerge。

　　（6）thermophysical：热力学相关工具，如用于将 CHEMKIN 软件计算得到的热力学与化学反应导入到 OpenFOAM 的 chemkinToFoam。

　　（7）miscellaneous：其他无法归结于上述类型的工具，如数据格式转换工具 foamFormat-

Convert。

在上述几类工具中，后处理工具涉及的面最广，用户常需要计算不同的物理量以进行深入分析，且 OpenFOAM 提供的后处理工具往往无法满足用户需求。因此，本书以涡识别准则之一的 λ_2 准则为例，介绍后处理工具的程序实现，以及如何自定义后处理工具。

6.2.1 Lambda2 程序解读

λ_2 准则是常用的涡识别准则，定义为速度梯度张量构成的特征张量的第二特征值，其中特征张量为

$$C_{ij} = S_{ik}S_{kj} + \Omega_{ik}\Omega_{kj} \tag{6-6}$$

其中：

$$S_{ij} = \frac{1}{2}\left(\frac{\partial u_i}{\partial x_j} + \frac{\partial u_j}{\partial x_i}\right) \tag{6-7}$$

$$\Omega_{ij} = \frac{1}{2}\left(\frac{\partial u_i}{\partial x_j} - \frac{\partial u_j}{\partial x_i}\right) \tag{6-8}$$

将 C_{ij} 的特征值按大小排列为 $\lambda_1 \leq \lambda_2 \leq \lambda_3$，最终该准则定义为 $-\lambda_2$。

该程序代码位于 /applications/utilities/postProcessing/velocityField/Lambda2，包含 Lambda2.C 以及 Make 文件夹。本节仅分析 Lambda2.C 中的代码，如图 6-9 所示。

```
36 #include "calc.H"
37 #include "fvc.H"
38
39 // * * * * * * * * * * * * * * * * * * * * * * * * * * * * * * * * * //
40
41 void Foam::calc(const argList& args, const Time& runTime, const fvMesh& mesh)
42 {
43     IOobject Uheader
44     (
45         "U",
46         runTime.timeName(),
47         mesh,
48         IOobject::MUST_READ
49     );
50
51     if (Uheader.headerOk())
52     {
53         Info<< "    Reading U" << endl;
54         volVectorField U(Uheader, mesh);
55
56         const volTensorField gradU(fvc::grad(U));
57
58         volTensorField SSplusWW
59         (
60             (symm(gradU) & symm(gradU)) + (skew(gradU) & skew(gradU))
61         );
```

（a）代码 1

图 6-9　Lambda2.C 中的代码

```
63          volScalarField Lambda2
64          (
65              IOobject
66              (
67                  "Lambda2",
68                  runTime.timeName(),
69                  mesh,
70                  IOobject::NO_READ,
71                  IOobject::NO_WRITE
72              ),
73              -eigenValues(SSplusWW)().component(vector::Y)
74          );
75
76          Info<< "    Writing -Lambda2" << endl;
77          Lambda2.write();
78      }
79      else
80      {
81          Info<< "    No U" << endl;
82      }
83
84      Info<< "\nEnd\n" << endl;
85  }
```

（b）代码 2

图 6-9 Lambda2.C 中的代码（续图）

其中：

- 36 行：包含 calc.H，为后处理运算共用的头文件，声明了 calc 函数，并在此程序中实例化。
- 37 行：包含 fvc.H，用于获取场量，如速度，并作相关运算。
- 41 行：从此行开始为 calc 函数。
- 43～49 行：创建 IOobject 并命名为 Uheader，用于读取速度。
- 51～53 行：检查算例中对应的时刻是否存在 U 文件，在屏幕输出 Reading U。
- 54 行：定义矢量场 U，等于 Uheader。
- 56 行：计算速度梯度张量 $\partial u_i / \partial x_j$。
- 58～61 行：计算特征张量，式（6-6），其中 symm(gradU) 表示 S_{ij}，skew(gradU) 表示 $-\Omega_{ij}$，由于 $-\Omega_{ij}(-\Omega_{ij}) = \Omega_{ij}\Omega_{ij}$，代码中不再添加负号。
- 63～74 行：创建 IOobject 并命名为 Lambda2，计算 $-\lambda_2$，其中 eigenValues 为求解张量特征值的函数，component(vector::Y) 表示获取第二个分量，即 λ_2。
- 76 行：屏幕输出 Writing -Lambda2。
- 77 行：输出结果。
- 79～82 行：若对应时刻的结果中无 U 文件，则屏幕输出 No U。
- 84 行：程序结束，屏幕输出 End。

总体而言，Lambda2 的程序较为简单，主要过程为：读取变量—计算中间量—计算所需变量—输出。

6.2.2　自定义后处理工具——计算亚格子湍动能生成率

上节已分析后处理工具的实现方式，本节将通过例子介绍如何自定义后处理工具。

亚格子（SubGrid-Scale，SGS）湍动能生成率定义为

$$G_{sgs} = -\tau^d_{LES,ij}\overline{S}_{ij} \tag{6-9}$$

涡黏模型中：

$$\tau^d_{LES,ij} = -2\nu_{sgs}\overline{S}_{ij} \tag{6-10}$$

因此 SGS 湍动能生成率最终可写为

$$G_{sgs} = 2\nu_{sgs}\overline{S}_{ij}\overline{S}_{ij} \tag{6-11}$$

本例将以 Lambda2 的代码为模板进行修改。具体步骤如下所述。

1. 复制文件

将/applications/utilities/postProcessing/velocityField 路径下的 Lambda2 文件夹复制到/home/用户名/OpenFOAM/app，随后将文件夹名称修改为 Gsgs，同时将 Lambda2.C 改为 Gsgs.C。

2. 修改代码

将 Gsgs.C 中的 calc 函数修改为如图 6-10 所示的形式，其中：

- 43～49：同源代码。
- 50～56 行：创建 IOobject 并命名为 nuSgsheader，用于读取涡黏系数。

```
41 void Foam::calc(const argList& args, const Time& runTime, const fvMesh& mesh)
42 {
43     IOobject Uheader
44     (
45         "U",
46         runTime.timeName(),
47         mesh,
48         IOobject::MUST_READ
49     );
50     IOobject nuSgsheader
51     (
52         "nuSgs",
53         runTime.timeName(),
54         mesh,
55         IOobject::MUST_READ
56     );
57
58     if (Uheader.headerOk()&nuSgsheader.headerOk())
59     {
60         Info<< "    Reading U" << endl;
61         volVectorField U(Uheader, mesh);
62
63         Info<< "    Reading nuSgs" << endl;
64         volScalarField nuSgs(nuSgsheader, mesh);
65
66         const volSymmTensorField S_ij(symm(fvc::grad(U)));
```

（a）代码 1

图 6-10　Gsgs.C 中的 calc 函数代码

```
68        volScalarField Gsgs
69        (
70            IOobject
71            (
72                "Gsgs",
73                runTime.timeName(),
74                mesh,
75                IOobject::NO_READ,
76                IOobject::NO_WRITE
77            ),
78            2*nuSgs*magSqr(S_ij)
79        );
80
81        Info<< "    Writing Gsgs" << endl;
82        Gsgs.write();
83    }
84    else
85    {
86        Info<< "    No U or nuSgs" << endl;
87    }
88
89    Info<< "\nEnd\n" << endl;
90 }
```

(b) 代码 2

图 6-10　Gsgs.C 中的 calc 函数代码（续图）

- 58～64 行：检查算例中对应的时刻是否存在 U 与 nuSgs 文件，在屏幕输出 Reading U 与 Reading nuSgs，同时定义矢量场 U 与标量场 nuSgs，分别等于 Uheader 与 nuSgsheader。
- 66 行：计算应变率张量，定义同式（6-7）。
- 68～79 行：创建 IOobject 并命名为 Gsgs，采用式（6-11）计算 SGS 湍动能生成率。

除此之外，将/Make/files 文件修改为如下形式：

Gsgs.C
EXE = $(FOAM_USER_APPBIN)/Gsgs

在程序主目录中执行 wmake 编译该工具。

3. 结果分析

为进行对比分析，采用 5.2.5 节中的槽道流（无旋转）计算结果以及上例中的旋转槽道流结果进行对比，分析旋转与否对 SGS 湍动能生成率的影响，其中湍流模型均为动态 Smagorinsky。为便于使用，读者可从中国水利水电出版社网站（www.waterpub.com.cn）或万水书苑网站（www.wsbookshow.com）免费下载算例文件 OpenFOAM 例/testGsgs，将其中的压缩包解压。其中 dynSmagorinskyRo0 为无旋转的算例，dynSmagorinskyRo03 则是旋转数为 0.3 的算例。

分别在对应算例主目录下执行 Gsgs -latestTime，计算相应的 G_{sgs}，随后执行 sample -latestTime。/postProcessing/sets/10000 目录下的 lineY_Gsgs.xy 即为沿垂直壁面方向的 SGS 湍动能生成率分布，其中第一列为 y 坐标，第二列为 G_{sgs}。将二者结果进行对比，如图 6-11 所示。

由图可知，柯氏力导致 G_{sgs} 在壁面附近显著增强，且在 $y = 2$ 附近出现了负值。事实上，SGS 湍动能生成率表示湍流能量由大尺度传递至亚格子尺度的速率，负值说明能量出现了反向传递（亚格子尺度至大尺度），同时也说明动态的 Smagorinsky 模型可以体现能量的反向传递。

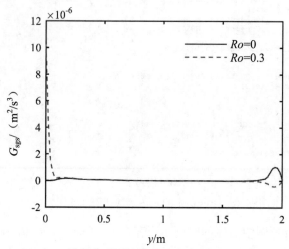

图 6-11　槽道流不同旋转数时 SGS 湍动能生成率分布

第**7**章

其他

前文已介绍 OpenFOAM 中的大部分功能，从算法到流场的求解以及相关的后处理工具。OpenFOAM 是一个庞大的程序库，本书无法对其中所有问题进行详尽描述，只能讲述其中常用的一些方法。在前面章节的基础上，读者对 OpenFOAM 的使用以及基本的开发已有所掌握，而对于具体的问题，需要读者进一步深入探究。本章将针对 OpenFOAM 程序开发中遇到的常见问题进行分析，并提供一些 OpenFOAM 的实用技巧，使读者更好地掌握这一开源工具。

7.1 代码中函数的调用问题

无论是边界条件、湍流模型或是求解器，程序中常调用不同的函数，而函数的具体定义则需通过查找所包含的头文件，从而确定其所在位置。然而，用户自行查找头文件来获取不同函数的定义较为费时，且往往难以找到函数的具体定义，为此，需要通过另一种方式来实现更高效的函数查找。OpenFOAM 提供了两种便捷的代码查找方式：官方网站的 C++ source guide；利用 Doxygen 编译的本地 C++ source guide。

7.1.1 官方网站的 C++ source guide

由于某些原因，OpenFOAM 目前分为两个机构运营，其中 OpenFOAM Foundation Ltd 由 OpenFOAM 基金会资助，官方网站为 https://openfoam.org/（网站 1）；OpenCFD Ltd 由 ESI 提供资助，官方网站为 https://www.openfoam.com/（网站 2）。

两个网站均包含了在线版本的 C++ source guide，其中网站 1 在网页上方的 Resources 下拉菜单中选择 C++ Source Guide，如图 7-1（a）所示；而网站 2 则是从网页上方的 Documentation 中选择 Extended Code Guide，如图 7-1（b）所示。

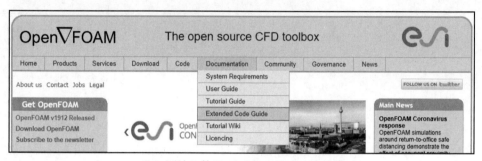

（a）网站 1 的 C++ Source Guide 位置

（b）网站 2 的 Extended Code Guide 位置

图 7-1　官方网站的 C++ source guide

　　二者功能基本一致，本书以网站 2 为例进行介绍。Entended Code Guide 主页面如图 7-2 所示。在图示的目录中，包含 3 部分内容。OpenFOAM®：Open Source CFD:Documentation，简易版的 OpenFOAM 帮助手册，包含部分算例的教程；OpenFOAM API：包含 Modules、Namespace List、Class List 和 File List，分别为 OpenFOAM 功能模块、命名空间列表、类列表和文件列表；Man pages：全称为 Manual pages，介绍 OpenFOAM 中的 Applications，包括求解器以及工具（具体见本书第 6 章）。

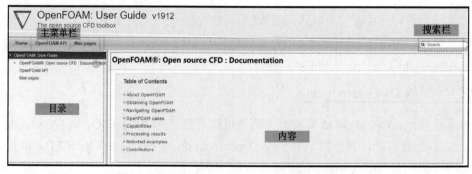

图 7-2　Entended Code Guide 主页面及功能示意

　　上述相关功能请读者自行查看，本书重点介绍如何搜索代码中的函数。以涡识别准则 Q 为例，在搜索栏中输入 Q.C 查找程序的源文件，搜索结果如图 7-3 所示。单击搜索结果中的

Q.C 后，跳转至图 7-4 所示的页面。

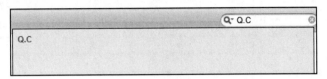

图 7-3　Q.C 搜索结果

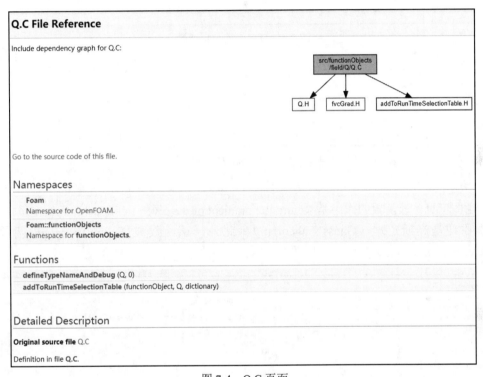

图 7-4　Q.C 页面

从图 7-4 可见，该页面主要描述了该功能中包含的头文件以及命名空间、函数信息。同时给出了代码链接，其中 Go to the source code of this file 和 Definition in file Q.C 指向编译后的代码页面（页面中的函数有相应链接，可直接跳转至相应函数），Original source file Q.C 指向源代码（无函数链接）。

单击 Go to the source code of this file 可见图 7-5 所示页面（部分），其中 58 行的 fvc::grad 表示求梯度，将鼠标移动至 fvc::grad 时，在其下方显示函数信息，由该信息可知该函数的定义位于 fvcGrad.C 文件的第 54 行。

为了明确 grad 函数的定义，单击图 7-5 中的 fvcGrad.C:54 即可跳转至 fvc::grad 函数的定义位置，如图 7-6 所示。可见，该函数调用的是 gradf 函数。

```
53|  bool Foam::functionObjects::Q::calc()
54|  {
55|      if (foundObject<volVectorField>(fieldName_))
56|      {
57|          const volVectorField& U = lookupObject<volVectorField>(fieldName_);
58|          const tmp<volTensorField> tgradU(fvc::grad(U));
```

Foam::fvc::grad
tmp< GeometricField< typename outerProduct< vector, Type > ::type, fvPatchField, volMesh > > grad(const GeometricField< Type, fvsPatchField, surfaceMesh > &ssf)
Definition: fvcGrad.C:54

```
63|          resultName_,
64|          0.5*(sqr(tr(gradU)) - tr(((gradU) & (gradU))))
65|      );
66|  }
67|
68|      return false;
69|  }
```

图 7-5   Q.C 中的 calc 函数

```
53|  grad
54|  (
55|      const GeometricField<Type, fvsPatchField, surfaceMesh>& ssf
56|  )
57|  {
58|      return fv::gaussGrad<Type>::gradf(ssf, "grad(" + ssf.name() + ')');
59|  }
```

图 7-6   fvc::grad 函数的定义

单击图 7-6 中 58 行的 fv::gaussGrad<Type>::gradf 即可跳转至 gradf 函数的声明，如图 7-7 所示。由图可见，该函数的作用是 Return the gradient of the given field，即返回给定场的梯度，其数学原理是高斯定理（Gauss's theorem）。此外，该函数被 Foam::fvc::grad()函数调用（Referenced by …）。

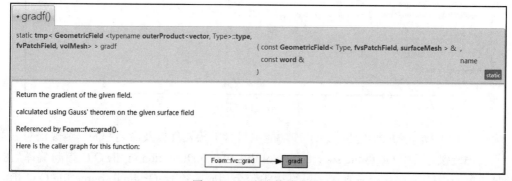

图 7-7   gradf 函数的声明

在该页面的底部可见如下代码：

The documentation for this class was generated from the following files:
src/finiteVolume/finiteVolume/gradSchemes/gaussGrad/gaussGrad.H
src/finiteVolume/finiteVolume/gradSchemes/gaussGrad/gaussGrad.C

gradf 定义位于 gaussGrad.C，单击上方代码中的 gaussGrad.C 后发现，gradf 函数的实例化开始于第 43 行，部分代码如图 7-8 所示。此例仅为说明如何查找代码中调用的函数，关于 gradf

函数的具体实现，本书不再作介绍，请读者结合前几章内容进行分析。

```
43|  Foam::fv::gaussGrad<Type>::gradf
44|  (
45|      const GeometricField<Type, fvsPatchField, surfaceMesh>& ssf,
46|      const word& name
47|  )
48|  {
49|      typedef typename outerProduct<vector, Type>::type GradType;
50|
51|      const fvMesh& mesh = ssf.mesh();
52|
53|      tmp<GeometricField<GradType, fvPatchField, volMesh>> tgGrad
54|      (
55|          new GeometricField<GradType, fvPatchField, volMesh>
56|          (
57|              IOobject
58|              (
59|                  name,
60|                  ssf.instance(),
61|                  mesh,
62|                  IOobject::NO_READ,
63|                  IOobject::NO_WRITE
64|              ),
65|              mesh,
66|              dimensioned<GradType>(ssf.dimensions()/dimLength, Zero),
67|              extrapolatedCalculatedFvPatchField<GradType>::typeName
68|          )
69|      );
```

图 7-8　gradf 的实例化

值得注意的是，由于网页中的代码为程序自动生成，部分函数并非直接指向定义位置，而需用户一步步分析其调用层级，最终找到其准确定义。同时，网页版本的 source guide 仅支持新版本（尽管大部分函数在版本更迭中的变化较小，尤其是数值算法），为此，下节将介绍如何安装本地的 source guide。

7.1.2　安装本地 C++ source guide

OpenFOAM 编译 C++ source guide 需使用 Doxygen，该软件是一款程序文件生成工具，可将程序中的特定注释转换成说明文件，也可以通过配置 Doxygen 来提取代码结构。此外，还可以借助自动生成的包含依赖图（如图 7-4 中的 Include dependency graph）、调用图（如图 7-7 中的 caller graph）和继承图等来可视化文档之间的关系。

在编译之前，首先执行如下代码安装 Doxygen：

```
sudo apt-get install doxygen graphviz
```

安装完成后，在/doc/Doxygen 路径下执行 "./Allwmake" 命令即可编译 source guide。编译完成后，可见该路径下出现如图 7-9 所示的 html 文件夹，该文件夹中包含了官方网站中 C++ source guide 中的所有网页页面，因此文件数量较多。若直接在该文件夹内查看单个页面，加载时间过长，此时可以利用 Doxygen 生成的 index.html 的文件，该文件为 source guide 的总索引。

图 7-9　Doxygen 文件夹中的文件

如图 7-10 所示，利用文件搜索功能找到该文件，随后双击打开。

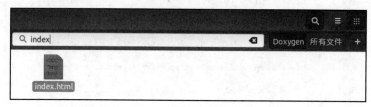

图 7-10　利用文件搜索功能查找 index.html

利用 Firefox 浏览器打开的页面效果如图 7-11 所示，各功能与网页版相近，此处不再赘述。为便于使用，建议读者将该页添加至浏览器收藏夹。

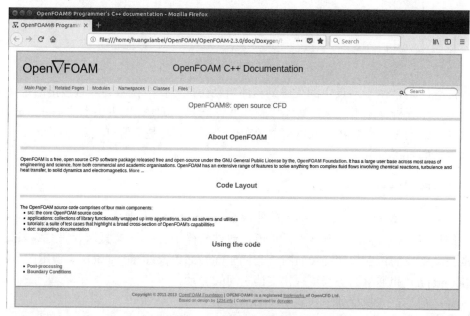

图 7-11　index.html 显示效果

7.2　编译及运行常见问题

用户自定义程序写完后，在编译或运行中往往易出现各种问题。对 OpenFOAM 不熟练的用户往往难以找到产生问题的根源，为此，本节将介绍几种常见的问题，帮助读者更快地掌握该软件。

7.2.1　sigFpe

sigFpe 是自定义湍流模型或求解器在计算时极易出现的错误，其根源在于程序的除法在计算中出现分母等于 0 的情况。为具体分析该问题，以 5.2.5 节中定义的 dynSmagorinsky 模型为例，将 dynSmagorinsky.C 内 volScalarField dynSmagorinsky::cD 函数中的如下代码删除：

```
MMMM.max(VSMALL);
```

在该程序的主目录下执行 wmake libso 命令重新编译模型。从中国水利水电出版社网站（www.waterpub.com.cn）或万水书苑网站（www.wsbookshow.com）免费下载"常见错误/sigFpe/testsigFpe.tar.gz"，该压缩文件内是用于测试 sigFpe 错误的算例。解压后，在算例主目录下执行 pisoFoam 命令后，程序出现如图 7-12 所示的错误。

```
#0  Foam::error::printStack(Foam::Ostream&) at ??:?
#1  Foam::sigFpe::sigHandler(int) at ??:?
#2   in "/lib/x86_64-linux-gnu/libc.so.6"
#3  Foam::divide(Foam::Field<double>&, Foam::UList<double> const&, Foam::UList<
double> const&) at ??:?
#4  Foam::tmp<Foam::GeometricField<double, Foam::fvPatchField, Foam::volMesh> >
 Foam::operator/<Foam::fvPatchField, Foam::volMesh>(Foam::tmp<Foam::GeometricFi
eld<double, Foam::fvPatchField, Foam::volMesh> > const&, Foam::GeometricField<d
ouble, Foam::fvPatchField, Foam::volMesh> const&) at ??:?
#5  Foam::incompressible::LESModels::dynSmagorinsky::cD(Foam::GeometricField<Fo
am::SymmTensor<double>, Foam::fvPatchField, Foam::volMesh> const&) const at ??:
?
#6  Foam::incompressible::LESModels::dynSmagorinsky::updateSubGridScaleFields(F
oam::GeometricField<Foam::SymmTensor<double>, Foam::fvPatchField, Foam::volMesh
> const&) at ??:?
```

图 7-12　算例运行时出现的 sigFpe 错误

显然，从"#1"的提示可以看出该错误类型为 sigFpe。"#3"显示错误原因在于 divide 函数，即除法运算。随后，继续查看错误信息，在"#6"可以看到错误发生于 Foam::incompressible::LESModels::dynSmagorinsky::cD，即 dynSmagorinsky.C 中的 cD 函数。因此，综合以上错误信息可知，sigFpe 错误的原因在于 dynSmagorinsky.C 中的 cD 函数在计算过程中出现了错误的除法运算，即分母为 0。本例中所删除的代码，其作用在于防止 MMMM 的值为 0，删除后，MMMM 可能为 0，从而出现上述错误。

读者可以尝试补充之前删除的代码，重新编译模型并再次运行 pisoFoam，可发现不再出现 sigFpe 的错误。

7.2.2　初始化顺序问题

C++ 要求头文件中声明的变量，在".C"文件中的构造函数部分应当按声明顺序进行初始化。此处以 5.2.5 节定义的动态 Smagorinsky 模型为例，说明此类警告出现的原因。

从中国水利水电出版社网站（www.waterpub.com.cn）或万水书苑网站（www.wsbookshow.com）免费下载"常见错误/初始化顺序错误/dyncode.zip"，该压缩文件内是调整之后的代码，旨在重现此处介绍的警告。

解压后，在程序的主目录下执行 wmake libso 命令进行编译，终端出现如图 7-13 所示的警告。

图 7-13　程序编译时出现初始化顺序警告

从图 7-13 可知编译时出现警告，dynSmagorinsky.H 中第 100 行 28 列开始声明的 autoPtr<LESfilter> filterPtr_本应在 98 行第 20 列开始声明的 LESfilter& filter_之后，但在 dynSmagorinsky.C 中 98 行第 1 列开始的函数中，初始化顺序有问题。此类问题的原因在于变量未按头文件的声明顺序进行初始化，因此，将 dynSmagorinsky.H 中的下列代码：

```
LESfilter& filter_;
autoPtr<LESfilter> filterPtr_;
```

修正为

```
autoPtr<LESfilter> filterPtr_;
LESfilter& filter_;
```

重新执行 wmake libso 编译，可发现警告不再出现。

7.2.3　类型与实际不一致的问题

OpenFOAM 中大量采用变量的不同类进行运算，如标量、张量和场标量（如 volScalarField）等。在某些情况下，变量运算后的类型将发生改变，此时若给定错误的类型将导致编译失败。同样，仍以动态 Smagorinsky 模型的代码为例进行说明。

从中国水利水电出版社网站（www.waterpub.com.cn）或万水书苑网站（www.wsbookshow.com）免费下载"常见错误/类型不一致/dyncode.zip"，解压后，在程序的主目录下执行 wmake libso 命令进行编译，终端出现如图 7-14 所示的错误。

图 7-14　程序编译时出现类型不一致的错误

由图 7-14 可知，dynSmagorinsky.C 第 65 行 34 列开始出现错误，无法将 Foam::dimensioned
<double>类型转换成 Foam::volScalarField，而错误发生位置在 volScalarField MMMM =
average(magSqr(MM)) 中的 average 运算。average 运算是全场平均，其结果为标量
（dimensionedScalar）而非标量场（volScalarField），而此处 MMMM 的类型定义为
volScalarField，显然与等式右侧的类型不一致，从而导致错误。因此，将此部分代码修改为：

```
volScalarField MMMM = fvc::average(magSqr(MM));
```

重新执行 wmake libso 编译，可发现该错误不再出现。

注：从上述两例可以看出，OpenFOAM 提供了较为完善的错误提示机制。用户在编译自
定义程序时，若出现警告或错误，应根据提示仔细查找相应位置的代码，逐步排查。在多数情
况下，出现错误的位置往往不止一处，从而导致终端出现大段的错误提示，而终端仅显示部分
语句。为此，可将提示信息输出到文本中，以便查阅。示例代码如下：

```
wmake libso > log 2>&1
```

上述代码可将编译时终端出现的全部信息输出到 log 文件。若采用如下代码：

```
wmake libso > log
```

则仅能将出现错误之前的信息输出至 log 文件。

7.2.4　找不到头文件的问题

程序中包含的头文件，除程序所在目录之外，其余头文件的路径均位于 Make/options，其
中的内容示例如下：

```
EXE_INC = \
    -I$(LIB_SRC)/turbulenceModels \
    -I$(LIB_SRC)/meshTools/lnInclude

LIB_LIBS = \
    -lincompressibleTurbulenceModel \
    -lincompressibleLESModels \
```

其中，EXE_INC 开始的部分代码，即表示包含的头文件路径，$(LIB_SRC)表示/home/用户名
/OpenFOAM/OpenFOAM-2.3.0/src/。若 options 文件内未指定所包含的头文件路径，则编译时
将出现错误。为更好地了解该错误的解决方法，本节同样通过一个例子来说明。

从中国水利水电出版社网站（www.waterpub.com.cn）或万水书苑网站（www.wsbookshow.com）
免费下载"常见错误/找不到头文件/dyncode.zip"中的文件，解压后，在程序的主目录下执行
wmake libso 命令进行编译，终端出现如图 7-15 所示的错误。

从提示来看，错误的源头在于找不到 LESdelta.H 文件，最终导致编译终止。

注：查看 OpenFOAM 的提示信息，往往从最后一行往上回溯，这是因为错误的具体位置
一般出现在最后，随后往上查看即可获取错误的具体原因。

出现此类错误时，最方便的方法即找到头文件的位置，并将其路径添加至 options 文件中。

通常而言，头文件位于/src 路径下。若不熟悉头文件的位置，可直接利用文件搜索功能。本例中，在搜索框输入 LESdelta.H，结果如图 7-16 所示。

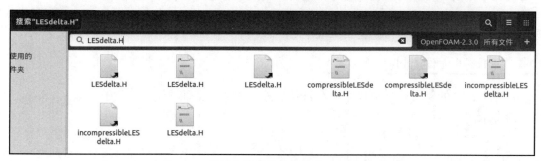

```
In file included from /home/huangxianbei/OpenFOAM/OpenFOAM-2.3.0/src/turbulenceM
odels/incompressible/LES/lnInclude/LESModel.H:54:0,
                 from /home/huangxianbei/OpenFOAM/OpenFOAM-2.3.0/src/turbulenceM
odels/incompressible/LES/lnInclude/GenEddyVisc.H:45,
                 from /home/huangxianbei/OpenFOAM/OpenFOAM-2.3.0/src/turbulenceM
odels/incompressible/LES/lnInclude/Smagorinsky.H:56,
                 from dynSmagorinsky.H:75,
                 from dynSmagorinsky.C:26:
/home/huangxianbei/OpenFOAM/OpenFOAM-2.3.0/src/turbulenceModels/incompressible/L
ES/incompressibleLESdelta/incompressibleLESdelta.H:38:22: fatal error: LESdelta.
H: No such file or directory
compilation terminated.
dynSmagorinsky.dep:603: recipe for target 'Make/linux64GccDPOpt/dynSmagorinsky.o
' failed
make: *** [Make/linux64GccDPOpt/dynSmagorinsky.o] Error 1
```

图 7-15　程序编译时出现无法找到头文件的错误

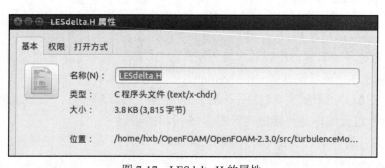

图 7-16　利用文件搜索功能查找 LESdelta.H

其中带箭头的文件位于主程序编译后的 lnInclude 文件夹（相当于快捷方式），而不带箭头的则为源文件。单击 LESdelta.H 源文件，随后右击，选择属性，其中的位置即为 LESdelta.H 的路径，如图 7-17 所示，其中的"..."表示路径显示不完整。

图 7-17　LESdelta.H 的属性

将该路径复制后粘贴至文本编辑器，则为如下的完整形式：

/home/用户名/OpenFOAM/OpenFOAM-2.3.0/src/turbulenceModels/LES/LESdeltas/LESdelta

将以上路径添加至 Make/options 文件，如图 7-18 所示，其中第 7 行即为该路径。保存文件后，重新在程序主目录下执行 wmake libso 即可编译成功。

```
1 EXE_INC = \
2     -I$(LIB_SRC)/turbulenceModels \
3     -I$(LIB_SRC)/turbulenceModels/LES/LESfilters/lnInclude \
4     -I$(LIB_SRC)/transportModels \
5     -I$(LIB_SRC)/finiteVolume/lnInclude \
6     -I$(LIB_SRC)/turbulenceModels/incompressible/LES/lnInclude \
7     -I$(LIB_SRC)/turbulenceModels/LES/LESdeltas/LESdelta \
8     -I$(LIB_SRC)/meshTools/lnInclude
9
10 LIB_LIBS = \
11     -lincompressibleTurbulenceModel \
12     -lincompressibleLESModels \
13     -lLESdeltas \
14     -lLESfilters\
15     -lfiniteVolume \
16     -lmeshTools
```

图 7-18　修改后的 options 文件

值得注意的是，图 7-18 中的 EXE_INC 与 LIB_LIBS 部分均用"\"在行末表示继续。以 EXE_INC 部分为例，若该行不再使用"\"符号，则说明路径已填写完整，后面代码不能再出现相应路径，否则编译时将出现错误。例如，将第 7 行末的"\"符号删除后，在程序主目录下执行 wmake libso，将出现图 7-19 所示的错误。

```
linux64GccDPOpt/options:62: *** missing separator.  Stop.
Make/linux64GccDPOpt/options:62: *** missing separator.  Stop.
Make/linux64GccDPOpt/options:62: *** missing separator.  Stop.
```

图 7-19　options 文件缺少"\"分隔符导致的编译错误

7.3　使用 Tecplot 进行后处理

Tecplot 系列软件是由美国 Tecplot 公司推出的功能强大的数据分析和可视化处理软件。在某些方面，Tecplot 的后处理功能更为方便。因此，对于熟悉 Tecplot 的用户而言，往往希望将计算结果导入 Tecplot 进行后处理。事实上，Tecplot 新版本中已推出 OpenFOAM 接口，可直接读取 OpenFOAM 结果。以 Tecplot 360 EX 2015 R2 为例，通过读取 OpenFOAM 算例中的 /system/controlDict 来加载计算结果，如图 7-20 所示。然而需要注意的是，采用该方法读取结果往往速度较慢，且易导致计算机卡死。这一问题可能会在后续版本中进行优化，读者可自行研究不同版本的加载速度。

本书将主要介绍另一种方法，通过 foamToTecplot360 工具将 OpenFOAM 计算结果转换为 Tecplot 可读取的格式。这种方法的好处在于读取速度快，但需要额外编译 foamToTecplot360 工具。

图 7-20　Tecplot 加载 OpenFOAM 结果

7.3.1　foamToTecplot360 工具的安装

安装步骤如下所述。

1．下载程序包

打开终端，将路径切换至/home/用户名/OpenFOAM/app，执行如下命令进行程序包下载与解压缩：

```
wget "https://github.com/wyldckat/localFoamToTecplot360/archive/of23.tar.gz"
tar -xf of23.tar.gz
```

2．编译

将路径切换至解压后的文件夹，然后进行编译：

```
cd localFoamToTecplot360-of23
./Allwmake
```

对于其余版本的 OpenFOAM，读者可参考如下链接进行下载与编译：https://github.com/wyldckat/localFoamToTecplot360。

7.3.2　foamToTecplot360 使用实例

从中国水利水电出版社网站（www.waterpub.com.cn）或万水书苑网站（www.wsbookshow.com）免费下载/OpenFOAM 例/foamToTecplot360，压缩包 mixerVessel2D.zip 内包含了 2.1 节介绍的

搅拌器算例的计算结果。

解压后，在该算例的主目录下执行 foamToTecplot360 命令将所有结果转换为 Tecplot 可读取的结果，如图 7-21 所示，Tecplot360 文件夹即为该程序运行后生成的，其内部的文件如图 7-22 所示。boundaryMesh 为各时刻对应的边界网格，".plt"文件即为 Tecplot 可读取的标准格式，其命名方式为"算例名_N"，其中"算例名"即算例所在的文件夹名称，对于本例为 mixerVessel2D。N 为整数，按 C++规则从 0 开始命名，0 表示算例的 0 时刻。除此之外，mixerVessel2D_grid_0.plt 表示本算例的网格文件，命名方式为"算例名_grid_N"，此算例仅有一个网格文件，是因为算例未使用动网格，在各个时刻网格保持不变。

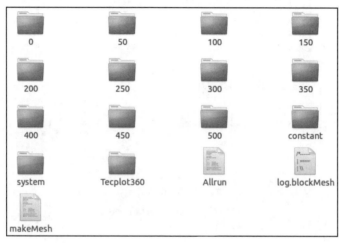

图 7-21   执行 foamToTecplot360 命令后，算例主目录下的文件

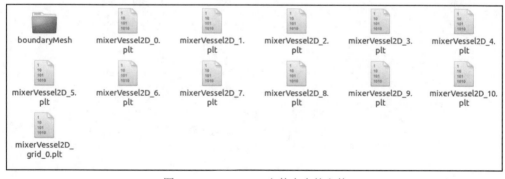

图 7-22   Tecplot360 文件夹中的文件

打开 Tecplot360 2011，单击 File-Load Data File(s)，将导入文件格式选择为 Tecplot Data Loader，弹出图 7-23 所示的加载框。单击 Multiple Files，以加载多个计算结果。首先选择 mixerVessel2D_grid_0.plt 并单击 Add To List，随后将其余结果全部选中后以 Add To List 加入列表，最后单击 Open Files，即完成了计算结果的加载，如图 7-24 所示。

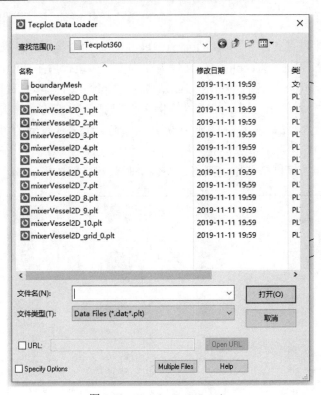

图 7-23　Tecplot Data Loader

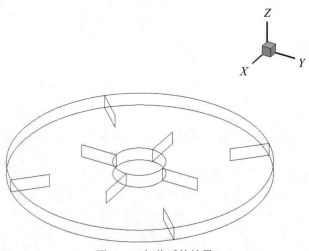

图 7-24　加载后的结果

　　注：Tecplot 加载 ".plt" 格式的结果时，必须先按上文方法选择网格文件，随后再选择其余结果文件，否则将无法完成加载。

利用 Tecplot，可以作 x-y 平面（z 方向中间位置）上的流线分布，如图 7-25 所示。此处旨在介绍如何导入 OpenFOAM 计算结果，对于 Tecplot 的操作则不作具体说明。

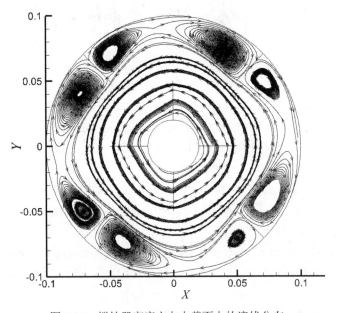

图 7-25　搅拌器高度方向中截面上的流线分布

参考文献

[1]   ANONYMOUS.OpenFOAM programmer's guide[M]. Berkshire: OpenCFD Ltd, 2014.

[2]   ANONYMOUS.OpenFOAM user guide[M]. Berkshire: OpenCFD Ltd, 2014.

[3]   王福军. 计算流体动力学分析——CFD 软件原理与应用[M]. 北京：清华大学出版社，2010.

[4]   PATANKAR S V. Numerical heat transfer and fluid flow[M].Boca Raton: CRC Press, 1980.

[5]   HIRSCH C. Numerical computation of internal and external flows[M].New York: John Wiley& Sons Inc., 1991.

[6]   SWEBY P K. High resolution schemes using flux limiters for hyperbolic conservation laws[J].SIAM Journal on Numerical Analysis, 1984, 21(5):995-1011.

[7]   JASAK H. Error analysis and estimationfor the finite volume methodwith applications to fluid flows[D].London: Imperial College, 1996.

[8]   GASKELL P H, Lau A K C.Curvature-compensated convective transport: SMART, a new boundedness-preserving transport algorithm[J].International Journal for Numerical Methods in Fluids, 1988, 8:617-641.

[9]   LEONARD B.P. A stable and accurate convective modelling procedure based on quadratic upstream interpolation[J]. Computer Methods in Applied Mechanics and Engineering, 1979, 19: 59-98.

[10]   MOUKALLED F, MANGANI L, DARWISH M. The finite volume method in computational fluid dynamics, an advanced introduction with OpenFOAM® and Matlab®[M].Switzerland: Springer, 2016.

[11]   SPALDING D B. A single formula for the "law of the wall"[J]. Journal of Applied Mechanics, 1961, 28(3): 455-458.

[12]   TEMMERMAN L, Leschziner M A, MELLEN C P, et al. Investigation of wall-function approximations and subgrid-scale models in large eddy simulation of separated flow in a channel with stream wise periodic constrictions[J]. International Journal of Heat and Fluid Flow, 2003, 24:157-180.

[13]   LAUNDER B E, SPALDING D B. The numerical computation of turbulent flows[J]. Computer Methods in Applied Mechanics and Engineering, 1974, 3:269-289.

[14]   TSAN-HSING S, WILLIAM W L, AAMIR S. A new k-ε eddy-viscosity model for high Reynolds number turbulent flows - model development and validation[J]. Computers & Fluids, 1995, 24(3): 227-238.

[15]   ORSZAG S A, YAKHOT V, FLANNERY W S, et al. Renormalization Group Modeling and Turbulence Simulations[C]. In International Conference on Near-Wall Turbulent Flows in Tempe, USA, 1993.

[16]   LAM C K G, BREMHORST K. A modified form of the k-ε model for predicting wall turbulence[J]. Journal of Fluids Engineering, 1981, 103: 456-460.

[17]   LAUNDER B E, SHARMA B I. Application of the energy-dissipation model of turbulence to the calculation of flow near a spinning disc[J]. Letters in Heat and Mass Transfer, 1974, 1: 131-138.

[18]   LIEN F S, LESCHZINER M A. A pressure-velocity solution strategy for compressible flowand its application to shock/boundary-layer interaction using second-moment turbulence closure[J]. Journal of Fluids Engineering, 1993, 115: 717-725.

[19]   SHIH T H, ZHU J, LUMLEY J L. A realizable Reynolds stress algebraic equation model[J]. NASA Technical Memorandum, 1992, 105993.

[20]   LIEN F S, CHEN W L, LESCHZINER M.A.Low-Reynolds-number eddy-viscosity modeling based on non-linear stress-strain/vorticity relations[C/M].In 3rd Symposium on Engineering, Turbulence Modelling and Experiments, Elsevier, 1996.

[21]   WILCOX D C. Turbulence modeling for CFD[M].California: DCW Industries Inc., 1988.

[22]   MENTER F, ESCH T. Elements of industrial heat transfer prediction[C].In 16th Brazilian Congress of Mechanical Engineering in Uberlandia,Brazil, 2001.

[23]   HELLSTEN A.Some improvements in Menter's k-omega-SST turbulence model[C].In 29th AIAA Fluid Dynamics Conference in Albuquerque,USA, 1997.

[24]   WALTERS D K, COKLJAT D. A three-equation eddy-viscosity model for Reynold-averaged Navier-Stokes simulations of transitional flow[J]. Journal of Fluids Engineering, 2008, 130: 121401.

[25]   DAFA'ALLA A A, GIBSON M.M. Calculation of oscillating boundary layers with the q-ζ turbulence model [C/M]. In 3rd Symposium on Engineering, Turbulence Modelling and Experiments, Elsevier, 1996.

[26]   SPALART P R, ALLMARAS S R. A one-equation turbulence model for aerodynamic flows[J]. La Recherche Aerospatiale, 1994, 1: 5-21.

[27]   LIEN F S, KALITZIN G. Computations of transonic flow with the v2-fturbulence model[J]. Int. J. Heat Fluid Flow, 2001, 22: 53-61.

[28]   DAVIDSON L, NIELSEN P V, SVENINGSSON A. Modifications of the v2-fmodel for

computing the flow in a 3D wall jet[C]. In Proceedings of the International Symposium on Turbulence, Heat and Mass Transfer in Antalya, Turkey, 2003.

[29]　GIBSON M M, LAUNDER B E. Ground effects on pressure fluctuations in theatmospheric boundary layer[J]. Journal of Fluid Mechanics, 1978, 86: 491-511.

[30]　LAUNDER B E, REECE G J, RODI W. Progress in the development of a Reynolds-stress turbulence closure[J]. Journal of Fluid Mechanics, 1975, 68: 537-566.

[31]　KATO M, LAUNDER B E. The modeling of turbulent flow around stationary and vibrating square cylinders[C].In Proceedings of 9th Symposium on Turbulent Shear Flows in Kyoto, Japan, 1993.

[32]　JOHANSEN S T, WU J Y, WEI S. Filter-based unsteady RANS computations[J]. International Journal of Heat and Fluid Flow, 2004, 25: 10-21.

[33]　SMAGORINSKY J. General circulation experiments with the primitive equations: I. The basic euqations[J]. Monthly Weather Review, 1963, 91(3): 99-164.

[34]　ASHFORD G A. An unstructured grid generation and adaptive solution technique for high Reynolds number compressible flows[D].Michigan:University of Michigan, 1996.

[35]　SPALART P R, DECK S, SHUR M L, et al. A new version of detached-eddy simulation, resistant toambiguous grid densities[J]. Theoretical and Computational Fluid Dynamics, 2006, 20(3):181-195.

[36]　SHUR M L, SPALART P R, STRELETS M, et al. A hybrid RANS-LES approach with delayed-DES and wall-modelled LES capabilities[J].International Journal of Heat and Fluid Flow, 2008, 29: 1638-1649.

[37]　YOSHIZAWA A, HORIUTI K. A statistically-derived subgrid-scale kinetic energy model for the large-eddy simulation of turbulent flows[J]. Journal of the Physical Society of Japan, 1985, 54(8): 2834-2839.

[38]　BARDINA J, FERZIGER J H, REYNOLDS W C. Improved subgrid models for large eddy simulation[C]. In AIAA 13th Fluid & Plasma Dynamics Conference in Colorado, USA, 1980.

[39]　DAVIDSON L. Evaluation of the SST-SAS model: channel flow, asymmetric diffuserand axi-symmetric hill[C].In European Conference on Computational Fluid Dynamics in Delft, Netherlands, 2006.

[40]　LILLY D K. A proposed modification of the Germano subgrid-scale closure method[J]. Physics of Fluids A: Fluid Dynamics, 1992, 4(3): 633-635.

[41]　MENEVEAU C, LUND T S, CABOT W H. A Lagrangian dynamic subgrid-scale model of turbulence[J]. Journal of Fluid Mechanics, 1996, 319: 353-385.

[42]　DEARDORFF J W. The use of subgrid transport equations in a three-dimensional model of atmospheric turbulence[J].Journal of Fluids Engineering, 1973, 95(3): 429-438.

[43] POPE S B. Turbulent flows[M]. Cambrige: Cambridge University Press, 2000.

[44] MOIN P, Kim J. Numerical investigation of turbulent channel flow[J]. Journal of Fluid Mechanics, 1982, 118: 341-377.

[45] GERMANO M. Turbulence: the filtering approach[J]. Journal of Fluid Mechanics, 1992, 238: 325-336.

[46] PATANKAR S V, SPALDING D B. A calculation procedure for heat, massand momentum transfer in three-dimensional parabolic flows[J].International Journal of Heatand Mass Transfer, 1972, 15(10):1787-1806.

[47] ISSA R I. Solution of the implicitly discretized fluid flow equations byoperator-splitting[J]. Journal of Computational Physics, 1986, 62(1):40-65.

[48] HUANG X B, LIU Z Q, YANG W, et al. A cubic non-linear SGS model for large-eddy simulation[J]. Journal of Fluids Engineering, 2017, 139: 041101.

符号表

英文字母变量

a、a_{ij}	离散方程中的系数，其中 $i=1,2,3$，$j=1,2,3$
$\boldsymbol{a}$、a_i	通用矢量，其中 $i=1,2,3$
A^+	vanDriest 壁面衰减函数的系数
$\boldsymbol{A}$	离散方程系数矩阵
b_i	通用矢量，其中 $i=1,2,3$
$\boldsymbol{b}$	通用向量、离散方程源向量
c_i	通用矢量，其中 $i=1,2,3$
$\boldsymbol{c}$	流动周期性出现的间距
C	Gauss linearUpwind 格式中的 Gauss linear 修正项
$\boldsymbol{C}_C$	网格单元中心位置矢量
$\boldsymbol{C}_f$	网格面中心位置矢量
C_1、C_2	标准 k-ε 模型的系数
C_D、C_I、c_D、c_I	动态 Smagorinsky 模型的系数
C_e、C_k	Smagorinsky 模型的系数
Co	库朗特数
C_S	Smagorinsky 模型的系数
$C_{\overline{\Delta}}$	滤波尺度系数
C_μ	标准 k-ε 模型的系数
C_{ij}	速度梯度的特征张量，其中 $i=1,2,3$，$j=1,2,3$
$\boldsymbol{d}$	网格 P 到 N 的距离矢量、残差搜索方向
$\widehat{\boldsymbol{d}}$	虚拟的残差搜索方向
$\boldsymbol{D}$	对角阵
$\boldsymbol{D}'$	由系数矩阵对角线元素构成的对角阵
D_{keff}	k 的有效耗散率

D_{tr}	局部时间步的倒数
D'_{tr}	D_{tr} 光顺后的值
D^*_{tr}	对 D'_{tr} 修正后的值
$D_{\varepsilon\text{eff}}$	ε 的有效耗散率
e	迭代值与真实值之间的误差
E	壁面律常系数
F	网格面通量
$\boldsymbol{F}_{\text{cor}}$	柯氏力
G	湍动能生成率
G_{sgs}	SGS 湍动能生成率
$\boldsymbol{H}(\langle \boldsymbol{u} \rangle)$	半离散化动量方程中的 H 算子
i	迭代次数
$\boldsymbol{I}$ 、 δ_{ij}	Kronecker 函数、单位矩阵，其中 $i=1,2,3$， $j=1,2,3$
k	湍动能
k_k	可解 SGS 湍动能
k_{sgs}	SGS 湍动能
l	通用标量
$\boldsymbol{L}$	下三角单位矩阵
$\boldsymbol{L}'$	由系数矩阵下三角元素构成的下三角矩阵
$\overline{\boldsymbol{L}}$	$\boldsymbol{L}$ 的近似矩阵
$\boldsymbol{L}^*$	对角元素为正的下三角矩阵
$\overline{\boldsymbol{L}}^*$	$\boldsymbol{L}^*$ 的近似矩阵
L_{ij}	可解应力张量，其中 $i=1,2,3$， $j=1,2,3$
m	模化的可解 SGS 湍动能
$\boldsymbol{M}$	系数矩阵 $\boldsymbol{A}$ 的分量，满足 $\boldsymbol{A}=\boldsymbol{M}-\boldsymbol{N}$
M_{ij}	模化的可解应力，其中 $i=1,2,3$， $j=1,2,3$
n	迭代次数
N	残差标准化系数、垂直于壁面方向的坐标
$\boldsymbol{N}$	系数矩阵 $\boldsymbol{A}$ 的分量，满足 $\boldsymbol{A}=\boldsymbol{M}-\boldsymbol{N}$
N_{ij}	通用张量，其中 $i=1,2,3$， $j=1,2,3$
O_p	拉长运算符

O_r	限制运算符
p	压力
p_{sp}	单相流中的压力，p/ρ
P	平均压力
$\boldsymbol{P}$	预处理器
Q	涡识别准则 Q 的核心变量
Q_{ij}、$\boldsymbol{Q}$	张量，其中 $i=1,2,3$，$j=1,2,3$
$Q_{\lim}$	QUICK 格式的通量限制变量
r	TVD 格式的通量限制变量
$\boldsymbol{r}$	离散方程迭代计算中的残差向量
$\hat{\boldsymbol{r}}$	离散方程迭代计算中的虚拟残差
R	标准化残差
$\boldsymbol{R}$	矩阵分解后的残余矩阵
Re	雷诺数
s	标量
S	特征应变率
$\bar{S}$	滤波后的特征应变率
$\boldsymbol{S}_f$	网格面矢量，面积与法向单位矢量的乘积
S_{ij}	应变率张量
$\bar{S}_{ij}$	滤波后的应变率张量
t	时间
T_{ij}、$\boldsymbol{T}$	张量，其中 $i=1,2,3$，$j=1,2,3$
T_{VD}	数值解的总变差
u_i	速度，其中 $i=1,2,3$
u_t	平行于壁面的速度
u_τ	壁面摩擦速度
$\boldsymbol{U}$	速度矢量、上三角矩阵
$\overline{\boldsymbol{U}}$	上三角矩阵 $\boldsymbol{U}$ 的近似矩阵
$\boldsymbol{U}'$	由系数矩阵上三角元素构成的上三角矩阵
U^+	平行于壁面的无量纲化速度
U_i	时均速度，其中 $i=1,2,3$
U_{in}	方腔绕流的来流速度

U_m	槽道流截面的平均速度
v_{rms}	无量纲化的 y 向速度脉动均方根
V	网格单元体积
x	笛卡尔坐标系中 x 方向的坐标
$\boldsymbol{x}$	离散方程的解（列向量）、位置矢量
$\hat{\boldsymbol{x}}$	离散方程的虚拟解
y	笛卡尔坐标系中 y 方向的坐标、网格中心至壁面的距离
y^+	流场内某点至壁面的无量纲化距离
y_λ^+	黏性底层的临界 y^+
y_l^+	对数律层的临界 y^+
$\boldsymbol{Y}$、Y_i	源项，其中 $i = 1, 2, 3$
$\boldsymbol{Y}_c$	源项的常数部分
$\boldsymbol{Y}_l$	源项的线性部分
z	笛卡尔坐标系中 z 方向的坐标

希腊字母变量

α	多相流中的体积分数、迭代求解中残差 $\boldsymbol{r}$ 的松弛系数
β	网格非正交修正限制系数、迭代求解中残差搜索方向 $\boldsymbol{d}$ 的松弛系数
β_1	Crank-Nicolson 时间离散的耦合系数、k-ω 模型的系数
δ	网格拉伸的高度
$\overline{\Delta}$	滤波尺度
$\overline{\Delta}^o$	cubeRootVol 或 maxDeltaxyz 滤波尺度，用于计算 Prandtl 与 vanDirest 滤波尺度
Δ_{max}	加权的最大变量差
Δ_{min}	加权的最小变量差
Δ_{nc}	网格非正交修正系数
Δ_{rel}	用户或程序设定的相对残差
Δt	时间步长
Δ_{tol}	用户或程序设定的残差
ε	湍动能耗散率
ε_{sgs}	SGS 湍动能耗散率
η	梯度限制系数
γ	通量限制系数

Γ_ϕ 广义扩散系数

κ von Karman 常数

χ 通用变量

ξ 滤波前的空间坐标

ξ_{ijk} 置换算子，其中 $i=1,2,3$, $j=1,2,3$, $k=1,2,3$

λ 定常求解时的松弛因子

λ_2 速度梯度特征张量的第二特征值

μ 流体的动力黏性系数

μ_{eff} RANS 模型的有效涡黏系数，满足 $\mu_{\mathrm{eff}}=\rho v_{t,\mathrm{eff}}$

μ_t RANS 模型的涡黏系数，满足 $\mu_t=\rho v_t$

v 流体的运动黏性系数

v_t RANS 模型的涡黏系数

v_{sgs} LES 模型的涡黏系数

v_{sgs}^* 修正后的 LES 模型涡黏系数

$v_{t,\mathrm{eff}}$ RANS 模型的有效涡黏系数

ω 湍动能比耗散率

$\boldsymbol{\omega}$ 旋转速度矢量

Ω 特征旋转率

Ω_{ij} 旋转率张量，其中 $i=1,2,3$, $j=1,2,3$

ϕ 通用变量

$\langle\phi\rangle$ 雷诺平均后的变量

$\bar{\phi}$ 滤波后的变量

$\bar{\bar{\phi}}$ 二次（检验）滤波后的变量

ϕ' 滤波后的残余量

$\tilde{\phi}$ NVD 格式的标准化变量

ϕ_{HO} 采用高阶插值格式得到的变量值

ψ 通用变量

ρ 密度

σ_ε 标准 k-ε 模型的系数

θ $\boldsymbol{S}_f$ 与距离矢量 $\boldsymbol{d}$ 所成的角度

$\tau_{\mathrm{LES},ij}$ SGS 应力张量，其中 $i=1,2,3$, $j=1,2,3$

$\tau_{\mathrm{RANS},ij}$	雷诺应力张量，其中 $i=1,2,3$，$j=1,2,3$
τ_w	壁面切应力
ς	D'_{tr} 的光顺系数

下标

c	网格单元中心、GAMG 中的粗糙网格
e	外推
f	网格面
i	两相交界面
ls	满足误差平方最小的变量
max	最大
min	最小
N	网格 N（与网格 P 相邻）
p	距离壁面最近的第一层网格中心
ps	伪
P	网格 P
r	GAMG 中的精细网格
w	壁面

上标

d	张量的偏分量
n	当前时刻、当前迭代步
N	修正后
o	前一时刻
oo	前-前时刻
O	修正前
T	转置
-	沿流动负方向，距离网格中心最近的网格面
+	沿流动正方向，距离网格中心最近的网格面

缩略词表

AMI   Arbitrary Mesh Interface，任意网格交界面

CFD   Computational Fluid Dynamics，计算流体动力学

DDES   Delayed Detached Eddy Simulation，延迟分离涡模拟

DES   Detached Eddy Simulation，分离涡模拟

DIC   Diagonal-based Incomplete Cholesky preconditioner，基于对角的不完全 Cholesky 预处理器

DILU   Diagonal-based Incomplete LU preconditioner，基于对角的不完全 LU 预处理器

FDIC   Faster Diagonal-based Incomplete Cholesky preconditioner，快速 DIC 预处理器

GAMG   Geometric agglomerated Algebraic MultiGrid preconditioner，几何团聚的代数多重网格预处理器

IDDES   Improved Delayed Detached Eddy Simulation，改进的延迟分离涡模拟

LES   Large Eddy Simulation，大涡模拟

LTS   Local Time-Step，局部时间步

MRF   Multi-Reference Frame，多重坐标系

MUSCL   Monotone Upstream-centered Schemes for Conservation Laws，适于守恒定律的单调的上游中心格式

NVD   Normalised Variable Diagram，标准化变量图

PBiCG   Preconditioned Bi-Conjugate Gradient，预处理双共轭梯度法

PCG   Preconditioned Conjugate Gradient，预处理共轭梯度法

PIMPLE   Pressure-Implicit Method for Pressure-Linked Equations，压力关联方程的隐式方法

PISO   Pressure Implicit with Splitting of Operator，基于算子分裂的隐式压力求解方法

QUICK   Quadratic Upstream Interpolation for Convective Kinematics，对流运动的二次迎风插值

RANS   Reynolds-Averaged Navier-Stokes，雷诺平均纳维-斯托克斯方法

SAS   Scale-Adaptive Simulation，尺度适应模拟

SFCD   Self-Filterd Central Differencing，自滤波中心差分

SGS   Sub-Grid Scale，亚格子尺度

SIMPLE   Semi-Implicit Method for Pressure Linked Equations，压力关联方程的半隐式方法

TVD   Total Variation Diminishing，总变差递减